樊美娟 谢复炜 陈黎 主编

国外
新型烟草制品
管制及申请备案要求解读

International Regulations and
Market Authorization Procedures for
Novel Tobacco Products

化学工业出版社

·北京·

内容简介

本书围绕世界各国和地区,特别是欧盟、美国、英国,对新型烟草制品的管制、对新型烟草制品的技术要求以及对新型烟草制品的申请备案要求进行了详尽的分析总结,旨在为我国新型烟草制品的出口提供法律法规支撑,为新型烟草制品的出口备案资料准备提供依据和帮助。

图书在版编目(CIP)数据

国外新型烟草制品管制及申请备案要求解读 / 樊美娟,谢复炜,陈黎主编. -- 北京:化学工业出版社,2025.4. -- ISBN 978-7-122-47650-0

Ⅰ. TS45

中国国家版本馆CIP数据核字第2025LU0739号

责任编辑:李晓红　　　　　　　装帧设计:刘丽华
责任校对:刘　一

出版发行:化学工业出版社
　　　　(北京市东城区青年湖南街13号　邮政编码100011)
印　　装:北京建宏印刷有限公司
787mm×1092mm　1/16　印张16　字数361千字
2025年4月北京第1版第1次印刷

购书咨询:010-64518888　　　　　售后服务:010-64518899
网　　址:http://www.cip.com.cn
凡购买本书,如有缺损质量问题,本社销售中心负责调换。

定　价:198.00元　　　　　　　　　版权所有　违者必究

编写人员名单

主　编：樊美娟　谢复炜　陈　黎

副主编：崔华鹏　赵　阁　罗　玮

编　者：樊美娟　谢复炜　陈　黎　崔华鹏　赵　阁
　　　　罗　玮　王洪波　彭　斌　郭吉兆　刘克建
　　　　陈满堂　刘瑞红　华辰凤　刘　雨　马铖杰
　　　　宛　然　李青园　徐艳茹　刘　珊　张　展
　　　　何保江

前言

传统烟草产品（如卷烟、自卷烟、斗烟、水烟、雪茄、小雪茄）以外的烟草制品，都可以算作新型烟草制品。"新型烟草制品"主要是指区别于采用传统燃吸方式使用的烟草制品，新型烟草制品的主要共同特征是不需燃烧、但又能满足人体摄入一定烟碱的需求。根据其使用形式大体上可以分为有烟气、无烟气两类。有烟气产品的主要形式有加热卷烟和电子烟等，而无烟气产品主要包括口含烟、嚼烟以及含化型烟草制品等。

近年来，新型烟草制品在欧美市场发展迅速。2023年，世界各类烟草制品销售额达6456.5亿美元，其中电子烟和加热卷烟的占比为11.9%，在所有新型烟草制品中占比最高。而近90%的电子烟产品是由中国制造并出口到欧盟、美国和英国等国家和地区。同时，国内部分厂家同样拥有生产加热卷烟器具的丰富经验和先进技术，能够满足不同国家市场和客户的需求。

出口的新型烟草制品，应当符合目的地国家或地区的法律法规和标准要求。欧盟、美国和英国关于新型烟草制品的法律法规和标准在管制类别存在差异、技术要求有所不同。新型烟草制品在欧盟、美国和英国等国家和地区的市场销售，必须提交上市前审查/备案申请材料，通过后方能在目标市场进行销售。欧盟、美国和英国关于审查/备案申请材料的主要内容、提交方式等均根据实际管理、审查需要制定，三者不尽相同。

编者们前期积累了大量的WHO、FCTC、CORESTA等国际权威机构对新型烟草制品的管控措施，欧盟、美国、英国等国家和地区关于新型烟草制品监管动态，欧盟、美国、英国、法国等颁布的技术标准等，掌握了欧盟、美国、英国的主管机构发布的关于新型烟草制品上市前审查/备案申请材料的具体要求、材料提交指南、审查工作流程等，为本书的出版奠定了良好的基础。

本书的出版旨在为新型烟草制品的出口提供法律法规帮助，为新型烟草制品出口审查、备案的资料准备和提交提供依据和指导。

目录

第一章 世界各国关于新型烟草制品的管制 / 001

第一节 全球管制现状 001
一、WHO 001
二、FCTC 011

第二节 欧盟 025
一、欧盟烟草制品指令 025
二、EU 2022/2100指令对《烟草制品指令》的修订 033
三、关于电子烟续液装置的技术标准 034

第三节 美国 035
一、优先管控的电子烟碱传送系统和被认为是电子烟碱传送系统的产品 036
二、烟草制品成分清单 036
三、烟草制品上市前申请导则 037
四、电子烟碱传送系统上市前申请导则 056
五、美国各州关于电子烟的规定 061

第四节 英国 067
一、烟草和相关制品法规（2016） 068
二、烟草和相关制品法规（2016）（修订版） 074
三、烟草制品和烟碱吸入制品（修正案）（欧盟出口）条例 075
四、关于英国政府禁止一次性电子烟的进展 076

第二章 世界主要国家和组织对新型烟草制品的技术要求 / 078

第一节 国际标准化组织相关标准 078
一、ISO 20768：2018《雾化产品 常规分析用吸烟机 定义和标准条件》 079
二、ISO 20714：2019《电子烟烟液 烟碱、丙二醇和丙三醇的测定 气相色谱法》 081
三、ISO 24197：2022《雾化产品 电子烟烟液雾化质量和释放物质量的测定》 085
四、ISO 24199：2022《雾化产品 雾化产品释放物中烟碱的测定 气相色谱法》 090

五、ISO 24211：2022《雾化产品　雾化产品释放物中特定羰基化合物的测定》……094

第二节　欧洲标准化委员会相关标准……099
　　一、CEN/TR 17989：2023《电子烟和电子烟烟液　术语和定义》……102
　　二、CEN/TS 17287：2019《电子烟烟具要求与测试方法》……104
　　三、CEN/TR 17236：2018《电子烟和电子烟烟液　雾化产品释放物中有害成分的测定》……109
　　四、EN 17375：2020《电子烟和电子烟烟液　参比电子烟烟液》……113
　　五、BS EN 17648：2022《电子烟烟液用物质》……115

第三节　法国标准化协会相关标准……124
　　一、2015版标准的主要内容……125
　　二、2021版标准的主要变化……129

第四节　美国相关协会产品标准……132
　　一、电子烟烟液……132
　　二、电子烟烟具……133

第五节　英国标准化协会相关标准……135
　　一、PAS 54115：2015《电子烟、电子烟烟液、电子水烟及直接相关产品等雾化产品的生产、进口、测试和标识　指南》……135
　　二、PAS 8850：2020《不燃烧烟草制品　加热卷烟和电加热烟草器具规范》……136

第六节　新型烟草制品中主要成分的质量安全要求……150

第三章
世界主要国家和地区对新型烟草制品的申请备案要求　/　151

第一节　欧盟……151
　　一、申请资料具体要求……151
　　二、备案材料提交指南……162

第二节　美国……181
　　一、申请资料具体要求……181
　　二、PMTA申请材料提交指南……193

第三节　英国……197
　　一、申请资料具体要求……198
　　二、备案材料提交指南……206

附录1　美国各州关于电子烟产品监管友好程度打分统计表　/　223
附录2　FDA规定的PMTA申请表（4057）　/　227
附录3　部分相关标准名称中英文对照表　/　248

第一章 世界各国关于新型烟草制品的管制

第一节 全球管制现状

电子烟作为烟草消费的新形式，在世界范围内市场规模不断扩大，部分国家开始对电子烟实施监管，但各个国家管控形式差别很大。少数国家禁止电子烟的生产、进口和销售，部分国家制定法规对其进行监管；监管方式也不尽相同，主要监管类别有烟草制品、一般消费品、药品等；且监管方式也是动态变化的，如在2014年前后，电子烟在韩国是禁止的，但2018年将电子烟按照烟草制品进行管制。

加热卷烟是近年来国际烟草市场上的一种新兴产品。加热卷烟含有烟草成分，一般按照烟草制品进行管制。加热卷烟一般在吸烟率较高、对低焦油产品有偏好以及对创新产品接受度较高的国家和地区发展较快，如日本和韩国的加热卷烟市场。

本书统计了世界卫生组织（World Health Organization，WHO）、世界卫生组织烟草控制框架公约（World Health Organization Framework Convention on Tobacco Control，FCTC）和国际烟草研究合作中心（Cooperation Centre for Scientific Research Relative to Tobacco，CORESTA）等发布的各个国家关于电子烟和加热卷烟等新型烟草制品的管制情况，具体如下。

一、WHO

WHO发布《全球烟草流行报告》的频次是2年/次，报告总结了各国为实施《世界卫生组织烟草控制框架公约》中能够最有效减低烟草需求的措施而所做出的努力。该报告是国际控烟领域的权威出版物，每年主题有所不同，如2023年报告的主题是"保护人们免受烟草危害"，2021年报告的主题是"应对新型和新兴制品"。报告中涉及的新型烟草制品包括电子烟碱传送系统（ENDS）、电子非烟碱传送系统（ENNDS）、加热卷烟（HTP）等。2023年的报告中更新总结了世界各国关于ENDS和ENNDS产品的管制现状，FCTC关于ENDS、ENNDS和加热卷烟作出的相关决定；2021年的报告中总结了世界各国关于加热卷烟的管制现状等。

同时，在2018年7月，WHO还发布了关于加热卷烟相关的信息资料，目前已发布三版，分别是《加热卷烟市场监测信息资料》《加热卷烟信息资料》和《测量加热卷烟的重点释放物对监管机构和公共卫生的重要性》。

（一）电子烟碱传送系统和电子非烟碱传送系统的管制现状

2023年发布的《全球烟草流行报告》强调了一个事实：即121个国家均以某种方式对ENDS（电子烟碱传送系统）进行了监管，其中34个国家（覆盖25亿人）禁止销售ENDS，其他87个国家（覆盖33亿人）部分或全部采取了一项或多项立法措施来监管ENDS。目前，这87个国家采取的监管措施包括一系列方法，但这些方法不是全球通用的。仍有74个国家未制定ENDS禁令或法规，使超过20亿人特别容易受到烟草和相关行业活动的影响，国家数量与2020年相比减少7个。

与无烟环境特别相关的是，只有42个国家完全禁止在室内公共场所、工作场所和公共交通工具中使用ENDS。2020年仅有36个国家实施此类禁令。

全球仅有23个国家全面禁止ENDS器具和电子烟烟液的广告、促销和赞助。另外有5个国家仅对器具实施这些禁令，而3个国家仅对电子烟烟液实施这些禁令。通过多种营销策略来吸引儿童和年轻人，包括提供多种诱人风味的ENDS产品。令人惊讶的是，采取措施保护儿童免受ENDS侵害的国家很少，现在仅有4个国家禁止所有风味ENDS产品，另有9个国家限制或允许特定风味ENDS产品，88个国家（覆盖23亿人口）未设置购买ENDS产品的最低年龄。

ENDS和ENNDS（电子非烟碱传送系统）不一定全部含有烟草，相反，ENDS和ENNDS均雾化由许多化合物组成的电子烟烟液，ENDS包含烟碱，而ENNDS可能不包含烟碱。不过释放物的确含有有害成分，接触这些成分会给非使用者带来健康风险。FCTC第六届缔约方会议（COP 6）规定了管制ENDS/ENNDS的基本目标，包括保护非使用者免受其释放物的影响。FCTC第七届缔约方会议（COP 7）呼吁缔约方根据自身情况采取管制措施，禁止或限制ENDS/ENNDS的制造、进口、分销、展示、销售和使用。

尚未完全禁止ENDS/ENNDS产品的缔约方，WHO敦促其采取相关监管措施以实现第六届缔约方大会决定中规定的目标。监管措施主要包括通过禁止在室内空间和其他不允许吸烟的场所使用，对其风险发出健康警告等。

（二）关于电子烟碱传送系统的相关决定

2023年发布的《全球烟草流行报告》更新总结了ENDS和ENNDS产品监管的相关决定。

ENDS和ENNDS产品是通过加热电子烟烟液产生供人抽吸的气溶胶。电子烟烟液包含烟碱（不包括卷烟）和其他致瘾剂、香味成分及其他化学成分，电子烟烟液中部分物质可能是对人体健康有害的。ENNDS与ENDS基本相同，但是使用的电子烟烟液以不含烟碱的名义销售。WHO提出的"一揽子控烟措施"（MPOWER）以及其他政策措施（包括销售年龄限制以及风味禁令或限制）也适用于ENNDS。

1. ENDS具有成瘾性和危害性，特别是对年轻人而言

ENDS中含有烟碱，而烟碱是烟草中的一种高度成瘾物质，因此使用ENDS存在烟碱成瘾风险，特别是对儿童和青少年。在许多国家存在20岁以下的儿童和青少年使用ENDS的问题，而且大多数年轻的ENDS使用者是非吸烟者。研究表明：使用ENDS的非吸烟年轻人更有可能成为吸烟者，这将会给他们带来更多吸烟的有害影响，包括对烟草成瘾。

然而，ENDS还有其他危害，包括烟碱会对大脑发育产生影响，特别是对儿童和青少年，他们正处于大脑发育的关键时期，过量的烟碱可能会给他们造成严重影响。

2. ENDS的营销目标群体是年轻人

ENDS的销售主体是烟草及相关行业，使用一些新颖的、隐蔽的策略（如使用社交媒体），将目标人群锁定为年轻人。其次，ENDS专门针对儿童和年轻人研发数千种风味的ENDS，其中大部分风味增加了产品的适口性，并成功吸引了年轻人。

3. ENDS破坏烟草控制进展，威胁无烟环境

在许多社会背景下，得益于无烟环境政策，吸烟已被"非正常化"，特别是在室内公共区域，尤其是在年轻人群中，使用ENDS有使吸烟行为被重新正常化的风险。ENDS的倡导者以及烟草及相关行业的人员试图通过游说在室内区域使用ENDS的例外情况来破坏室内禁烟令。ENDS产品产生的释放物看起来与烟草烟气类似——由于难以将这些产品与加热卷烟产品（含有烟草）区分，导致关联进一步复杂化，因此常常很难区分一个人使用的是ENDS产品还是烟草制品。

4. 电子烟人群使用情况应纳入具有全国代表性调查

越来越多的国家在具有全国代表性的成年人人口调查和青少年学校调查中调研电子烟的使用情况。截至2022年，73个国家利用基于全国人口调查来监测成年人的电子烟使用情况（通常在15岁及以上的人群，但不同的调查使用不同的年龄范围）。许多国家对年轻人使用ENDS的情况表示担忧，目前有103个国家正在通过全国学校调查来监测青少年使用电子烟的情况。在59个国家，超过30亿人生活在监测成人和青少年使用电子烟的环境里。尽管如此，仍有78个国家、19亿人尚未处于监测电子烟使用情况的环境中，尚未有数据支撑当地的政策和监管决策的制定。

在监测成人和青少年电子烟使用情况的59个国家中，21个是中等收入国家，38个是高收入国家。虽然没有低收入国家，但多哥和也门对青少年进行的调查包括了有关电子烟使用的问题。

监测成人和青少年关于电子烟使用情况的国家包括：阿根廷、澳大利亚、奥地利、白俄罗斯、玻利维亚国、文莱达鲁萨兰国、保加利亚、柬埔寨、加拿大、中国、哥伦比亚、克罗地亚、塞浦路斯、捷克共和国、丹麦、厄瓜多尔、萨尔瓦多、爱沙尼亚、芬兰、法国、格鲁吉亚、德国、希腊、匈牙利、冰岛、爱尔兰、意大利、哈萨克斯坦、拉脱维亚、立陶宛、马来西亚、马耳他、马绍尔群岛、荷兰、新西兰、挪威、巴拿马、菲律宾、波兰、葡萄牙、卡塔尔、韩国、摩尔多瓦共和国、罗马尼亚、俄罗斯联邦、圣卢西亚、沙特阿拉伯、塞尔维亚、斯洛伐克、斯洛文尼亚、西班牙、瑞典、瑞士、乌克兰、英国、美国、乌拉圭、乌兹别克斯坦和越南。

5. 部分国家未对ENDS实施监管

全球范围内，有121个国家采取监管措施管制ENDS：其中34个国家禁止销售ENDS，而覆盖33亿人口的87个国家（占所有国家的45%）允许销售ENDS，并已采取一项或多项措施对其进行全面或部分监管。其余74个国家拥有世界近三分之一的人口（超过20亿人），没有针对ENDS的法规（包括没有禁止在公共场所使用，没有标识要求，没有禁止广告和促销）。与2020年相比，减少了7个国家，2020年有81个国家没有任何方式监管ENDS。

ENDS的监管措施包括：①禁止在室内公共区域使用ENDS；②禁止广告、促销和赞助；③在包装上标识健康警语；④规定ENDS销售年龄限制；⑤禁止或限制ENDS产品风味。

85%的高收入国家制定了有效的监管或销售禁令，40%的中等收入国家和79%的低收入国家尚未对ENDS制定监管措施。在禁止销售ENDS的国家中，22个是中等收入国家，7个是高收入国家，5个是低收入国家（图1-1）。42个国家完全禁止在所有室内公共场所、工作场所和公共交通工具中使用ENDS，比2020年增加了6个。

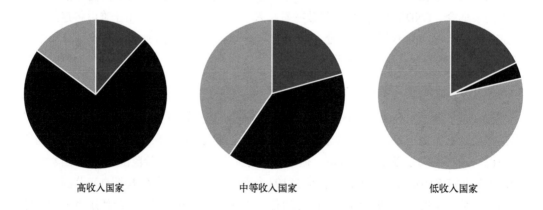

图1-1　不同收入水平的国家采取措施管制ENDS的现状
■ 销售被禁止；■ 完全或部分措施被采纳；■ 无措施或禁令

采取监管措施管制ENDS的国家：阿尔巴尼亚、阿尔及利亚、安道尔、亚美尼亚、澳大利亚、奥地利、阿塞拜疆、巴林、巴巴多斯、白俄罗斯、比利时、贝宁、玻利维亚国、保加利亚、喀麦隆、加拿大、智利、中国、刚果、哥斯达黎加、科特迪瓦、克罗地亚、塞浦路斯、捷克共和国、丹麦、多米尼加共和国、厄瓜多尔、埃及、萨尔瓦多、爱沙尼亚、斐济、芬兰、法国、格鲁吉亚、德国、希腊、圭亚那、洪都拉斯、匈牙利、冰岛、爱尔兰、以色列、意大利、牙买加、哈萨克斯坦、肯尼亚、科威特、吉尔吉斯斯坦、拉脱维亚、黎巴嫩、立陶宛、卢森堡、马耳他、摩纳哥、黑山、尼泊尔、荷兰、新西兰、纽埃、北马其顿、帕劳、巴布亚新几内亚、巴拉圭、菲律宾、波兰、葡萄牙、韩国、摩尔多瓦共和国、罗马尼亚、俄罗斯、圣卢西亚、萨摩亚、圣马力诺、沙特阿拉伯、塞尔维亚、斯洛伐克、斯洛文尼亚、西班牙、瑞典、塔吉克斯坦、多哥、图瓦卢、乌克兰、阿拉伯联合酋长国、英国、美国、乌兹别克斯坦。

禁止销售 ENDS 的国家：阿根廷、巴西、文莱达鲁萨兰国、佛得角、柬埔寨、朝鲜、埃塞俄比亚、冈比亚、印度、伊朗、伊拉克、约旦、老挝、马来西亚、毛里求斯、墨西哥、尼加拉瓜、挪威、巴勒斯坦、阿曼、巴拿马、卡塔尔、新加坡、斯里兰卡、苏里南、叙利亚、泰国、东帝汶、土耳其、土库曼斯坦、乌干达、乌拉圭、瓦努阿图和委内瑞拉玻利瓦尔共和国。

6. ENDS 产品的监管措施

ENDS 产品的监管措施主要包括以下几种：禁止在室内公共场所使用 ENDS 产品；包装上标识健康警语；禁止 ENDS 产品的广告、促销和赞助；适用于 ENDS 产品销售的最低年龄限制；禁止 ENDS 产品的风味等。

（1）为保护公众健康，应禁止在公共室内场所、工作场所和公共交通工具中使用 ENDS

在禁止吸烟的公共场所使用 ENDS 可以使在公共场所吸烟行为重新正常化。只有 42 个国家完全禁止在所有室内公共场所、工作场所和公共交通工具中使用 ENDS 产品，相较于 2020 年的 36 个完全禁止的国家，这一数字有所增加，表明情况正在改善。另有 45 个国家禁止在某些公共场所使用 ENDS，但并非全部公共场所，其余 108 个国家要么尚未设置无烟场所，要么 ENDS 产品没有明确包含在现有的无烟措施中（71 个国家）。

（2）包装上标识健康警语、关于广告和促销的限制或禁令应适用于 ENDS 产品（器具和/或电子烟烟液）

ENDS 产品应向用户发出警告。在 161 个允许销售 ENDS 的国家中，97 个国家不要求在产品包装上标识任何健康警语，64 个国家强制要求（在 ENDS 器具、电子烟烟液或两者组合的包装上）标识健康警语。总共有 105 个国家不禁止或限制 ENDS 的广告和促销，其中 17 个国家禁止销售这些产品（一共 34 个国家禁止销售 ENDS）。

（3）禁止 ENDS 产品风味，以降低对儿童和青少年的吸引力

除禁止销售 ENDS 产品的国家外，只有 4 个国家（芬兰、匈牙利、立陶宛、黑山）禁止 ENDS 产品的特征风味。其他 9 个国家只禁止特定风味或允许特定风味（中国、丹麦、埃及、爱沙尼亚、德国、新西兰、菲律宾、沙特阿拉伯、乌克兰）。2014 年修订的《欧盟烟草产品指令》规定禁止增加吸引力的成分，这可能包括薄荷风味。

（4）只有 73 个国家对 ENDS 产品的销售实行年龄限制

在允许销售 ENDS 的 161 个国家中，73 个国家设定了最低年龄限制（65 个国家为 18 岁，1 个国家为 19 岁，7 个国家为 21 岁），而其他 88 个国家则无该限制。这意味着 45% 的国家禁止向未成年人出售 ENDS 产品，而在烟草制品购买实行年龄限制的国家中，这一比例为 90%。

(5) ENDS/ENNDS 产品税收无统一标准，而且税收较低

鉴于 ENDS/ENNDS 产品的多样性，收集了用于开放系统、可充电封闭系统和一次性系统等 3 种系统的电子烟烟液数据。开放系统是一种允许用户在器具中填充他们想要的混合物的产品（混合物可以不含烟碱、可以是不同的烟碱浓度和/或香味成分）。封闭系统是一种带有预填充电子烟烟液的容器（称为筒、仓或罐）的产品，用户无法填充他们想要的混合物。一部分封闭系统是可充电的，另一部分是一次性的。

有开放系统 ENDS 产品统计数据的国家共 50 个，其中 20 个国家（占比 40%）对用于开放系统的电子烟烟液不征收消费税。

有可充电封闭系统 ENDS 产品统计数据的国家共 48 个，其中 21 个国家（占比 43.8%）不对封闭系统中的电子烟烟液征收消费税（通常以"烟弹"形式进行销售）。有一次性电子烟统计数据的国家共 48 个，其中 23 个国家（占比 47.9%）不征收消费税。

对 ENDS 产品中电子烟烟液征收消费税的国家，税率通常比较低，大多数国家的总税收比例低于零售价格的 25%。较低的税收不仅为这些企业带来了更大的利润空间，而且使 ENDS 产品在价格上具有一定的竞争优势，从而吸引那些对价格敏感的消费者。

(6) 烟草控制界必须预见到烟碱产品和烟草制品将迅速发展，并计划对其进行监管

近年来，新的烟碱和烟草制品已进入数个国家的市场，这些产品发展迅速，并可能对监管产生影响。因此，烟草控制界应密切监测这些已上市产品和其他新兴产品的使用价值、产品特性和使用情况，制定具有前瞻性和可预见性的法规，以涵盖这些新产品。本报告未收集关于烟碱贴片或其他新型烟碱制品的数据。

(7) ENNDS 产品和 ENDS 产品的管制措施

收集的关于 ENNDS 产品数据表明：29 个国家同时禁止 ENDS 和 ENNDS 的销售；58 个国家监管 ENDS 和 ENNDS；但其他国家对 ENDS 和 ENNDS 的做法不同，包括在允许销售一种产品的情况下禁止销售另一种产品。只有 31 个国家完全禁止在所有室内公共场所、工作场所和公共交通工具中使用 ENNDS 产品，另有 29 个国家禁止在一些公共场所使用 ENNDS 产品。27 个国家完全或部分禁止在公共场所使用 ENDS 产品，但没有明确禁止在这些地方使用 ENNDS 产品。共有 105 个国家（覆盖超过 30 亿人口），无专门针对 ENNDS 产品的相关措施。

（三）关于加热卷烟的管制现状

加热卷烟是一种产生含有烟碱和其他化学物质的雾化产品，使用者通过口腔吸入产生释放物。加热卷烟含有很容易使人上瘾的物质——烟碱，因此具有成瘾性。它们还含有非烟草添加剂，常常是经过调味的。加热卷烟模仿传统吸烟行为，一些加热卷烟使用特别设计的卷烟来包裹用于加热的烟草。

根据 WHO 在 2021 年发布的《全球烟草流行报告》，截至 2020 年 12 月 31 日，有 11 个国家禁止销售加热卷烟，并有 48 个国家以不同形式对加热卷烟进行专项管制。少数国家既不管制也不禁止此类产品，其余所有国家则默认将加热卷烟作为烟草制品加以管制。

现有数据表明：相较传统烟草制品，对这些产品的管制往往较为宽松。一些国家会同时对加热卷烟器具和烟支的标识加以监管，另一些国家则只对烟支加以管制。一些国家会对加热卷烟器具和烟支的广告、促销和赞助进行监管，另一些国家则只对烟支的广告、促销和赞助进行监管。

截至2020年12月，有调查数据的70个国家中，其中23个国家对加热卷烟征税。在一些国家，每支烟支的税率与传统卷烟相同，例如阿塞拜疆、哥伦比亚、格鲁吉亚、以色列、日本和乌克兰以及巴勒斯坦，包括东耶路撒冷。作为海湾合作委员会倡议的一部分，沙特阿拉伯和阿拉伯联合酋长国已于近期开始对烟草制品征收消费税。现在，他们正在对传统卷烟和加热卷烟使用相同的进口税税率和消费税税率。

尚未禁止新型和新兴烟草制品的缔约方，采取了若干办法对其进行分类或管制，详见表1-1。

表1-1 部分国家对加热卷烟进行管制

（截至2020年12月30日，其中税收数据截至2020年7月31日）

编号	国家或地区	广告/营销	包装/健康警语	税收	公共场所使用情况
1	加拿大	可合法销售和分销加热卷烟。不可为加热卷烟开展广告和促销活动	加热卷烟需遵守无装饰包装要求	—	联邦法律并未对使用加热卷烟进行管制；省级立法可能会有这方面的规定
2	以色列	可合法销售和分销加热卷烟。加热卷烟与其他烟草制品一样，需遵守同样的广告限制	自2020年1月8日起，对包括加热卷烟在内的所有烟草制品实施无装饰包装	加热卷烟的税率与传统卷烟相同	现行无烟立法适用于加热卷烟
3	日本	可合法销售和分销加热卷烟	加热卷烟需遵守特定警语要求	按支数征税，税率由传统卷烟税率转换而来	现行无烟立法适用于加热卷烟
4	新西兰	可合法销售和分销加热卷烟。不可为加热卷烟开展广告和促销活动	加热卷烟和无烟烟草制品一样，需遵守同样的警语要求	加热卷烟按重量征税	现行无烟立法适用于加热卷烟
5	韩国	可合法销售和分销加热卷烟。加热卷烟和其他烟草制品一样，需遵守同样的广告限制	加热卷烟和熏制烟草一样，需遵守同样的图形警语要求	加热卷烟的个人消费税率是传统卷烟的89%	现行无烟立法适用于加热卷烟

续表

编号	国家或地区	广告/营销	包装/健康警语	税收	公共场所使用情况
6	瑞士	可合法销售和分销加热卷烟。加热卷烟可像其他烟草制品一样开展营销活动，但需遵守同样的广告限制	加热卷烟和无烟烟草制品一样，需遵守同样的警语要求	与传统卷烟不同，加热卷烟需缴纳从价税，而传统卷烟则属于混合税制，总体税率更高	联邦法律并未对使用加热卷烟进行管制；国家以下各级立法可能会有这方面的规定
7	英国	可合法销售和分销加热卷烟。加热卷烟和其他烟草制品一样，需遵守同样的广告限制	需带有健康警语标签	按重量征税（每公斤243.95英镑）	现行无烟立法不适用于加热卷烟
8	欧洲联盟①（欧盟）	加热卷烟嵌件被视为烟草制品，可合法销售和分销，但需遵守欧盟的广告和赞助禁令	欧盟烟草制品指令的各项规定，包括关于健康警语标签的规定，适用于加热卷烟	欧盟范围内无税收	欧盟范围内的无相关立法
9	奥地利	可合法销售和分销加热卷烟。加热卷烟和其他烟草制品一样，需遵守同样的广告限制	需带有健康警语标签	按重量征税（每公斤144欧元）	现行无烟立法适用于加热卷烟
10	捷克共和国	可合法销售和分销加热卷烟，其在分类上属于无烟烟草制品。加热卷烟和其他烟草制品一样，需遵守同样的广告限制	和无烟烟草制品一样，需带有健康警语标签	按重量征税，税率相当于抽吸类烟草的税率	现行无烟立法不适用于加热卷烟
11	德国	可合法销售和分销加热卷烟。加热卷烟和其他烟草制品一样，需遵守同样的广告限制	根据欧盟烟草制品指令，加热卷烟的包装上需带有健康警语	加热卷烟的征税方式与烟斗烟草类似（混合税制，税率低于传统卷烟）	联邦法律并未对使用加热卷烟进行管制
12	意大利	可合法销售和分销加热卷烟。加热卷烟和其他烟草制品一样，需遵守同样的广告限制	加热卷烟和无烟烟草制品一样，需遵守同样的警语要求	加热卷烟按支征税，以传统卷烟适用税率的25%为准	现行无烟立法不适用于加热卷烟

续表

编号	国家或地区	广告/营销	包装/健康警语	税收	公共场所使用情况
13	立陶宛	可合法销售和分销加热卷烟。加热卷烟和其他烟草制品一样，需遵守同样的广告限制	需带有健康警语标签	目前，加热卷烟按重量征税（每公斤60.24欧元）	现行无烟立法适用于加热卷烟
14	荷兰	可合法销售和分销加热卷烟。加热卷烟和其他烟草制品一样，需遵守同样的广告限制	根据欧盟烟草制品指令，加热卷烟需带有健康警语标签	目前，加热卷烟按重量征税（每公斤99.25欧元）	现行无烟立法适用于加热卷烟
15	波兰	可合法销售和分销加热卷烟。加热卷烟和其他烟草制品一样，需遵守同样的广告限制	根据欧盟烟草制品指令，加热卷烟需带有健康警语标签	加热卷烟按重量征税（每公斤155.79兹罗提或34.24欧元），从价税为32.05%	现行无烟立法适用于加热卷烟
16	葡萄牙	可合法销售和分销加热卷烟。加热卷烟和其他烟草制品一样，需遵守同样的广告限制	加热卷烟和无烟烟草制品一样，需遵守同样的警语要求	按重量征税（每公斤83.70欧元）并征收从价税（零售价的15%）	现行无烟立法适用于加热卷烟
17	罗马尼亚	可合法销售和分销加热卷烟。加热卷烟和其他烟草制品一样，需遵守同样的广告限制	需带有健康警语标签	按重量征税（每公斤411.15罗马尼亚列伊）	现行无烟立法不适用于加热卷烟

① 编号9～17为欧盟成员国，一些欧盟成员国对加热卷烟提出额外要求，本表已按相关缔约方分列。

注：—表示未找到相关信息。

（四）关于加热卷烟的相关决定

2019年，WHO发布的《全球烟草流行报告》指出：加热卷烟包含烟草，应该按照烟草制品进行管制，缔约方应履行FCTC中适用于传统卷烟的义务。

加热卷烟是一种烟草产品，通过加热烟草单元（tobacco units）产生含有烟碱和其他化学成分的释放物。2018年，FCTC第八届缔约方会议（COP 8）"电子烟碱传送系统和电子非烟碱传送系统的管制和市场进展报告"认定加热卷烟是"烟草产品，受世界卫生组织《烟草控制框架公约》规定的约束"。

自加热卷烟出现以来，一直是由烟草行业销售，但是其关于健康和戒烟的声明尚无独立的、有力的证据支持。一个主要的健康声明是：它们不燃烧烟草或产生烟气，这使它们成为"降低风险"产品。在第八届缔约方大会上，缔约方意识到，加热卷烟的健康声明和产品特性"对其进行定义和分类可能提出监管挑战，这些可能对世界卫生组织《烟草控制框架公约》的全面应用构成挑战"。

在这个决定中，缔约方指出了无烟立法面临的特殊挑战，并要求所有缔约方确定制定具体措施的优先次序，包括保护"人们免于接触加热卷烟释放物"和明确将"根据世界卫生组织《烟草控制框架公约》第8条，将无烟立法的范围扩大到加热卷烟"。针对加热卷烟释放物分类问题，要求公约秘书处和WHO在第九届缔约方会议上审查并报告加热卷烟释放物对非使用者的健康影响，以及世界卫生组织《烟草控制框架公约》及其指南中涉及卷烟烟气的部分的相关挑战。由此产生的报告得出的结论是：加热卷烟产生的释放物确实属于卷烟烟气的定义。进一步证据表明：非使用者暴露于加热卷烟释放物中的有害物质中。

（五）关于新型烟碱和烟草制品的税收

1. ENDS/ENNDS

鉴于市售ENDS/ENNDS产品的多样性，以及在特定国家确定具有足够代表性的最畅销品牌方面存在的困难，WHO收集了最便宜品牌的含或不含烟碱的电子烟烟液价格相关数据（以最便宜的为准）。还收集了用于开放系统的电子烟烟液、用于可充电的封闭系统的电子烟烟液和用于一次性封闭系统的电子烟烟液数据，它们的税收计算方式与卷烟相同，唯一的区别是单位数量不同，对于电子烟烟液，是以体积为单位（以每毫升表示）。

由于价格和包装的差异，用于开放式系统的电子烟烟液价格以每10 mL计算，用于封闭系统的电子烟烟液（可充电和一次性）的价格以每毫升计算。与加热卷烟产品情况类似，需要对岸价值（cost insurance and freight，CIF）来计算ENDS/ENNDS电子烟烟液的税率，由于缺乏数据，CIF值假设。假设CIF值是生产成本的代理值，并且根据电子烟市场数据提供商（ECigIntelligence）发布的数据，批发和零售层面的加价可能高达每个层面成本的100%，则假设CIF值约为最终零售价格的20%。对于根据CIF值计算从价消费税或进口税的国家，以零售价格的20%作为基数。秘鲁除外，秘鲁已报告了CIF值。

2. 加热卷烟

加热卷烟与卷烟类似，已收集最畅销品牌的烟支（而非器具）的价格。加热卷烟采用了与卷烟计算税率相同的方法，但有两个显著的差异：①当对烟支中的烟草重量征收特定消费税时，假设每烟支含有0.3 g烟草（或每包20支，共计6 g），除非特定国家另有说明。这一假设是基于ECigIntelligence发布的数据作出的平均估算。②第二个假设是对那些根据CIF征收进口税的国家作出的，鉴于现在缺乏关于加热卷烟进口价值的数据，假设加热卷烟的CIF值高于卷烟的CIF值，进行了外推。这是基于加热卷烟生产成本高于卷烟生产成本的假设。据估计，2020年和2022年，CIF中位值占最畅销品牌卷烟零售价的比例为13%～16%，因此对于需要使用CIF来计算加热卷烟税收的国家，标准CIF上浮值为销售最多的加热卷烟品牌零售价的20%，这一做法适用于多个国家的情况。

世界海关组织的"协调制度编码"适用于货物进出边境事宜的国内海关编码，"协调制度编码"常被用于征收消费税。迄今为止，加热卷烟还没有具体的海关编码，属于烟草和人造烟草替代品一章中的子目"其他"（2403.99）。《协调制度编码（修正案）》于2022年开始生效，修正案为"不燃烧的吸入型产品"设置了一个新的类目（2404），其中包括多个涉及"含烟草或再造烟草"产品的子目（2404.11）。此外，用于征收关税并常被用于征收消费税的"国家海关编码"也进行了更新。以前适用于"其他"（2403.99）子目下的产品关税通常也将适用于2404.11子目下的新产品类别。不过，涉及"国家海关编码"时，需更新消费税法，以区分产品类别。在这方面，WHO建议以与传统卷烟相当的税率对加热卷烟征税。

二、FCTC

FCTC一直关注电子烟的安全问题，从2012年起，FCTC在每两年一次的缔约方大会上，都会发布关于电子烟的报告，对各缔约方的管制框架、销售量以及科学研究方面的问题进行统计归纳，并形成相关决议。从2016年起，开始发布关于加热卷烟及其他新型烟草制品的相关报告。目前，世界卫生组织烟草控制框架公约缔约方会议已举办十届，第十一届缔约方会议（COP 11）预计至2025年11月举行。

截至目前，FCTC关于电子烟、加热卷烟及其他新型烟草制品发布多项决定和报告，具体如下：

（一）电子烟

1. COP 5"电子烟碱传送系统，包括电子烟"

2012年11月，FCTC第五届缔约方会议（COP 5）提交的报告定义了电子烟产品：电子烟碱传送系统用于向呼吸系统传送烟碱。该术语涵盖了含有源于烟草的物质，但不一定使用烟草。它们是电池动力装置，通过传送雾化丙二醇/烟碱混合物，使人吸入剂量不等的烟碱。电子烟碱传送系统使用不同品牌和名称销售，最流行名称是"电子烟"。

报告对33个缔约方的电子烟碱传送系统供应、管制框架、销售量以及科学研究方面的问题进行了统计归纳，关于电子烟碱传送系统的管制发现存在以下问题：

① 有许多不同的产品类型（含有或不含有烟草、含有或不含有烟碱、更换烟弹或一次性使用、电池驱动或可充电）；

② 电子烟碱传送系统的市场显著扩大；

③ 各缔约方对电子烟碱传送系统的管制方式不同，导致复杂的法律情况、可能的不确定性以及多数国家的管制真空；

④ 令人关注的健康和安全性问题尚未得到解决；

⑤ 对产品可能进行大量营销，包括向年轻人促销和使用香味成分；

⑥ 尚未确定电子烟碱传送系统的作用——某些地区将其视为戒烟辅助工具，而另一些地区则认为这是一种吸烟起步产品或一种并用产品（以维持烟碱成瘾状态）。

2. COP 6"电子烟碱传送系统"

2014年10月，FCTC第六届缔约方会议（COP 6）形成决议，决议要求各成员国采取下述措施：

① 根据各国法律要求，考虑采取相关措施，至少实现以下目标：

- 预防非吸烟者和青少年开始使用ENDS/ENNDS，特别重视脆弱人群；
- 尽量减少使用者存在的健康风险，防止非使用者接触其释放物；
- 预防宣传未经证实的健康效果；
- 保护烟草控制活动免受利益相关方的影响。

② 促请缔约方禁止或管制电子烟碱传送系统，包括作为烟草制品、医疗产品、消费品或其他类产品。

③ 考虑禁止或限制广告、促销和赞助。

④ 监督使用情况。

⑤ 为COP 7起草"关于电子烟碱传送系统对健康的影响以及潜在的戒烟作用和对烟草控制的影响评估"报告。

同时，针对电子烟碱传送系统产品设计，提供如下建议：

① 尽量减少有害物质的含量和释放量；

② 使用烟碱应符合药典相关规定；

③ 使烟碱传送达到消费者了解的标准水平；

④ 尽量减少烟碱急性毒性；

⑤ 阻止为使用其他药物而对电子烟碱传送系统进行改装；

⑥ 在证据表明水果味、糖果味和酒精饮料味电子烟烟液不会吸引未成年人之前，禁止使用此类电子烟烟液；

⑦ 生产商和进口商向政府披露成分和释放物信息；

⑧ 生产商和进口商向政府提交备案。

COP 6还发布FCTC/COP 6/14号文件，该文件为烟草制品管制研究小组提出了一份烟草制品有害成分和释放物的重点清单（详见表1-2），并建议将该清单扩展到其他产品。虽然该清单可能不适用于ENDS和ENNDS，但在开发方法时应优先考虑有毒成分或具有致癌特性、致突变特性和对生殖系统有毒性的成分以及增强ENDS和ENNDS成瘾性或吸引力的成分。在这方面，可以遵循不同的路线图，对检测ENDS和ENNDS的方法进行优先排序，排序依据是吸引力、成瘾性或有害性。

表1-2　烟草制品有害成分和释放物优先重点清单

序号	物质名称	序号	物质名称
1	乙醛	20	甲基苯
2	1-萘胺	21	丙烯醛
3	氨	22	3-氨基联苯
4	正丁醛	23	苯并芘
5	间对甲酚	24	一氧化碳
6	氰化氢	25	2-丁烯醛
7	汞	26	异戊二烯
8	N-亚硝基新烟草碱	27	一氧化氮（NO）
9	苯酚	28	N-亚硝基降烟碱（NNN）
10	间苯二酚	29	吡啶
11	丙酮	30	丙烯腈
12	2-萘胺	31	4-氨基联苯
13	苯	32	1,3-丁二烯
14	镉	33	邻苯二酚
15	邻甲酚	34	甲醛
16	对苯二酚	35	铅
17	烟碱	36	N-亚硝基假木贼碱
18	4-(甲基亚硝胺)-1-(3-吡啶)-1-丁酮（NNK）	37	其他氮氧化物（NO_x）
19	丙醛	38	喹啉

3. COP 7 "电子烟碱传送系统和电子非烟碱传送系统"

（1）监管方案

2016年，FCTC第七届缔约方会议（COP 7）建议监管方案如下：

① 防止非吸烟者和青少年开始使用ENDS和ENNDS，其中应特别重视脆弱人群；

② 尽量减少对ENDS和ENNDS使用者潜在的健康风险，并防止非使用者接触其释放物；

③ 防止宣传ENDS和ENNDS未经证实的健康效果；

④ 防止烟草控制活动受到与ENDS和ENNDS有关的、包括烟草行业利益在内的所有商业和其他既得利益的影响。

同时，通过如下决议：

① 各缔约方考虑采取监管措施，根据其国家法律和公共卫生目标禁止或限制 ENDS 和 ENNDS 的制造、进口、分销、展示、销售和使用；

② 在缔约方第八届或第九届会议上报告区域和国际标准制定组织有关测试和测量成分和释放物的方法；

③ 要求公约秘书处请 WHO 根据缔约方或公约秘书处的要求继续提供 ENDS 和 ENNDS 方面的技术和科学援助。

（2）提交的科研报告

在缔约方会议第七届会议上，WHO 提交一份报告（FCTC/COP/7/11），提出一些广泛的监管目标，包括尚未禁止进口、销售和分销 ENDS 和 ENNDS 的缔约方可以考虑的备选方案。这些备选方案的第一个监管目标规定：尚未禁止进口、销售和分销 ENDS 和 ENNDS 的缔约方可考虑"禁止或限制使用能够吸引未成年人的香料"，以防止非吸烟者和青少年开始使用 ENDS 和 ENNDS，特别是脆弱群体；而第二个监管目标规定：尚未禁止进口、销售和分销 ENDS 和 ENNDS 的缔约方可考虑"①检测电子烟烟液中使用的加热和吸入香料的安全性，并禁止或限制发现有严重毒理学问题的香料的含量，如双乙酰、乙酰丙基、肉桂醛或苯甲醛；②要求使用对健康不构成风险的成分，并且在允许的情况下，使用最高纯度的成分"，以尽可能减少对 ENDS 和 ENNDS 使用者的潜在健康风险，并保护非使用者免受其释放物的影响。

电子烟烟液中的香料和糖有助于增加产品吸引力，是使用者尤其是年轻使用者选择 ENDS 和 ENNDS 电子烟烟液的关键。因此在方法开发中应优先考虑这些成分的检测。

已公布并验证的测定卷烟释放物中烟碱、烟草特有的亚硝胺、醛、挥发性有机化合物和苯并芘的方法可适用于电子烟释放物中这些成分的测定。然而，需要针对电子烟烟液进一步研究捕集效率、测量范围、干扰以及产品变异性和稳定性。

由于 ENDS 和 ENNDS 的产品多样性，WHO 烟草实验室网络用于大量吸烟的标准操作程序（WHO 烟草实验室网络 SOP-01）将需要进行一些修改。该标准操作程序（或包含在 ENDS 和 ENNDS 释放物产生的专用标准操作程序中）将调整或增加的主要项目有：

① 将电子烟与吸烟/吸电子烟的机器连接；

② 需要时激活电子烟；

③ 抽吸角度，取决于产品类型（例如，cig-a-like、POD、MOD）。

对于有检测 ENDS 和 ENNDS 成分和释放物方法的，WHO 烟草实验室网络为监管目的可进行调整和验证。对于成瘾性，WHO 烟草实验室网络应优先验证确定释放物中烟碱成分的方法；对于吸引力，特别是为了保护青少年，应该优先考虑确定电子烟烟液中的香料和糖的方法。这些方法应独立于产品制造商进行开发和验证。对于确保上市产品符合监管要求尤为重要。

（3）技术和科学援助

在缔约方第七届会议上，WHO 提出 ENDS 和 ENNDS 方面的技术和科学援助"FCTC/COP 7/9"。

为了积累信息以便继续就ENDS和ENNDS向各国提供及时的技术和科学援助，WHO在2020年委托进行了四项系统审查，涵盖以下内容：

① 儿童和青少年中使用ENDS和ENNDS的流行率；

② ENDS和ENNDS与20岁以下人群开始使用烟草之间的关系；

③ ENDS和ENNDS作为戒烟辅助手段的效果；

④ ENDS和ENNDS对健康的影响。

就第一个专题而言，儿童和青少年使用ENDS和ENNDS是一个国际关注的问题，特别是考虑到对这一年龄组有吸引力的调味产品的供应，这导致这些产品在一些国家的使用增加。因此，描述这些产品在儿童和青少年中的流行率的证据是必要的，以便为解决该年龄组中ENDS和ENNDS使用问题的全球努力提供信息。

对20岁以下儿童和青少年使用ENDS和ENNDS的全球数据进行系统审查后发现：

① "曾经使用"ENDS和/或ENNDS的比例从2%到52%不等，所有国家和领地儿童和青少年合并汇总估计为17%；

② "目前使用"ENDS和/或ENNDS的比例在1%～33%区间，所有国家和领地儿童和青少年合并汇总估计为8%；

③ 在儿童和青少年中，男性使用ENDS和/或ENNDS的比例往往高于女性；

④ 高收入国家的儿童和青少年ENDS和/或ENNDS的比例往往高于中高收入和中低收入国家。

关于第二个专题，对于20岁以下儿童和青少年使用ENDS和ENNDS与以后使用烟草之间的关联存在一些担忧。之前的一些研究表明两者之间存在关联，而其他研究则不然。根据各国的要求，显然有必要解决与使用不同的ENDS和/或ENNDS产品有关的问题，这些产品有可能导致以后使用烟草，并与香味有关。以前描述这种联系的综述主要包含来自美国的研究；然而，此次系统审查调查了这种可能的联系，并考虑了来自美国以外的研究。审查发现了以下情况：

① 在6～24个月的随访中，使用ENDS和/或ENNDS的20岁以下不吸烟儿童和青少年使用烟草的风险增加了两倍以上；

② 很少有研究评估使用ENNDS或者调味ENDS和/或ENNDS是否会增加吸烟风险。这需要进一步调查。

这些调查结果突出表明，需要制定公共卫生政策和措施，解决儿童和青少年使用ENDS和/或ENNDS的问题。因此，各国应颁布政策并发起公共卫生倡议，以减少儿童和青少年中ENDS和ENNDS的使用，包括限制该年龄组获取ENDS和/或ENNDS。

第三个和第四个专题方面的工作正在进行，WHO将在今后的缔约方会议上提供最新情况。

4. COP 8《电子烟碱传送系统和电子非烟碱传送系统的管制和市场发展的进展报告》

2018年，FCTC第八届缔约方会议（COP 8）发布了关于《电子烟碱传送系统和电子非烟碱传送系统的管制和市场发展的进展报告》，主要内容如下：

(1) ENDS 的全球使用情况

ENDS 在全球范围内销量迅猛增长，2014 年全球的销售额为 27.6 亿美元，2016 年增长到 86.1 亿美元，预计到 2023 年将增长到 268.4 亿美元。

(2) ENDS 的管制情况

① 产品类别　不同的国家和地区对 ENDS 的管制差别很大，管制类别可分为以下七类：烟草制品、仿烟草制品、医疗产品（medicinal products）、药品（pharmaceutical products）、消费品、毒物和电子烟碱传送系统（ENDS）。

② 政策　根据 ENDS 的产品分类，制定相应的政策，截止到 2016 年，对 ENDS 的监管包括以下方面：生产、分销、进口、销售（包括最小购买年龄）、使用限制（包括无烟公共场合的使用）、广告、促销和赞助、税收、商标、健康警语标识、组分/香味物质、安全/卫生、报告/通告、烟碱含量/浓度和防儿童开启等。

③ 监管机制　关于 ENDS 的监管方法有以下几种：一些国家颁布新的法律、法令、决议或者其他的法律途径来管制 ENDS；如果 ENDS 能够归类到现有的法规框架中，一些国家利用现有的法规来管制 ENDS；一些国家修订现有的法规来管制 ENDS；还有一些国家综合了上述的管制途径来监管 ENDS。

FCTC 统计了全球部分国家和地区关于电子烟的销售和法律法规管制情况（表1-3），181 个缔约方中仅 77 个缔约方制定了法律法规对电子烟进行管制。

表1-3　全球部分国家和地区关于电子烟的销售和法律法规管制情况

地区	每个地区内缔约方数量	市场上销售 ENDS 的国家		
		市场上销售 ENDS 且做出回应的缔约方	市场上销售 ENDS 但无监管的缔约方	
			数量	比例
非洲	44	21	12	57%
美洲	30	17	6	35%
东地中海	19	8	4	50%
欧洲	51	38	7	18%
东南亚	10	5	4	80%
西太平洋	27	13	6	46%
总计	181	102	39	38%

此外，WHO 统计了截至 2016 年 12 月 195 个成员国对 ENDS 的管制情况：30 个成员国（大约 15%）禁止 ENDS（表1-4）；允许销售 ENDS 的成员国中仅有 65 个进行管制，29 个按照医疗产品进行管制，18 个国家按照烟草制品进行管制，31 个国家按照消费品进行管制。

表1-4 禁止ENDS的缔约方分布表

地区 （每个地区内 缔约方数量）	欧洲 （51个缔约方）	非洲 （44个缔约方）	西太平洋 （27个缔约方）	东南亚 （10个缔约方）	美洲 （30个缔约方）	东地中海 （19个缔约方）
禁止ENDS 的缔约方	土库曼斯坦	埃塞俄比亚 毛里求斯 乌干达	澳大利亚 文莱 柬埔寨 新加坡	韩国 尼泊尔 斯里兰卡 泰国 东帝汶	巴西 墨西哥 巴拿马 苏里南 乌拉圭 委内瑞拉	巴林 埃及 伊朗 约旦 科威特 黎巴嫩 阿曼 卡塔尔 沙特阿拉伯 叙利亚 阿拉伯联合 酋长国

5. FCTC/COP/9/8《关于〈烟草控制框架公约〉第9条和第10条相关技术事项的进度报告（关于烟草制品的成分和披露的规定，包括水烟、无烟烟草和加热卷烟）》中关于电子烟的相关内容

开发用于检测和测量ENDS和ENNDS成分和释放物的方法。

2021年，WHO委托编写了题为"区域和国际标准制定组织开发用于检测和测量电子烟碱传送系统和电子非烟碱传送系统成分和释放物的方法（2021年）"的论文。论文查明了用于确定ENDS和ENNDS成分和释放物的现有标准化方法，包括使用气相色谱火焰离子化检测法（GC-FID）测定电子烟烟液中烟碱、丙二醇和丙三醇的方法以及使用气相色谱法测定电子烟气溶胶中丙三醇、丙二醇、水和烟碱的方法。

电子烟烟液和释放物中令人感兴趣的成分是：烟碱、丙三醇、丙二醇、烟草特有的亚硝胺、苯并芘、羰基化合物、酚类化合物、挥发性有机化合物、金属和香料。一些国家、区域和国际标准化机构正在开展合作，提议、开发或验证确定电子烟烟液中某些成分的方法，例如包括法国标准化协会、英国标准协会、欧洲标准化委员会、烟草相关科学研究合作中心（一个由烟草行业主导的机构）和国际标准化组织等。

（二）加热卷烟产品

1. FCTC/COP 7/14关于烟草制品成分管制和烟草制品披露的规定

该文件是世界卫生组织烟草控制框架公约秘书处首次关注到加热卷烟，并促请世界卫生组织继续监测和审查市场的发展及新型和新兴烟草制品的使用，例如"加热不燃烧"烟草制品。主要涵盖以下几个方面：

① 覆盖烟草制品吸引力、致瘾性和毒性的可用科学数据；

② 制品的健康风险影响分析；

③ 其在烟草消费初始和戒烟阶段的潜在作用；进一步收集科学信息，尤其是与烟碱和其他有害物质（包括从释放物中产生的有害物质）相关的信息；

④ 向缔约方会议报告进展情况。

2. FCTC/COP 8/22号关于"新型和新兴烟草制品"的相关决定

2018年10月发布该决定，该决定认识到加热卷烟是烟草制品，因此必须遵守《烟草控制框架公约》各项规定；同时还注意到，目前指导各缔约方就加热卷烟进行分类和管制的准则非常有限。

因此，要求公约秘书处请世界卫生组织并酌情请世界卫生组织烟草实验室网络：

① 与独立于烟草行业和国家主管部门的科学家和专家一起，就新型和新兴烟草制品，特别是加热卷烟的研究和证据起草一份综合报告，在第九届缔约方会议上提交，其中涉及此类烟草制品对包括非烟民的健康影响、其潜在致瘾性、认识与使用、吸引力、在开始吸烟和戒烟中的潜在作用、营销包括促销策略和影响、所声称的减少伤害、产品变异性、缔约方的管制经验和监测措施、对控烟工作的影响和研究，并随后提出相关监管政策，以实现本决定的目标和措施；

② 审查这些产品在使用时经历的化学和物理变化，包括对释放物定性；

③ 评估现行的成分和释放物标准作业程序是否适用于或者改编后适用于加热卷烟；

④ 酌情就检测成分和释放物的方法提出意见。

同时，提醒缔约方在应对加热卷烟等新型和新兴烟草制品以及用于消费此类产品的装置提出的挑战时需履行的《世界卫生组织烟草控制框架公约》（以下简称《公约》）承诺，并考虑依照《公约》和国家法律优先采取以下措施：

① 预防开始使用新型和新兴烟草制品；

② 防止人们接触其释放物，并且依据《公约》第8条将无烟立法范围明确扩展至这些产品；

③ 预防关于新型和新兴烟草制品对健康无害的说法；

④ 依据《公约》第13条适用关于广告、促销和赞助新型和新兴烟草制品的措施；

⑤ 依据《公约》第9条和第10条管制新型和新兴烟草制品的成分及成分披露；

⑥ 依据《公约》第5.3条，防止烟草控制政策和活动受到所有与新型和新增烟草产品有关的商业利益及其他既得利益的影响，包括烟草行业利益的影响；

⑦ 管制措施，包括限制或酌情禁止制造、进口、分销、推销、销售和使用新型和新兴烟草制品，酌情遵照其本国法律，同时考虑到高度保护人类健康；

⑧ 适当时针对用于消费此类产品的装置采取上述措施。

最后，请缔约方、公约秘书处和世界卫生组织全面监测市场动态及新型和新兴烟草制品的使用情况，在《公约》报告等所有适当调查和报告中纳入相关问题，并定期报告这些情况。

3. FCTC/COP/9/8"关于《烟草控制框架公约》第9和第10条相关技术事项的进度报告（关于烟草制品的成分和披露的规定，包括水烟、无烟烟草和加热卷烟）"中关于加热卷烟的相关内容

2021年11月，FCTC发布本报告回应了缔约方会议第七次和第八次会议提出的与FCTC/COP 7/14和FCTC/COP 8/22号决定有关的要求。其中制定了扩大加热卷烟市场的策略。烟草行业继续进行产业重塑，增加新的策略来扩大其市场，这些策略不仅涉及传统产品，如卷烟；还涉及新型和新兴烟草制品，如加热卷烟以及ENDS和/或ENNDS。用于推广加热卷烟策略，通常针对青少年和年轻人。其中一些策略概述如下：

① 广告，包括在线、电视、广播、报纸和杂志、广告牌和海报、加热卷烟的专门零售店以及酒吧和酒馆；

② 强调与卷烟的相似性；

③ 承认卷烟的危害，同时将加热卷烟描述为"更清洁的替代品"；

④ 利用品牌"大使"（在社交媒体上）展示；

⑤ 产品设计，包括时尚、高科技外观、快速充电、气味小、定制颜色和限量版设计；

⑥ 赞助，包括体育赛事、艺术表演、音乐会以及食品和葡萄酒节；

⑦ 定价策略，如"饵与钩"定价和免费样品；

⑧ 客户服务，如呼叫中心支持、专门的品牌零售店和网站以及软件应用程序，以帮助客户找到附近的商店并对其排除器具故障；

⑨ 面向年轻人的营销，包括在销售点面向年轻人的商品附近放置加热卷烟以及赞助面向年轻人的活动；

⑩ 资助前线团体（例如，无烟世界基金会）；

⑪ 游说；

⑫ 履行企业社会责任以提升行业形象。

这些产品的市场持续增长，加上这些产品在某些司法管辖区的使用越来越多，令监管机构感到担忧。2018年，日本在加热卷烟营收中所占份额最大，占全球加热卷烟市场的85%，而韩国在加热卷烟营收中增速最快。因此，需要持续监测这些产品的营销和使用，以确保它们不会破坏烟草控制。

4. FCTC/COP/9/9关于新型和新兴烟草制品（特别是加热卷烟）的研究和证据的综合报告

2021年11月，FCTC发布了《关于新型和新兴烟草制品（特别是加热卷烟）的研究和证据的综合报告》，该报告总结了世卫组织烟草制品管制研究小组的第八份报告即《技术报告丛刊》第1029期和2020年2月举行的加热卷烟专家会议的各项成果以及世界海关组织关于烟碱和烟草制品统一编码的最新成果，编制了该报告。该报告的主要内容如下。

（1）加热卷烟：定义、基本特性和设计特点

加热卷烟作为一款产品再次面世，被制造商宣传为可"降低风险""减少伤害"，是"更清洁的替代品""无烟"或"不可燃"。加热而非燃烧烟草的概念最早出现于20世纪80年代。这些早期产品不断演化，现在又再次面世。本报告中重点讨论加热卷烟，是较

新一代的产品,此类产品从大约2013年开始再次出现,目前已在50多个国家上市。

加热卷烟是一个异常多样化的产品类别,其材料、配置、烟支的成分和加热元件可达到的温度等都存在差异。不过,加热卷烟是一种集成烟草制品,通常由两个标准部件组成,缺一不可:一个是易耗件(即含有经加工烟草的烟支),一个是加热烟草的装置。

与传统卷烟相比,加热卷烟加热烟草的温度较低。传统卷烟会将烟草加热到至少800 ℃,加热卷烟则通常会将烟草加热至不到350 ℃,不过,也有一些会将烟草加热到更高温度。加热后的烟草成分会变成一种含烟碱的可吸入气溶胶。

加热卷烟是第一款可以收集使用者烟草习惯相关个人数据的烟草制品。某些加热卷烟还可以存储用户信息,并有可能将其传送给生产商,供营销用。

(2)加热卷烟的使用情况

关于全球范围使用加热卷烟的人口比例的数据较为缺乏,涉及2015至2019年的研究。在此期间,日本和韩国约有3%的年轻人使用加热卷烟。在有可用数据的其他国家(均位于欧洲),上述时期内的使用人数不足成年人口的0.5%。独立研究表明,同时使用传统卷烟和加热卷烟或其他吸烟产品(也称"双重使用"或"多重使用")的情况比业界赞助的研究所暗示的更为普遍。然而,现有研究并未提供真正意义上的双重使用的频率。

(3)加热卷烟的吸引力

产品的吸引力指用户在产品本身及其营销所产生期望的基础上,对产品的整体体验。作为一款集成烟草制品,加热卷烟的吸引力包括:

① 预期加热卷烟可降低风险。烟草行业声称,加热卷烟可能有益于使用者的健康,例如相比传统卷烟,加热卷烟可减少有害物质的暴露量、减少伤害,并有可能帮助吸烟者戒掉使用其他熏制烟草制品的习惯。

② 决定产品整体体验的烟支和装置的感官属性。现有研究表明,使用者对加热卷烟的满意度较低,其味道和镇静作用均不如传统卷烟,但喉咙的不适感较小。与传统卷烟相比,一些加热卷烟减少烟碱渴望的程度较弱,不过效果依然显著。加热卷烟有多种口味,对使用者和可能会暴露于二手释放物的旁观者特别是年轻人具有吸引力。

③ 烟支和装置易于使用。使用者报告说,加热卷烟易于使用,特别是考虑到电子烟碱传送系统这项技术方面的现有经验。使用者有时会发现,在禁止使用传统卷烟的情况下(例如无烟场所),或"由于不会产生烟灰",加热卷烟比传统卷烟使用更方便。

④ 烟支和装置的费用。装置的价格可能远远超过易耗件(含有经加工烟草的烟支)的价格。然而,易耗件的单价通常接近传统卷烟,加热卷烟易耗件的消费税也通常低于传统卷烟的消费税。尽管装置的价格可能是一个潜在障碍,但这可能也有助于此类产品树立豪华和久负盛名的形象。

⑤ 产品的声誉和形象。产品名称、时尚的外观和包装以及未来派的旗舰店与那些吸引儿童和青少年的热门手机相似。结合购买过程,这是在试图将加热卷烟定位为高需求的身份象征和面向技术精通型用户的高档产品。

(4)加热卷烟的市场营销

目前,加热卷烟在50多个市场都有销售。然而,就预计销售额而言,销售额水平一直在快速提升，到2024年，预计将从2018年的63亿美元增至220亿美元。目前主导加热卷烟市场的三大制造商是：菲利普莫里斯国际公司（菲莫国际）、日本烟草国际（日烟国际）和英美烟草集团（英美烟草）。

相较传统卷烟，可通过先进技术降低风险或减少伤害的说法是加热卷烟营销表述的基础。在营销过程中，此类产品的部分制造商和烟草公司采用了细分营销法，同时利用装置和烟支来吸引潜在客户：

① 通过不断更新的装置设计和功能。公司会利用这些来产生新鲜感，并挖掘主要是年轻人对最先进技术的热情。

② 通过新的感官体验。即提供更多口味的烟支，其中一些与传统卷烟非常相似。

细分营销策略意欲突破对烟草制品广告、促销和赞助的现有管制限制，声称这些装置并非烟草制品，因此，此类限制并不适用。

（5）加热卷烟释放物中的有害物质

就加热卷烟而言，有害物质的释放也与它们的工作温度有关，释放物中有害物质的水平会因烟草的加热方式和所达到的温度而有所不同。

释放物中的烟碱研究表明：某一品牌的加热卷烟中的烟碱水平（按每支计）约为传统卷烟的70%，其他一些加热卷烟品牌的烟碱水平则更低。

独立研究和制造商资助的研究表明：加热卷烟达到的温度即使不足以燃烧，也足以通过热解和热降解（其中可包括各种形式的不完全燃烧）形成有害化学物质。证据表明：

① 与传统卷烟相比，加热卷烟产生的化合物较少。

② 在卷烟烟气中发现的许多有害物质在加热卷烟释放物中的含量明显较低，但仍高于ENDS中的含量，包括一氧化碳、多环芳烃、一些羰基化合物及其他挥发性有害物质。然而，加热卷烟释放物中还含有一些其他有害物质，其含量可能要高于卷烟烟气中的含量，如缩水甘油、吡啶、二甲基三硫、乙偶姻和丙酮醛。

在加热卷烟释放物中发现了一些在传统卷烟烟雾中并未发现的有害物质。在至少一个畅销品牌中发现了4种可能致癌的化学物质和15种可能损害基因结构的化学物质。

（6）对加热卷烟使用者的生物学影响和健康影响

与传统卷烟相比，体外暴露加热卷烟释放物后，细胞和遗传物质的毒性有所下降，一些毒理学和炎症生物标志物的水平也较低。然而，增加加热卷烟的使用强度后，这方面的影响会大幅增加。不过，与暴露于空气相比，暴露于加热卷烟释放物后，细胞和遗传物质所受损害更为严重。

与暴露于卷烟烟气的动物相比，暴露于加热卷烟释放物的动物肿瘤发病率较低，炎症和细胞应激反应较少，组织学变化也较少。然而，暴露量越大，危害就越大。此外，与空气对照组相比，加热卷烟环境中的动物所受到的有害影响更为显著。

改抽加热卷烟的吸烟者因暴露于某些有害物质而出现的人类肿瘤生物标志物有所减少。不过，与被要求戒烟且不使用任何产品的群组相比，他们的生物标志物水平明显更高。然而，在改抽加热卷烟后，许多心血管疾病和其他疾病的生物标志物水平相比基线水平并未下降，这表明加热卷烟与传统卷烟具有相似的心血管毒性。

(7) 暴露及对旁观者的健康影响

关于被动暴露于加热卷烟释放物的研究有限。现有的结果表明，使用加热卷烟可能会使旁观者暴露于某些成分，其暴露水平相较暴露于清洁空气或电子烟气溶胶，要高一些，但相较暴露于传统卷烟产生的二手烟气，则要低一些。

(8) 声称可降低风险或减少伤害

支持加热卷烟可"降低风险"这一说法的证据应表明：与继续吸食传统卷烟相比，完全从传统卷烟转换为加热卷烟后，因烟草相关疾病而受到伤害的风险更小；支持"减少暴露量"这一说法的证据则应表明：通过完全从传统卷烟转换为加热卷烟，吸烟者暴露于有害和潜在有害成分的水平有显著下降。

现有证据并不足以支持加热卷烟可减少暴露量的说法。虽然加热卷烟释放物中某些有害和潜在有害成分的水平确实低于传统卷烟烟气，但其他成分的水平尚无相关报道或实际上要更高。数据显示，在转换研究中，一些肺部和心血管指标并无任何改善，而且，参与者中（与吸烟一起）双重使用的流行率很高。因此，吸烟者吸食加热卷烟可能并不会显著降低吸烟所致慢性病的流行率。

(9) 致瘾性和替代传统卷烟的潜力

截至2021年5月，关于加热卷烟作为完全戒断传统卷烟的辅助工具的效用和有效性，并无任何相关研究报告发表。在并无直接经验性证据表明加热卷烟在帮助戒断传统卷烟方面的潜在效用和有效性的情况下，现有的少数研究表明，只有一个品牌的加热卷烟，在以与传统卷烟相当的剂量、速度和持续时间抽吸时，所产生的烟碱是卷烟烟雾中烟碱含量的70%左右。现有的间接证据表明，加热卷烟与传统卷烟所产生烟碱的致瘾潜力相近。关于这种潜力是否足以促进完全替代传统卷烟的使用，证据尚不足以下定论。

(10) 加热卷烟的化学/物理过程及现有加热卷烟检测方法的适用性

在对检测卷烟成分和释放物的现行标准作业程序及其是否适用于或改编后适用于加热卷烟进行评估之后，世界卫生组织认为现行标准作业程序适用于或改编后适用于加热卷烟。不过，需要进行初步分析，并验证检测加热卷烟中的重点有害物质的方法。就成分而言，应优先验证检测烟碱和雾化剂（丙二醇和丙三醇）的方法；就释放物而言，则应优先验证测量烟碱、二氧化碳和乙醛的方法。加热卷烟中重点释放物检测方法对监管机构和公共卫生具有重要意义，还需提供进一步资料介绍加热卷烟释放物的检测方法。

(11) 主要结论

与ENDS和ENNDS一样，利用加热卷烟使用烟碱需要将烟碱来源与装置相结合。装置可与烟碱液体或烟支分开销售，但由于它们属于集成产品，对用户体验而言，装置也是必不可少的。

减少伤害或降低风险的说法以及挖掘对技术的热情，特别是年轻人对技术的热情，是加热卷烟营销表述的基础。在市场营销活动中，烟草公司经常会将装置与烟支拆分开来，声称装置并非烟草制品，不应受到健康警语要求、广告、促销和赞助禁令或针对烟草制品的其他营销限制的约束。现有证据表明加热卷烟可能并非无害，虽然吸烟者完全从传统卷烟转换为加热卷烟可能会减少某些有害和潜在有害成分的暴露量，但这并不会减少所有有害和潜在有害成分的暴露量。

与持续吸烟者相比，完全从传统卷烟转换为加热卷烟的吸烟者因烟草相关疾病而受到的伤害是否有所减少，目前的证据尚无定论。

关于加热卷烟在总体上是否有助于吸烟者部分或完全戒断传统卷烟，现有证据亦尚无定论。

5. FCTC/COP 9/10 新型和新兴烟草制品提出的挑战及其分类

2021年11月，FCTC发布关于新型和新兴烟草制品提出的挑战及其分类的报告，本报告提及定义和术语以及烟草烟气的条款和准则带来的挑战，并提供资料介绍了加热卷烟的适当分类，以支持管制工作。

（1）新型和新兴烟草制品的释放物可以算作"烟草烟气"

"烟草烟气"一词常指正在燃烧的含烟草或产品所释放的气溶胶。产生的烟气通常包含热化学反应的产物以及来自母体"燃料"（这里指烟草）的未反应物质。烟草烟气中的一些成分主要通过燃烧反应（例如二氧化碳、一氧化碳和水）、热解和热合成反应（例如多环芳烃和乙醛）以及经由熏制装置实现的由加热烟草填充物至空气的非反应性转移（例如烟碱、烟草特有亚硝胺、丙二醇、铅、砷和茄呢醇）生成。值得注意的是，第三类，即未反应产物，占到卷烟烟草烟气质量的75%以上，只有一小部分来自化学反应过程。

新型和新兴烟草制品，特别是加热卷烟，会释放出热解产物，如挥发性醛类；因此，这些气溶胶显然属于"烟草烟气"的科学定义的范畴，加热卷烟释放的任何烟气则明显属于"烟草烟气"。

（2）新型和新兴烟草制品可能会为实施《烟草控制框架公约》提及定义和术语的条款和准则带来的挑战

就加热卷烟而言，缔约方在通过现有国内烟草控制法实施《烟草控制框架公约》方面可能面临着一些潜在挑战，例如：

① 在法律适用于烟草制品的情况下，可能会出现一个问题，即这些法律是否足够宽泛，可适用于加热卷烟的装置；

② 在现有法律以不同方式适用于不同类别烟草制品的情况下，则可能会出现如何对加热卷烟进行分类的问题。

关于装置这一问题，各缔约方应考虑：

① 现行法律有无将加热卷烟装置作为烟草制品或烟草配件加以管理，例如，因为装置是与烟草烟支一起出售的，或使用过程中，装置是不可或缺的一部分；若无，那么适用于烟草使用装置（如烟斗和水烟）的现行法律是否适用于加热卷烟装置；

② 根据这一分析，是否有必要作出修订，以确保加热卷烟的装置不被用来规避或破坏现行烟草控制法。

关于新型烟草制品释放物接触情况的证据正在显现，但有证据表明，非使用者也会接触有害物质。尽管如此，可能会出现现行无烟法中的定义是否足够宽泛，可用以管理加热卷烟使用情况的问题。此外，如果允许在无烟区使用电子烟碱传送系统，鉴于区分电子烟碱传送系统和加热卷烟方面的难题，执法工作可能会面临挑战。

为克服这些挑战，缔约方应考虑：

① 在现有法律允许的情况下，将加热卷烟释放物视为烟气，并将使用加热卷烟视为吸烟，或是改革相关法律法规，以作出相应处理；

② 执行FCTC/COP7/（9）号决定，禁止在无烟区使用电子烟碱传送系统。

根据《烟草控制框架公约》第9条和第10条，缔约方应考虑：

① 要求全面披露加热卷烟的成分、释放物和设计特点；

② 监测加热卷烟释放物中的重点有害化合物，如烟碱、乙醛和一氧化碳，并要求在考虑到世界卫生组织建议和国情的情况下，酌情减少这些化合物；

③ 使用世界卫生组织烟草实验室网络开发和验证过的方法检测加热卷烟成分和释放物中的重点有害物质；

④ 作为烟草控制综合措施的一部分，对加热卷烟的成分、释放物和设计特点进行管制，并要求产品进行披露；

⑤ 限制使用未成年人喜欢的香味，并落实第9条和第10条部分实施准则中的建议。

实施第11条时，警语信息的特殊性是一个重要挑战。除致瘾性和有害物质有关的警语标签以及关于健康危害的一般性警语外，对这些产品而言，针对特定疾病的警语标签可能会有所不同，并可能会随着对疾病风险的进一步了解而有所改变。另一个挑战是，加热卷烟的装置对其使用而言是必不可少的，但通常单独销售，这就会引起包装和标签相关法律法规（包括那些要求带有健康警语和进行标准化包装的法律）是否或在何种情况下适用于这些装置的问题。为了克服这些挑战，缔约方应考虑：

① 与烟草控制框架公约秘书处和世界卫生组织分享现有的和新的健康警语，以便随时向其他缔约方提供；

② 烟草制品或配件的现有包装和标签相关法律法规（包括那些要求带有健康警语的法律）是否也适用于加热卷烟的装置；如果不适用，请修正相关法律，以确保其适用于加热卷烟的装置。

禁止向未成年人销售和由未成年人销售的法律也适用于新型和新兴烟草制品。执行工作仍然是个问题，特别是考虑到营销信息可能会使这些产品对年轻人更具吸引力。克服这项挑战，缔约方应考虑：

① 严格执行关于购买此类产品的最低法制年龄的限制，协调实施和执行第16条中意在保护未成年人的其他方面内容；

② 实施限制未成年人获取产品的其他条款和准则，特别是那些侧重于产品吸引力的条款和准则（例如，第9条和第10条的部分实施准则及第11条和第13条的实施准则）。

（3）对新型和新兴烟草制品进行分类，以支持管制工作及定义新产品类别

世界海关组织（海关组织）协调制度委员会已就新型和新兴烟草制品和烟碱产品的海关分类，通过了一些拟议的新的海关子目。海关编码有多种用途，如控制货物的进出口和征收关税。协调制度委员会谈判期间，对《协调制度命名法》第24章（与烟草制品有关的编码）进行了修订，修订于2022年1月1日生效。实质上，《协调制度命名法》第24章设立了一个新的品目（24.04）和多个子目，涵盖了一些新型和新兴烟草制品和烟碱产品（包括烟碱替代疗法）。

品目24.04包括用于无燃烧吸入的产品。"无燃烧吸入"指在无燃烧的情况下，通过加热传送或其他方式吸入。协调制度编码并未为此分类提供"燃烧"的操作性定义，因此，有待通过正式的解释性注释或分类意见（就个别产品而言），就该问题作出进一步说明。

第85章（电机、电气设备及其零件）为EDNS/ENNDS和个人雾化器设立了新编码（8543.40）。

第二节 欧盟

为最大程度保障公众健康，在欧盟及成员国履行《烟草控制框架公约》（FCTC）相关要求和电子烟等新型烟草制品的管制缺失背景下，欧盟在2014年颁布了新的烟草制品指令——2014/40/EU"欧洲议会和理事会关于协调各成员国烟草及相关产品生产、展示和销售的法律、法规和行政规定的指令"（DIRECTIVE 2014/40/EU OF THE EUROPEAN PARLIAMENT AND OF THE COUNCIL of 3 April 2014 on the approximation of the laws, regulations and administrative provisions of the Member States concerning the manufacture, presentation and sale of tobacco and related products and repealing Directive 2001/37/EC），替代了运行13年的旧烟草制品指令，并要求欧盟各成员国在2016年5月20日之前实施必要的法律法规和管理规定（即本指令生效2年后），并应立即将上述规定的文本告知欧盟委员会。

2014/40/EU规定，除卷烟、自卷烟、斗烟、水烟、雪茄、小雪茄、嚼烟、鼻烟和口服烟草外的其他烟草制品以及2014年5月19日后上市的烟草制品，均为新型烟草制品。按照该法规的对新型烟草制品的定义，电子烟、加热卷烟均属于新型烟草制品。

因为所有烟草制品都有可能导致死亡、发病和残疾，应规范烟草制品的制造、分销和消费。因此，监测新型烟草制品的发展情况非常重要。制造商和进口商有义务提交新型烟草制品的备案，成员国主管当局有权禁止或授权新型烟草制品。

一、欧盟烟草制品指令

（一）电子烟

2014/40/EU明确将含烟碱的电子烟和续液瓶纳入管制范围，具有治疗作用的电子烟和续液瓶则由"关于欧共体有关人用药品的细则"或"关于医疗器械指令"管制。

2014/40/EU关于电子烟的管制规定主要包括：上市前提交信息、电子烟和续液瓶应满足的要求、电子烟和续液瓶的信息标识和管制内容等。同时，对电子烟烟液中烟碱的浓度和续液瓶的规格进行了规定，并禁止对电子烟和续液瓶进行任何形式的广告、促销及跨境销售。

1. 法规中涉及的电子烟产品相关定义

① 电子烟（electronic cigarette）：通过吸嘴或产品的其他组件抽吸含有烟碱气溶胶的产品，包括烟弹（cartridge）、储液仓（tank）和其他组件。电子烟可以是一次性或可通过续液瓶和储液仓再填充的可填充式或配有一次性烟弹的充电式。

② 续液瓶（refill container）：指盛装有含有烟碱液体的容器，可用于电子烟的续液。

③ 释放物（emissions）：指抽吸烟草制品或相关产品释放的物质，例如在烟气中发现的物质或在使用无烟烟草制品的过程中释放的物质。

④ 添加剂（additive）：指除了烟草以外添加到烟草制品、最小销售包装或任何其他外包装中的物质。

⑤ 成分（ingredient）：指烟草、添加剂以及任何在烟草制品或相关产品的物质或元素，包括纸张、滤嘴、油墨、胶囊和胶黏剂。

⑥ 最小销售包装（unit packet）：指投放市场的烟草或相关制品最小的销售包装。

⑦ 跨境销售（cross-border distance sales）：指消费者从零售渠道订购产品时，消费者位于零售渠道成立所在成员国或第三国以外的成员国，此时出现的远距离销售。在以下情况下，零售渠道视为在成员国成立：

a. 若为自然人，如果他或她在该成员国有营业地点；

b. 其他情况下，如果零售渠道在该成员国拥有法定所在地、中央管理或营业地点，包括分支机构、代理机构或任何其他机构。

2. 法规中关于电子烟产品相关要求

2014/40/EU 的第 20 章（Article 20）规定关于电子烟产品的相关要求。

（1）各成员国应确保电子烟和续液瓶符合本法令和所有其他相关的欧盟法规的情况下，投放市场；受 2001/83/EC 指令管制或 93/42/EEC 指令管制的电子烟和续液瓶，不受本法令管制。

第 2001/83/EC 号欧洲议会和理事会指令是关于共同体人用药品规范（DIRECTIVE 2001/83/EC OF THE EUROPEAN PARLIAMENT AND OF THE COUNCIL of 6 November 2001 on the community code relating to medicinal products for human use）。第 93/42/EEC 号理事会指令是关于医疗器械（Council Directive 93/42/EEC of 14 June 1993 concerning medical devices）。

（2）任何电子烟和续液瓶投放市场前，制造商和进口商应当向所在成员国的主管机构提交产品的备案申请。产品备案需在产品投放市场前 6 个月，以电子版形式提交。对于 2016 年 5 月 20 日前已经投放市场的电子烟和续液瓶，备案应于 2016 年 5 月 20 日后的 6 个月内提交。产品每次发生实质性改变也需提交新的备案申请。

根据产品是电子烟还是续液瓶，备案申请材料应包含以下信息：

① 制造商名称和详细的联系方式，需是欧盟境内负责的法人或者自然人；若适用（制造商是欧盟境外的，进口商是欧盟境内的），应提供进口商的名称和详细的联系方式；

② 按产品的品牌名称和类型列出所有的成分清单以及使用该产品产生的释放物的成分清单，包括含量；

③ 关于产品成分和释放物的毒理学数据，包括加热后，特别是在吸入这些物质和成分时对消费者健康的影响，尤其要考虑致瘾性；

④ 关于在正常或合理可预见的使用条件下，烟碱的剂量和摄入量信息；

⑤ 关于产品组件的描述；若适用，还应包括电子烟或续液瓶的打开和续液机制；

⑥ 关于生产流程的描述，包括产品是否是批量生产，以及一份关于该生产流程符合本条法规的声明；

⑦ 一份关于在投放市场后，在正常使用或者可预见的合理情况下，制造商和进口商承担本产品质量安全性责任的声明。

如成员国认为提交的信息不完整，他们有权要求补全有关信息。

成员国可以对制造商和进口商收取相应的费用，用于接收、存储、处理和分析提交的信息。

(3) 成员国应确保电子烟产品符合以下要求：

① 电子烟烟液在投放市场时，续液瓶体积不得超过 10 mL；一次性电子烟或一次性使用的烟弹，烟弹或储液仓体积不得超过 2 mL。

② 含有烟碱的电子烟烟液，烟碱含量不得超过 20 mg/mL。

③ 含有烟碱的电子烟烟液中不得使用以下的添加剂：

a. 维生素或其他使人产生烟草制品对健康有益或者降低健康风险印象的添加剂；

b. 与能量和活力有关的咖啡因、牛磺酸或其他添加剂和兴奋剂；

c. 对释放物有染色用途的添加剂；

d. 能促进烟碱吸入或摄入的添加剂；

e. 在未燃烧状态下，具有三致特性（指致癌、致突变、致生殖毒性）的添加剂。

④ 仅使用高纯度原料制造含有烟碱的电子烟烟液。如果在制造过程中无法从技术上避免的成分，除成分清单所列成分外，其他物质仅能痕量存在于含有烟碱的电子烟烟液中。

⑤ 除烟碱外，仅可添加在加热或不加热状态下均不会对人体健康带来风险的成分。

⑥ 在正常使用条件下，电子烟释放的烟碱量应稳定一致。

⑦ 电子烟和续液瓶应具有防儿童启动功能和防拆封功能，防止破损和漏液，并且具有在续液时不发生漏液的机制。

(4) 成员国应确保电子烟产品的包装和标识符合以下要求：

① 电子烟和续液瓶的最小销售包装内，应包括载明以下信息的说明书：

a. 产品使用和存储说明，包括不建议年轻人和非吸烟者使用的参考说明；

b. 禁忌；

c. 对特定风险人群的警告；

d. 可能的不良反应；

e. 成瘾性和毒性；

f. 制造商或进口商以及欧盟境内的法人或自然联系人的联系方式。

② 电子烟和续液瓶的最小销售包装和外包装应标明：

a. 包括按质量分数降序排列的成分清单，该产品烟碱含量和每口烟碱释放量，生产批号和将产品放置于儿童不能触及地方的建议。

b. 在不影响该a款的情况下，仅能包括第13条（1）下（a）和（c）中关于烟碱含量和香味成分信息；其中第13条（1）下（a）和（c）的主要内容："烟草制品的最小销售包装和所有的外包装标识以及烟草制品本身不应包含以下任何要素或特征：（a）通过对其特性、健康影响、风险或释放物产生错误印象来推广烟草制品或鼓励其消费；（b）标签不应包括关于烟草制品的烟碱、焦油或一氧化碳含量的任何资料；（c）涉及口感、香味、任何香精或其他添加剂或不含这些特征。"

c. 标明以下健康警语中的一项："本产品含有烟碱，烟碱是一种高致瘾性物质。不建议非吸烟者使用。"或者"本产品含有烟碱，烟碱是一种高致瘾性物质"。

③ 成员国确定将要使用的健康警语符合第12条（2）中规定的要求。第12条（2）的主要内容：健康警语的文本应在表面预留的位置内，与主体文字平行。除此之外，还应：覆盖最小销售包装和所有外包装的表面积的30%；对于拥有两种官方语言的成员国，这一比例应增加至32%，对于拥有两种以上官方语言的成员国则应增加至35%。

（5）一般警语和信息消息应符合以下要求：

① 以黑色赫维提卡（Helvetica）粗体字体印刷于白色背景。为了满足语言要求，成员国可以确定字号大小，但是国家法律规定的字号大小要确保相关文本占据保留给这些健康警语的表面最大可能的比例；

② 在保留这些健康警语的表面中心以及在长方体包装和任何外部包装上，这些健康警语平行于单位包装或外部包装的侧边缘。

第1款，抽吸的烟草制品的所有单位包装和外包装应标明以下一般警语："吸烟致命——马上戒烟"或者"吸烟致命"，成员国应确定使用上述一般警语中的一种。

第2款，任何烟草制品的所有单位包装和外包装应包括以下信息："烟气含有70多种已知致癌物质"。

（6）成员国关于电子烟产品的推广规定如下：

① 禁止直接或间接推广电子烟和续液瓶的商业传播，商业传播包括信息化社会服务、新闻媒体和其他出版物；

② 禁止直接或间接推广电子烟和续液瓶的无线电广播的商业传播；

③ 禁止直接或间接推广电子烟和续液瓶的任何形式的公共或私人赞助的广播节目；

④ 禁止以直接或间接推广电子烟和续液瓶为目的的，以任何形式对任何涉及或发生在若干成员国或具有跨国影响的事件、活动或个人进行公共或私人捐赠；

⑤ 禁止电子烟和续液瓶使用欧洲议会和欧盟理事会指令2010/13/EU规定的视听商业传播。其中欧盟议会和理事会2010年3月10日颁布的2010/13/EU指令是关于协调成员国涉及提供视听服务法律法规或行政措施的特定规定（视听媒体服务指令）（OJL95，15.4.2010，p.1）。

（7）本法令第18条适用于电子烟和续液瓶的跨境销售。第18条烟草制品跨境销售的规定如下：

① 成员国应禁止通过跨境销售向消费者销售烟草制品。成员国应互相配合防止此类销售。从事烟草制品跨境销售的零售渠道不得向禁止此类销售的成员国消费者提供此类

产品。不禁止此类销售的成员国应要求拟向位于欧盟的消费者进行跨境销售的零售渠道在实际或潜在消费者所在成员国主管机构登记。在联盟之外设立的零售渠道应向实际或潜在消费者所在成员国主管机关登记。所有拟经营跨境销售的零售渠道，在主管机构登记时应提交以下资料：

a. 名称或者公司名称以及提供烟草制品地点的永久地址；

b. 通过98/34/EC指令第1条第2点定义的信息社会（Information Society）服务向消费者提供烟草制品跨境销售活动的开始日期（DIRECTIVE 98/34/EC OF THE EUROPEAN PARLIAMENT AND OF THE COUNCIL of 22 June 1998 laying down a procedure for the provision of information in the field of technical standards and regulations）；

c. 用于该目的的一个或多个网址以及识别该网站所需的相关信息。

② 成员国主管机构应确保消费者能够获得在成员国注册的所有零售渠道的名单。在提供清单时，成员国应确保遵守95/46/EC指令中规定的规则和保障措施。零售渠道只有在获得相关主管机关的登记确认后，才可以通过跨境销售将烟草制品投放市场（95/46/EC指令是欧盟1995年颁布的个人数据保护指令，旨在保护个人数据的处理和自由流动。本指令对欧盟境内机构和个人数据处理者规定了一些基本原则和异物，以确保个人数据的合法处理和使用。指令名称：Directive 95/46/EC on the protection of individuals with regard to the processing of personal data and on the free movement of such data）。

③ 为保证合规及促进执法，如有必要的话，通过跨境销售的烟草制品目的地成员国可以要求供应零售渠道指定一位自然人，负责在烟草制品到达消费者之前核实它们是否遵守目的地成员国的规定。

④ 从事跨境销售的零售渠道应运行年龄验证系统，该系统在销售时验证购买者是否符合目的成员国国内法规规定的最低年龄要求。零售渠道或根据第3款指定的自然人应向该成员国主管机构提供关于年龄验证系统的细节和功能说明。

⑤ 零售渠道只应根据95/46/EC指令处理消费者的个人数据，这些数据不得向烟草制品制造商或同一集团公司或其他第三方披露。除实际购买目的外，不得使用或传输个人资料。如零售渠道属烟草制品制造商的一部分，此规定也应适用。

（8）成员国应要求电子烟和续液瓶的制造商和进口商每年提交以下信息至主管机构：

① 各品牌和型号产品的销售量综合数据；

② 各种消费群体的偏好信息，包括年轻人、非吸烟者以及现有使用者偏好的主要类型；

③ 产品销售模式；

④ 针对上述事项进行的任何市场调查的执行概要，包括其英文翻译。

成员国应掌握电子烟和续液瓶的市场发展情况，包括表明青少年和非吸烟者使用这些产品造成烟碱成瘾和最终转向传统烟草的证据。

（9）成员国应确保收到的信息在网站上公开。

成员国在公布信息时应考虑保护商业秘密的必要性。成员国应根据请求，向欧盟委员会和其他成员国提供收到的根据本条款要求的所有信息。成员国和欧盟委员会应确保以机密方式处理商业秘密和其他机密信息。

（10）成员国应要求电子烟和续液瓶制造商、进口商和分销商建立和维护一个信息系统，用于采集这些产品所有可疑的对人体健康产生不良影响的信息。

如果任何经营者认为或有证据表明其准备或已经投放到市场上的电子烟或续液瓶，是不安全的或质量存在缺陷，或在其他方面不符合本指令，则经营者应立即采取必要的纠正措施，使相关产品符合本指令，酌情撤回或召回相关产品。在此情况下，经营者还应当立即通知提供或拟提供产品所在成员国市场监督机构，详细说明情况，尤其是对人体健康和安全的风险以及采取的所有纠正措施及其结果的详细情况。

成员国还可以要求经营者提供其他更多的信息，例如关于电子烟或续液瓶的安全、质量或任何不利影响的信息。

（11）欧盟委员会应在2016年5月20日之前和之后合适的时间向欧洲议会和欧盟理事会提交一份关于使用可填充式电子烟对公众健康产生潜在风险的报告。

（12）对于符合本条要求的电子烟和续液瓶，如果主管机关确定或有充分的证据表明特定的电子烟或续液瓶（或某一类电子烟或续液瓶）可能严重危害人体健康，可以采取适当的临时措施。

应立即将所采取的措施通知欧盟委员会和其他成员国的主管机构，并通报所有的支撑性数据。欧盟委员会在收到这些资料后，应尽快确定临时措施是否合理。欧盟委员会应将决定通知有关成员国，使成员国能够采取适当的后续措施。

若至少三个成员国根据正当理由禁止在市场上投放特定的电子烟或续液瓶（或某一类电子烟或续液瓶），依照指令第27条规定，在合情合理的情况下，欧盟委员会应将上述禁止扩大到所有成员国。

第27条是关于授权行使的相关内容，具体内容如下：

根据本条规定的条件，授予欧盟委员会通过授权法案的权力。所述的通过授权法案的权力，应自2014年5月19日起五年期间授予欧盟委员会。欧盟委员会应在五年期限届满前九个月内起草一份关于授权的报告。授权应默认延长一段相同的期限，除非欧洲议会或理事会在每个期间结束之前三个月内提出反对意见。

一旦委员会采取授权行动，应在同一时间通知欧盟议会或者理事会。

（13）欧盟委员会有权根据第27条通过授权法案，调整健康警语的措辞。在调整该健康警语时，欧盟委员会应确保该警语是真实的。

（14）欧盟委员会应以通过一项实施法案的形式，制定备案材料的通用格式和充填机制的技术标准。

（二）加热卷烟

因2014/40/EU指令颁布时间较早，而2014年底菲利浦·莫里斯国际公司最早在日本推出iQOS，2014/40/EU指令并未针对加热卷烟设置专门章节，但根据该指令对新型烟草制品的定义，加热卷烟属于新型烟草制品，应按照新型烟草制品进行管理。2014/40/EU指令关于新型烟草制品的规定如下：

指令第19条规定"关于新型烟草制品的备案"的内容：

1. 生产商和进口商向成员国主管部门提交备案申请

各成员国应要求新型烟草制品的生产商和进口商向成员国主管部门提交就其打算投放到相关成员国市场的任何该类产品的备案申请。备案申请应在拟投放市场前的6个月，以电子形式提交。备案申请材料应附有关于新型烟草制品的详细描述说明、使用说明以及按照本指令中第5条"成分和释放物的报告"规定的成分和释放物信息。新型烟草制品的生产商和进口商向主管部门提交备案申请材料，还应包括以下信息：

① 可获得的关于新型烟草制品毒性、成瘾性和吸引力的科学研究，特别是涉及其成分和释放物的科学研究；

② 可获得的关于不同消费群体（包括青少年和当前吸烟者）偏好的研究及得出的总结报告和市场调查；

③ 其他可获得的相关信息，包括产品的风险/收益分析，其对戒烟的预期效果，其对消费者开始使用烟草制品的预期效果以及预期的消费者认知。

2. 生产商和进口商应向主管部门提交和更新新的研究和调查

各成员国应要求新型烟草制品的生产商和进口商应向主管部门提交和更新任何新的研究和调查以及上述1.①～③的相关信息。成员国可要求新型烟草制品的生产商或进口商进行额外测试或提供额外信息。成员国应将根据备案申请材料内容收集的所有相关信息提供给欧盟委员会使用。

3. 新型烟草制品授权制度

成员国可以采用新型烟草制品的授权制度。成员国可以向生产商和进口商收取相应的授权费用。

4. 对新型烟草制品的要求

投放市场的新型烟草制品应满足本指令的相关要求。本指令中适用于新型烟草制品的具体规定，取决于该新型烟草制品属于无烟烟草制品的定义范畴还是抽吸型烟草制品的定义范畴。

关于"成分和释放物的报告"要求内容如下：

（1）提交信息

各成员国应要求烟草制品的生产商和进口商按品牌名称和产品类型向其主管部门提交以下信息：

① 烟草制品生产过程中使用的所有成分及其含量清单，按各成分在烟草制品中的含量降序排列；

② 焦油、烟碱、一氧化碳和其他物质的最大释放量；

③ 可获得的其他释放物信息及其含量水平。

对于已投放市场的烟草制品，应在2016年11月20日前提供以上信息。

如果烟草制品中某一种成分发生变化，从而影响按指令第五节提供的相关信息，生产商或进口商应当告知相关成员国的主管部门。指令第五节要求的相关信息应当在新的或发生变更的烟草制品投放市场之前提交。

（2）配方原料清单

第（1）条①中提及的配方原料清单应附一份声明，以说明在烟草制品中加入这些成分的原因（即该成分的用途）。该清单还应标明成分的状态，包括是否已根据（EC）1907/2006号法规登记以及根据（EC）1272/2008号法规确定类别。

（EC）1907/2006号法规（即REACH法规），欧盟针对化学品注册、评估、授权和限制的法规，管控内容涉及很多方面，包括SVHC（高度关注物质）和限制物质等。

（EC）1272/2008号法规（即CLP法规，Classification, Labeling and Packaging），基于联合国全球统一的分类和标签制度（GHS），关于物质和混合物分类、标签和包装的法规，于2009年1月20日生效。目的是确保高度保护健康和环境，以及物质、混合物和物品的自由流通。

（3）所用成分的毒理学数据

第（1）条①中提及的配方原料清单应附相关的毒理学数据，包括清单中的每一种成分在燃烧以及非燃烧状态下的毒性数据。可以的话，应特别给出其对消费者健康的影响，尤其是致瘾性作用。

此外，对于卷烟和手卷烟，生产商和进口商应当提交一份技术报告，对其中使用的添加剂及其性能进行总体描述。

除焦油、烟碱和一氧化碳以及本指令提到的释放物外，生产商和进口商应当提供所使用的关于释放物的检测方法。成员国应当要求生产商和进口商依据主管部门颁布的法令，对烟草制品中成分的危害性进行评估，特别是其致瘾性和毒性。

（4）关于提供信息公开的问题

成员国应确保根据第（1）条及本指令第六节"添加剂的优先清单及扩大的报告义务"中提到的提交信息在互联网上公开。在信息公开的同时，成员国应充分考虑保护商业机密的需要。成员国应当要求生产商和进口商在按照本段要求提交信息时，明确被认为是商业机密的信息。

（5）关于提供信息的可用问题

欧盟委员会应当通过执行法案、颁布法律，如果需要，更新提交信息的格式，确保第（1）条及本指令第六节"添加剂的优先清单及扩大的报告义务"第（1）条要求的信息可用。这些执行法案应符合指令第二十五节"委员会程序"第2条的审查程序。

（6）生产商和进口商应提供的其他信息

成员国应当要求生产商和进口商提交他们获得的内部和外部市场调查，包括青少年和当前吸烟人群在内的不同消费群体的偏好研究、烟草成分及释放物研究以及在新产品上市时所进行的所有市场调查。成员国还应当要求生产商和进口商提供每种品牌和产品类型的销售量，以条或者千克计。从2015年1月1日开始，每个成员国以"年销售量"进行提供信息。各成员国应向欧盟委员会提供其他任何可获得的销售数据。

（7）信息的提交形式

本条及指令第六节要求成员国提供的所有数据和信息应以电子文件的形式提交。各成员国应当保存所提交的电子信息，并确保欧盟委员会及其他成员国出于适用本指令的目的能够合理使用这些信息。各成员国和欧盟委员会应当确保其中的商业机密及其他隐私信息的保密性。

（8）费用

成员国可以向生产商和进口商收取相应费用，用于接收、储存、处理、分析及公开本节所要求提交的信息。

二、EU 2022/2100 指令对《烟草制品指令》的修订

2022年6月29日，欧盟委员会发布EU 2022/2100指令，这一指令是对《烟草制品指令》中关于加热卷烟的若干豁免条款进行修订。该指令在欧盟官方公报上公布后的第20天生效。同时，该指令要求各成员国应最迟在2023年7月23日前通过并公布遵守本指令所需的法律法规和行政规定，并于2023年10月23日起实施这些规定。

本指令对《烟草制品指令》修订如下：

（1）第7节第12条修改内容

原第12条内容如下：

卷烟和手卷烟以外的烟草制品可以不受本节第1条和第7条的限制。欧盟委员会应根据第27条采取授权行为，撤销对特定产品类别的豁免，如委员会报告所述的情况有重大改变。

修订后的第12条内容：

卷烟、手卷烟和加热卷烟以外的烟草制品可以不受本节第1条和第7条的限制。欧盟委员会应根据第27条采取授权行为，撤销对特定产品类别的豁免，如委员会报告所述的情况有重大改变。

就第一分段而言，"加热卷烟"是指一种新型烟草制品，它经过加热产生含有烟碱和其他化学物质的气溶胶，然后由使用者吸入，根据其特性，这是一种无烟气烟草制品或供抽吸的烟草制品。

（2）第11节修改内容

此部分主要有两处修改：一部分是第11节的题目；另一部分是第11节第一段中的第一分段。

原第11节题目：卷烟、手卷烟和水烟之外的烟草制品的标识

原第一段第一分段内容：各成员国可豁免第7节第12条第2小段所定义的除卷烟、手卷烟和水烟之外的其他烟草制品执行第9（2）和第10节规定的组合健康警语的义务。在上述情况下，除第9（1）条规定的通用警语外，这类产品的每个单位包装和任何外包装均应带有附录1中列出的文字警语。第9（1）条中规定的通用警语应包含对第10节（1）（b）中提到的戒烟服务。

修改后的题目：卷烟、手卷烟、水烟和加热卷烟之外的烟草制品的标识

修改后第一段中第一分段内容：各成员国可豁免第7节第12条第2小段所定义的除卷烟、手卷烟、水烟和加热卷烟之外的其他烟草制品执行第9（2）和第10节规定的组合健康警示的义务。在上述情况下，除第9（1）条规定的通用警语外，这类产品的每个单位

包装和任何外包装均应带有附录1中列出的文字警语。第9（1）条中规定的通用警语应包含对第10节（1）（b）中提到的戒烟服务。

三、关于电子烟续液装置的技术标准

作为支撑欧洲议会及欧盟理事会2014/40/EU指令第20条（3）款（g）目要求"成员国应确保电子烟和续液瓶包括一个机械装置来保障续液过程中不发生漏液"，欧盟委员会2016年发布"欧盟委员会第（EU）2016/586号执行决定 电子烟续液机制技术标准"（DECISIONS COMMISSION IMPLEMENTING DECISION（EU）2016/586 of 14 April 2016 on technical standards for the refill mechanism of electronic cigarettes），本决定的主要内容如下：

1. 本决定发布的背景

① 2014/40/EU指令的第20条（3）款（g）目要求，成员国电子烟和续液瓶应包括一个机械装置，以确保续液过程中不发生漏液。

② 2014/40/EU指令的第20条（13）款赋予欧盟委员会通过实施法案的形式制定电子烟续液装置的技术标准。

③ 鉴于电子烟和续液瓶中使用的含有烟碱的电子烟烟液的毒性，应确保电子烟在续液过程中以一种尽量减少皮肤接触和意外摄入含烟碱电子烟烟液的方式续液。

④ 根据从利益相关方收到的反馈和外部承包商开展的工作，已确定技术标准旨在确保合规的续液装置能够提供足够的保护，防止漏液。

⑤ 已确定技术标准还包括以合适的方式告知消费者，为确保续液过程中不漏液，如何使用填充装置的措施。

⑥ 利益相关者可能希望向委员会提供他们为确保不漏液而开发的替代装置的信息，这可能会导致该决定被修订。

⑦ 该决定中规定的措施与2014/40/EU指令第25条中委员会提到的意见一致。

兹通过本决定，决定的主要内容如下：

2. 本决定的适用范围

本决定是为在欧盟的生产或进口到欧盟的电子烟的续液装置制定技术标准。

3. 具体要求

（1）成员国应确保可填充式电子烟和续液瓶的续液装置满足下列条件之一才能投放市场：

① 续液瓶应有一个牢固的至少9 mm长的管口，比电子烟储液仓要窄并能精确加注到电子烟内；在大气压力、20 ℃ ± 5 ℃ 条件下，续液瓶垂直放置于电子烟储液仓内，流速不能超过20滴/分钟；

② 通过对接系统的方式，仅续液瓶和电子烟储液仓连接时，才向电子烟储液仓添加电子烟烟液。

（2）成员国应确保可填充式电子烟和续液瓶包括合适的续液操作指南，包括示意图，作为2014/40/EU指令要求的使用指南的一部分。

在①中提到的有填充装置的可填充式电子烟和续液瓶类型，为了使消费者明确电子烟和续液瓶的兼容性，在使用指南中应明确管口的宽度或者储液仓开口处的宽度。

在②中提到的有填充装置的可填充式电子烟和续液瓶类型，在使用指南中应明确与电子烟和续液瓶兼容的对接系统的类型。

第三节　美国

2009年6月美国发布的"家庭吸烟预防与烟草控制法案"（Family Smoking Prevention and Tobacco Control Act，FSPTCA）授权FDA监管烟草制品。2016年5月，FDA发布"最终推定规则：推定烟草制品需要符合联邦食品、药品及化妆品法的要求——修订于家庭吸烟预防和烟草控制法"，法案授权FDA增加烟草制品的管制范围，将可认为是烟草制品的产品包括电子烟、雪茄烟、斗烟、烟碱口香糖、水烟及含化型产品纳入管制。同时将用于烟草制品消费的相关组件或部件（如电子烟的烟弹）也拟纳入FDA管制。美国FDA按"烟草制品"监管新型烟草制品，包括电子烟和加热卷烟。

新的烟草制品在美国上市有以下三种途径：①"上市前申请"（Premarket Tobacco Product Applications，PMTA）；②"实质性等同"（Substantial Equivalence，SE）；和③"豁免"（Request Exemption from Demonstrating Substantial Equivalence，EX REQ）。一般情况下，通过"实质性等同（SE）"和"豁免"途径上市的新的烟草制品，涉及的烟草制品有香烟、雪茄、水烟烟草、手卷烟丝、无烟烟草产品和卷烟纸。而"上市前申请（PMTA）"途径则适用于所有类别的烟草制品申请。迄今为止，因尚未有任何预先存在的有效电子烟产品，FDA仅接受通过PMTA途径提交的所有电子烟产品上市前申请。

然而，那些寻求销售新型烟草产品的申请人可以通过这三种途径中的任何一种提交申请，FDA鼓励申请人与其联系，讨论最适合其产品上市的途径。

按照法案要求，2007年2月15日（祖父日）至2016年8月8日上市的电子烟产品需在规定日期前提交PMTA申请并通过，才被视为合法；2016年8月8日之后推出的电子烟新品必须通过PMTA申请，才能上市销售。由于PMTA耗资较大且耗时较长，只有大电子烟企业才能负担，一些中小电子烟企业被迫退出市场。

同时，FSPTCA提出了"风险改良烟草制品"（Modified Risk Tobacco Products，MRTP），定义为：以减少商业销售的烟草制品带来的危害或烟草相关疾病风险，可销售、流通供消费者使用的任何烟草制品。该法案还指导FDA与美国医学研究院（Institute of Medicine，IOM）协商，制定关于设计和进行MRTP科学研究的规则和指南。

一、优先管控的电子烟碱传送系统和被认为是电子烟碱传送系统的产品

2020年4月，美国FDA发布了"优先管控的电子烟碱传送系统（ENDS）和其他被认为是电子烟碱传送系统的产品"（Enforcement Priorities for Electronic Nicotine Delivery Systems（ENDS）and Other Deemed Products on the Market Without Premarket Authorization）指南。

本指南对以下三种电子烟进行优先管控：①各种口味的电子烟（除薄荷与烟草味外）；②未采取（或不准备采取）充分措施来防止未成年人获得电子烟的制造商生产的电子烟；③任何以未成年人为目标或可能会促进未成年人使用的电子烟产品。

二、烟草制品成分清单

2023年3月，FDA发布修订后的"烟草制品成分清单"，该版本是本指南第6次修订。本指南文件旨在帮助向FDA提交烟草制品成分的人员，本指南适用于烟草制品的制造商和进口商。

《FD&C法案》要求每个烟草制品的制造商、进口商或其代理人均应提交一份所有成分的清单，包括烟草、物质、化合物和制造商添加到烟草、纸张、滤嘴或其他部分的添加剂。

（一）需提交成分清单的产品

FDA要求以下产品需提交成分清单：由烟草制成或源于烟草，或含有在烟草制品使用过程中燃烧、雾化或摄入的成分。

电子烟烟液需提供成分清单，关于电子烟产品的其他相关组件或部件暂不要求提供成分清单，包括：电气相关组件（不限于电池和充电系统、电路板、配线和连接器），软件系统，数字显示屏、灯光和用于调整设置的按钮，连接适配器，烟弹壳、加热丝、导油棉、储液仓、吸嘴等。

然而，FDA在认识到其他组件或部件的成分在确定烟草制品对公众健康的影响方面也很重要时，FDA将在对烟草成品进行上市前审查期间收集这些组件或部件的成分信息（例如，在上市前烟草制品申请和实质等同性报告中）。

（二）成分清单

成分清单应包含以下信息：

- 生产商/进口商信息——包括每一个生产商/进口商的名字、地址，公司电子邮件地址，邓白氏编码编号（D-U-N-S）或其他唯一编号，FDA分配的设施机构标识符（FEI）编号；
- 产品标识；
- 所用原料名称；

- 原料所添加的部分——如添加到烟丝、卷烟用纸、过滤嘴或其他部分；
- 烟草产品中所含原料的质量，即原料用量——对于所有烟草产品，用量应以在烟草制品（如一支香烟、一支雪茄）中所占比例，或每克产品所占比例表示（如电子烟烟液）。

生产商/进口商需要提交烟草制品中所使用的所有原料用量，可以根据添加量计算原料用量，并根据制造过程中已知或预期的损失和化学反应进行调整；或者可以通过实验室测试分析得出在烟草制品中的含量。

（三）提交成分清单的途径

FDA强烈建议申请人提交电子版的成分清单。FDA提供了用于提交的电子版成分清单的软件——电子提交工具（eSubmitter），该工具提供了一个模板表单，用于报告成分数据和FDA接收的自动确认，并允许用户附加大量文件，如PDF文档。

此外，还可以通过邮寄方式提交纸质版成分清单，收件地址：美国食品药品监督管理局—烟草制品中心—文件控制中心，71号楼G335室，新罕布什尔大道10903号，Silver Spring, MD 20993-0002。

三、烟草制品上市前申请导则

2011年9月，美国FDA依据经"家庭吸烟预防和烟草控制法案"（烟草控制法案）（公共法律111-31）修订的"联邦食品、药品和化妆品法案"（FD&C法案）第910条制定并发布烟草制品上市前申请（PMTA）导则（Applications for Premarket Review of New Tobacco Products）。针对新烟草制品或现有烟草制品改良产品的推出，需要向FDA提交"上市前申请"。上市前申请途径明确提出，在审批上市前，FDA需要评估该烟草制品对吸烟者和公众健康的影响，制造商必须提供科学数据用以证明该产品对吸烟者及公众健康有利。该导则主要包括以下几方面的内容：

- PMTA的申请人资格；
- PMTA的适用情况；
- 提交PMTA的方法；
- PMTA中需要提交的信息；
- FDA建议的PMTA提交信息。

（一）PMTA的申请人资格

目前仅限于第910条要求的成品、受监管的烟草制品，包括第901（b）条所列的产品（即卷烟、烟草、无烟烟草和自卷烟草）和根据法规可能被视为受FD&C法案约束的烟草制品以及供消费者销售或分销的受管制烟草制品的组成部分（例如，单独出售给消费者或作为套件一部分出售的卷烟纸、滤嘴或过滤管）。

（二）PMTA的适用情况

除获得第905（j）条实质等同许可或豁免的产品，必须提交PMTA申请，并根据FD&C法案第910（c）（1）（A）（i）条获得授权销售许可，才能销售申请产品。

（三）FDA建议的PMTA提交信息

FDA建议新烟草制品的PMTA包括以下内容：

① 一封附信（A cover letter），包括申请企业的名称和地址；授权联系人的姓名、职务、地址、电话号码、电子邮箱和传真号码，申请产品名称；之前的任何监管历史，如任一第905（j）条决定；之前与FDA就申请产品召开的所有会议的日期；烟草制品科学咨询委员会（TPSAC）对申请进行审查的所有要求；

② 执行摘要（包括申请概述、对申请产品的描述、非临床和临床研究和主要研究结果，以及"允许产品上市有利于保护公众健康"的解释说明）；

③ 所有健康风险调查的完整报告（包括提交的支持"允许产品上市有利于保护公众健康"的证据）；

④ FD&C法案第910（b）（1）（B）要求提交烟草制品所有成分、配料、添加剂和特性的完整声明，以及此类烟草制品的使用方法；

⑤ 生产和加工方法的完整描述（包括产品的所有生产、包装和质量控制地点的列表，包括工厂名称、地址和电话号码以及每个工厂的联系人姓名、电话号码和电子邮箱）；

⑥ 关于产品符合任何适用的烟草制品标准的说明；

⑦ 产品及其组件的样品；

⑧ 标识样稿。

此外，还必须提交一份关于环境评估的报告。

根据第910（b）（1）（E）条，FDA可合理要求申请人提交"烟草制品及其成分的样品"。应在PMTA申请的同一天向FDA提交这些样品。每份提交的样品应附有一份说明，说明中应包含足以将样品和/或成分与PMTA联系起来的信息，包括公司的名称和地址、授权联系人的姓名、职务、地址、电话号码、电子邮箱和传真号码、申请产品的名称以及任何其他身份信息。还应提供用于向FDA提交样品的运输条件、建议的储存条件、样品的生产日期和失效期（保质期）。在PMTA申请材料中附上这份说明的副本。

虽然目前不强制要求，但FDA强烈鼓励以电子方式提交PMTA申请材料，以促进数据提交和处理的效率和及时性。FDA计划在其网站上提供相关申请信息并不时进行更新。

（四）PMTA的审查流程

根据FD&C法案第910（c）条的要求，FDA必须"尽快审查PMTA，任何情况下不得晚于收到申请后的180天"。收到申请后，FDA可能会根据需要，要求申请人提供PMTA相关的其他信息。

根据FD&C法案第910（b）（2）条，FDA可根据申请人要求或主动将PMTA提交给

TPSAC。在提交PMTA的首页中，申请人可将是否愿意提交给TPSAC的要求包含在内，但FDA有权决定是否提交。

同时，申请人可随时撤回PMTA。撤回决定应书面通知FDA，并清楚标记为PMTA申请撤回，并发送到接收PMTA申请的地址。

PMTA的正常审查流程见图1-2，主要包括预备会议、审查接收、形式审查、实质性审查、作出结论和上市后报告共六个阶段。

图1-2　PMTA的正常审查流程

1. 预备会议（Pre-meetings）

申请人和FDA之间的一次自愿的正式会议，讨论烟草产品的PMTA提交计划。通过这次会议会有以下结果：

- 会议批准函或会议记录函（如果会议被批准并举行）。
- 会议拒绝信。

2. 审查接收（Acceptance Review）

经初步审查，确保该产品属于烟草产品中心的管辖范围，并确认根据FD&C法案第910条和第1114.27（a）（1）条规定标准，符合申请的法定和监管要求。通过这项审查会有以下结果：

- 接收信。
- 拒绝接收信，主要内容为拒绝接收上市前烟草产品提交程序。

3. 形式审查（Filing Review）

初步确定申请是否包含足够的信息以进行后续的实质性审查。如果申请适用于第1114.27（b）（1）条中的任何标准，FDA可对提交的PMTA申请进行审查，通过这项审查会有以下结果：

- 形式受理信。
- 拒绝受理信（Refuse to file，RTF）。

4. 实质性审查（Application Review）

FDA对申请材料中的科学信息和数据、烟草产品科学咨询委员会（TPSAC）的建议进行评估。通过这项审查会有以下结果：

- 材料补正信：需要申请人补充信息来完成科学审查。这封信将规定申请人必须回复补正的时限。

- 环境信息请求函：FDA 作出了科学决定，发布了上市许可令；然而，申请人必须提供关于环境评估方面的相关信息，然后才能发布营销许可令。

5. 作出结论（Action）

包括两种情况：
- 市场营销授权信。
- 营销拒绝信。

6. 上市后的要求（Postmarket Requirements）

FDA 要求申请人建立和维护相关记录，并根据 FDA 要求提交报告，以确定或促进确定是否有理由撤回或暂时暂停上市许可令。第 1114.41 条规定了所有收到营销授权订单的产品上市后均应提交报告，FDA 可能要求根据营销授权订单条款进行报告额外的信息。

2021 年，烟草产品科学中心办公室（Center of Tobacco Product，CTP）举行了"与烟草产品科学中心办公室的一场对话"，以帮助烟草行业了解 FDA 对与视同烟草制品相关的营销申请的审查过程。

（五）已发放上市许可的产品

截至 2024 年上半年，FDA 共向 49 款产品发放上市许可，具体见表 1-5。表中包括 27 款电子烟产品和烟具，6 款加热卷烟。只有这些电子烟产品和加热卷烟可以在美国合法营销和销售，根据美国的《联邦食品、药品和化妆品法》，缺乏 FDA 营销授权令的电子烟产品和加热卷烟禁止在美国销售或分销。

表 1-5　截至 2024 年上半年，FDA 发放上市许可产品汇总表

授权年份	生产商	产品名称	产品类别	授权日期	决定摘要	环境评估资料	无重大影响的发现
2024	NJOY LLC	NJOY ACE Pod Menthol 2.4%	ENDS	2024年6月21日	PM0000616.PD1	—	—
2024	NJOY LLC	NJOY ACE Pod Menthol 5%	ENDS	2024年6月21日	PM0000617.PD1	—	—
2024	NJOY LLC	NJOY DAILY Menthol 4.5%	ENDS	2024年6月21日	PM0000628.PD1	—	—
2024	NJOY LLC	NJOY DAILY EXTRA Menthol 6%	ENDS	2024年6月21日	PM0000629.PD1	—	—

续表

授权年份	生产商	产品名称	产品类别	授权日期	决定摘要	环境评估资料	无重大影响的发现
2023	Philip Morris Products S.A.	Marlboro Sienna HeatSticks	HTP（Heated Tobacco Product，加热烟草制品）	2023年1月26日	PM0004337.PD1	EA0004337	FONSI0004337
2023	Philip Morris Products S.A.	Marlboro Bronze HeatSticks	HTP	2023年1月26日	PM0004337.PD2	EA0004337	FONSI0004337
2023	Philip Morris Products S.A.	Marlboro Amber HeatSticks	HTP	2023年1月26日	PM0004691.PD1	EA0004691	FONSI00046
2022	NJOY LLC	NJOY DAILY Rich Tobacco 4.5%	ENDS	2022年6月10日	PM0000630	EA0000630	—
2022	NJOY LLC	NJOY DAILY EXTRA Rich Tobacco 6%	ENDS	2022年6月10日	PM0000631	EA0000631	—
2022	R.J. Reynolds Vapor Company	Vuse Vibe Power Unit	ENDS	2022年5月12日	PM0000635	—	—
2022	R.J. Reynolds Vapor Company	Vuse Vibe Tank Original 3.0%	ENDS	2022年5月12日	PM0000636	—	—
2022	R.J. Reynolds Vapor Company	Vuse Vibe Power Unit	ENDS	2022年5月12日	PM0004287	—	—
2022	R.J. Reynolds Vapor Company	Vuse Ciro Power Unit	ENDS	2022年5月12日	PM0000646	—	—
2022	R.J. Reynolds Vapor Company	Vuse Ciro Cartridge Original 1.5%	ENDS	2022年5月12日	PM0000712	—	—
2022	R.J. Reynolds Vapor Company	Vuse Ciro Power Unit	ENDS	2022年5月12日	PM0004293	—	—

续表

授权年份	生产商	产品名称	产品类别	授权日期	决定摘要	环境评估资料	无重大影响的发现
2022	NJOY LLC	NJOY ACE Device	ENDS	2022年4月26日	PM0000613	EA0000613	FONSI0000613
2022	NJOY LLC	NJOY ACE POD Classic Tobacco 2.4%	ENDS	2022年4月26日	PM0000614	EA0000614	FONSI0000614
2022	NJOY LLC	NJOY ACE POD Classic Tobacco 5%	ENDS	2022年4月26日	PM0000615	EA0000615	FONSI0000615
2022	NJOY LLC	NJOY ACE POD Rich Tobacco 5%	ENDS	2022年4月26日	PM0000622	EA0000622	FONSI0000622
2022	Logic Technology Development LLC	Logic Regular Cartridge/Capsule Package	ENDS	2022年3月24日	PM0000529	EA0000529	FONSI0000529
2022	Logic Technology Development LLC	Logic Vapeleaf Cartridge/Capsule Package	ENDS	2022年3月24日	PM0000530	EA0000530	FONSI0000530
2022	Logic Technology Development LLC	Logic Vapeleaf Tobacco Vapor System	ENDS	2022年3月24日	PM0000531	EA0000531	FONSI0000531
2022	Logic Technology Development LLC	Logic Pro Tobacco e-Liquid Package	ENDS	2022年3月24日	PM0000535	EA0000535	FONSI0000535
2022	Logic Technology Development LLC	Logic Pro Capsule Tank System	ENDS	2022年3月24日	PM0000536	EA0000536	FONSI0000536
2022	Logic Technology Development LLC	Logic Pro Capsule Tank System	ENDS	2022年3月24日	PM0000537	EA0000537	FONSI0000537

续表

授权年份	生产商	产品名称	产品类别	授权日期	决定摘要	环境评估资料	无重大影响的发现
2022	Logic Technology Development LLC	Logic Power Tobacco e-Liquid Package	ENDS	2022年3月24日	PM0000540	EA0000540	FONSI0000540
2022	Logic Technology Development LLC	Logic Power Rechargeable Kit	ENDS	2022年3月24日	PM0000541	EA0000541	FONSI0000
2021	U.S. Smokeless Tobacco Company LLC	VERVE® Discs Blue Mint	Other	2021年10月19日	PM0000470	EA0000470	FONSI0000470
2021	U.S. Smokeless Tobacco Company LLC	VERVE® Chews Blue Mint	Other（其他）	2021年10月19日	PM0000471	EA0000471	FONSI0000471
2021	U.S. Smokeless Tobacco Company LLC	VERVE® Discs Green Mint	Other	2021年10月19日	PM0000472	EA0000472	FONSI0000472
2021	U.S. Smokeless Tobacco Company LLC	VERVE® Chews Green Mint	Other	2021年10月19日	PM0000473	EA0000473	FONSI0000473
2021	R.J. Reynolds Vapor Company	Vuse Solo Power Unit	ENDS	2021年10月12日	PM0000551	EA0000551	FONSI0000551
2021	R.J. Reynolds Vapor Company	Vuse Replacement Cartridge Original 4.8% G1	ENDS	2021年10月12日	PM0000553	EA0000553	FONSI0000553

续表

授权年份	生产商	产品名称	产品类别	授权日期	决定摘要	环境评估资料	无重大影响的发现
2021	R.J. Reynolds Vapor Company	Vuse Replacement Cartridge Original 4.8% G2	ENDS	2021年10月12日	PM0000560	EA0000560	FONSI0000560
2020	Philip Morris Products S.A.	IQOS System Holder and Charger	Cigarettes①	2020年12月7日	PM0000634	EA0000634	FONSI0000634
2019	22nd Century Group Inc.	Moonlight® Menthol	Cigarettes	2019年12月17日	PM0000492	EA0000492	FONSI0000492
2019	22nd Century Group Inc.	Moonlight®	Cigarettes	2019年12月17日	PM0000491	EA0000491	FONSI0000491
2019	Philip Morris Products S.A.	Marlboro Heatsticks	Cigarettes①	2019年4月30日	PM0000424	EA0000424	FONSI0000424
2019	Philip Morris Products S.A.	Marlboro Smooth Menthol Heatsticks	Cigarettes（香烟）①	2019年4月30日	PM0000425	EA0000425	FONSI0000425
2019	Philip Morris Products S.A.	Marlboro Fresh Menthol Heatsticks	Cigarettes①	2019年4月30日	PM0000426	EA0000426	FONSI0000426
2019	Philip Morris Products S.A.	IQOS System Holder and Charger	Cigarettes①	2019年4月30日	PM0000479	EA0000479	FONSI0000479
2015	Swedish Match North America, Inc.	General Loose	Smokeless Tobacco（无烟烟草）	2015年11月10日	PM0000010	EA0000010	FONSI0000010
2015	Swedish Match North America, Inc.	General Dry Mint Portion Original MiniExternal Link Disclaimer	Smokeless Tobacco	2015年11月10日	PM0000011	EA0000011	FONSI0000011

续表

授权年份	生产商	产品名称	产品类别	授权日期	决定摘要	环境评估资料	无重大影响的发现
2015	Swedish Match North America, Inc.	General Portion Original LargeExternal Link Disclaimer	Smokeless Tobacco	2015年11月10日	PM0000012	EA0000012	FONSI0000012
2015	Swedish Match North America, Inc.	General Classic Blend Portion White Large -12ctExternal Link Disclaimer	Smokeless Tobacco	2015年11月10日	PM0000013	EA0000013	FONSI0000013
2015	Swedish Match North America, Inc.	General Mint Portion White LargeExternal Link Disclaimer	Smokeless Tobacco	2015年11月10日	PM0000014	EA0000014	FONSI0000014
2015	Swedish Match North America, Inc.	General Nordic Mint Portion White Large-12ctExternal Link Disclaimer	Smokeless Tobacco	2015年11月10日	PM0000015	EA0000015	FONSI0000015
2015	Swedish Match North America, Inc.	General Portion White LargeExternal Link Disclaimer	Smokeless Tobacco	2015年11月10日	PM0000016	EA0000016	FONSI0000016
2015	Swedish Match North America, Inc.	General Wintergreen Portion White Large	Smokeless Tobacco	2015年11月10日	PM0000017	EA0000017	FONSI0000017

① 非燃烧卷烟（noncombusted cigarettes）。

2024年6月21日，FDA向NJOY公司的四种具有薄荷风味电子烟产品颁发营销允许授权令，其中两款NJOY ACE产品为烟弹，分别是NJOY ACE Pod Menthol 2.4%和NJOY ACE Pod Menthol 5%，与先前授权的电子烟烟具一起使用；另外两款NJOY DAILY产品是一次性电子烟，分别是 NJOY DAILY Menthol 4.5% 和 NJOY DAILY EXTRA Menthol 6%。这四款产品申请是 NJOY 公司于 2020 年 3 月 10 日提交，历经 4 年拿到 FDA 颁发营销允许授权令，此次授权是 FDA 首次批准非烟草风味的电子烟产品。

2024 年 1 月 30 日，FDA 对 21 家实体零售商发出了民事罚款的投诉，因为这些零售商非法销售未经授权的 Esco Bars 品牌电子烟。此前已向每个零售商都发出了警告信，警告他们不得销售未经授权的烟草产品。然而后续检查显示，这些零售商未能纠正违规行为，FDA 目前正在向每家零售商寻求最高 20678 美元的罚款。FDA 称，数据显示 Esco Bars 是美国最受欢迎的电子烟品牌之一，在过去 30 天使用电子烟的中学生中，约五分之一的人表示他们在此期间使用了 Esco bars 产品。

（六）营销拒绝令

由于潜在的机密商业信息（CCI）问题，FDA 仅公开 FDA 或制造商已确认正在上市的产品。同样，只有当该公司的产品正在销售时，公司名称才会出现在营销拒绝令（marketing denial order，MDO）列表中。截至 2024 年 2 月 5 日，FDA 公开了 284 个产品的营销拒绝令（表 1-6）。

表 1-6 FDA 发放营销拒绝令产品汇总表

序号	公司名称	营销拒绝令发布日期
1	Great American Vapes	2021 年 8 月 26 日
2	JD Nova Group LLC	2021 年 8 月 26 日
3	Vapor Salon	2021 年 8 月 26 日
4	Big Time Vapes	2021 年 8 月 30 日
5	J-Vapor LLC dba North Shore Vapor	2021 年 8 月 31 日
6	SS Vape Brands Inc. Dba Monster Vape Labs	2021 年 8 月 31 日
7	Custom Vapors	2021 年 8 月 31 日
8	The Vaping Tiger	2021 年 8 月 31 日
9	Gothic Vapor	2021 年 8 月 31 日
10	TrendSetters E-liquid LLC	2021 年 8 月 31 日
11	SWT Global Supply	2021 年 8 月 31 日
12	Diamond Vapor	2021 年 9 月 1 日
13	American Vapor Group	2021 年 9 月 1 日
14	MV Enterprises	2021 年 9 月 1 日
15	Planet of the Vapes	2021 年 9 月 1 日
16	CITTG dba Orgnx E Liquids	2021 年 9 月 1 日

续表

序号	公司名称	营销拒绝令发布日期
17	Vapors of Ohio Inc. dba Nostalgic Vapes	2021年9月1日
18	Buckshot Vapors Inc.	2021年9月1日
19	Royalty Premium E Juice	2021年9月1日
20	Imperial Vapors	2021年9月1日
21	Midwest Vape Supply	2021年9月1日
22	Dominant Vapor	2021年9月1日
23	Mountain Vaporz	2021年9月1日
24	Sir Vapes -A-Lot	2021年9月1日
25	Loveli Design LLC dba Alice in Vapeland	2021年9月1日
26	Nicquid	2021年9月1日
27	Millennial One Inc. dba The Finest E-Liquid	2021年9月2日
28	Vaping Oasis	2021年9月2日
29	Liquid Nics LLC	2021年9月3日
30	Decent Juice	2021年9月3日
31	Wyoming Vapor Company	2021年9月3日
32	SadBoy	2021年9月3日
33	Viper Vapor	2021年9月3日
34	Viper Vapor	2021年9月3日
35	Vapor Source Inc.	2021年9月3日
36	MJ Asset Holdings	2021年9月3日
37	Gentlemen's Draw LLC	2021年9月7日
38	Custom Vapor Blends LLC	2021年9月7日
39	Nasty Worldwide SDN BHD	2021年9月7日
40	Johnny Copper	2021年9月7日
41	Flavor Labs dba Mob Liquid Labs	2021年9月7日
42	Zen RVA LLC	2021年9月7日
43	Quad City Vapers Club	2021年9月7日
44	Marina technology LLC	2021年9月7日
45	Creative Focus dba Red Devil Vapors	2021年9月7日

续表

序号	公司名称	营销拒绝令发布日期
46	Doomsday Gourmet	2021年9月7日
47	Tasty Haze	2021年9月7日
48	Treehouse Vapor Company dba Flagship Vapor	2021年9月7日
49	Arc LLC	2021年9月7日
50	Vapor Plus OK	2021年9月7日
51	Balboa	2021年9月7日
52	Nude Nicotine	2021年9月7日
53	Seattle	2021年9月7日
54	Vape On	2021年9月7日
55	Red Rock Vapor	2021年9月7日
56	SWT Global Supply	2021年9月7日
57	Performance Plus Marketing Inc.	2021年9月7日
58	Bidi Vapor	2021年9月7日
59	Malicious Liquids Inc	2021年9月8日
60	Vertigo Vapor	2021年9月8日
61	Lady Boss Vapor	2021年9月8日
62	Vapor Outlet of Wyoming LLC dba Juicity Vapor	2021年9月8日
63	Propaganda E-Liquid LLC	2021年9月8日
64	JMJL Global	2021年9月8日
65	Matrix Minds	2021年9月8日
66	Alaska Elixirs Vape LLC	2021年9月8日
67	Gripum LLC	2021年9月8日
68	VIM Blends	2021年9月8日
69	HotSpot Café LLC dba VV-Juice	2021年9月8日
70	Mountain Oak Vapors，LLC	2021年9月8日
71	Mom and Pop Vapor Shop	2021年9月8日
72	Xtreme Vapors	2021年9月8日
73	My Vape Order Inc.	2021年9月8日
74	Midas Vape LLC	2021年9月8日

续表

序号	公司名称	营销拒绝令发布日期
75	American Vapor Inc.	2021年9月8日
76	Securience LLC	2021年9月8日
77	VPR Collection	2021年9月8日
78	Underdog E-liquids LLC	2021年9月8日
79	Steep Slope Vape Supply	2021年9月8日
80	Electric Smoke Vapor House	2021年9月8日
81	7 Daze LLC	2021年9月8日
82	Warlock Vapes dba Zuluvapes	2021年9月8日
83	Lazarus Vintage Corporation	2021年9月8日
84	DFW Vapor Holdings Inc.	2021年9月8日
85	Juice Roll Upz Inc.	2021年9月8日
86	Jaded Vapors LLC	2021年9月8日
87	Valley Vapors LLC	2021年9月8日
88	Vaporized Inc.	2021年9月8日
89	Bombies Inc.	2021年9月8日
90	Vapor Trail LLC dba Mig Vapor	2021年9月8日
91	Boomtown Vapors	2021年9月8日
92	TruVibe Inc. dba Vapor Station FDL	2021年9月8日
93	Vapor Rage LLC	2021年9月8日
94	Kloc Vapor LLC dba The Vapor Edge	2021年9月8日
95	Texas Tobacco Barn dba TXVape Barn	2021年9月8日
96	Vapor Solutions & Labs	2021年9月8日
97	Vape of a Kind	2021年9月8日
98	Vape Crusaders Premium E-liquids	2021年9月8日
99	The Michigan Juice Company LLC	2021年9月8日
100	Magellan Technology Inc.	2021年9月8日
101	JDvapour LLC	2021年9月8日
102	Bang Bang Vapors LLC	2021年9月9日
103	Kinghorn Holding	2021年9月9日

续表

序号	公司名称	营销拒绝令发布日期
104	RP Vapors	2021年9月9日
105	Riot Labs	2021年9月9日
106	Walker Enterprises	2021年9月9日
107	Vaper Generation	2021年9月9日
108	Vapor Stockroom	2021年9月9日
109	Stark Vapor LLC	2021年9月9日
110	VR Labs	2021年9月9日
111	The Ecig Café LLC	2021年9月9日
112	Smokeless Smoking Inc.	2021年9月9日
113	South Coast Vapor Co.	2021年9月9日
114	Puff Labs	2021年9月9日
115	Gundo Distro	2021年9月9日
116	Fumizer LLC	2021年9月9日
117	The Vapor Vendor LLC	2021年9月9日
118	KJJ Enterprises	2021年9月9日
119	Shop Vapes	2021年9月9日
120	Vape Craft	2021年9月9日
121	Jvapes LLC	2021年9月9日
122	Ovapes Ejuice LLC	2021年9月9日
123	Juice Guys Distribution LLC	2021年9月9日
124	Yogi's Vape	2021年9月9日
125	Northeast Vapor Supplies LLC	2021年9月9日
126	Wadina Distribution LLC DBA GOST Vapor	2021年9月9日
127	E-Vapor Hut LLC	2021年9月9日
128	Tasty Cloud Vape Co. LLC	2021年9月9日
129	Flair Products，LLC	2021年9月10日
130	SSY E-juice	2021年9月10日
131	Apollo Future Technology Inc.	2021年9月10日
132	Vapor Bank E-liquid	2021年9月10日

续表

序号	公司名称	营销拒绝令发布日期
133	FUMA Vapor，Inc.	2021年9月10日
134	Simply Vapour	2021年9月10日
135	Simple Vapor Company	2021年9月10日
136	Paradigm Distribution	2021年9月10日
137	Victory Liquid LLC	2021年9月10日
138	ECS Global	2021年9月10日
139	True Lab Creations	2021年9月10日
140	JT Wood Investments LLC dba Vape It	2021年9月10日
141	Central Vapors	2021年9月10日
142	Tampa Vapor Inc.	2021年9月10日
143	Baker White Inc.	2021年9月10日
144	BMF Labs dba Bad Modder Fogger LLC	2021年9月10日
145	Mix Masters Inc.	2021年9月10日
146	AAA Strate Vape	2021年9月10日
147	Einstein Vapes	2021年9月10日
148	Absolute Vapor Lounge LLC	2021年9月10日
149	Liquid Art Inc.	2021年9月10日
150	SV Packaging LLC	2021年9月10日
151	Oueis Gas Inc. dba Oasis Vape	2021年9月10日
152	Drippers Vape Shop LLC	2021年9月10日
153	Yoshicon LLC dba Vapergate	2021年9月13日
154	Desert Vapors LLC	2021年9月13日
155	Redwood Ejuice LLC	2021年9月13日
156	Vape Hut Inc.	2021年9月13日
157	Rock Ridge Vapor LLC	2021年9月13日
158	Pettee & D'Sylva Enterprises，LLC	2021年9月13日
159	Abomination LLP	2021年9月13日
160	LXJ LLC	2021年9月13日
161	Twisted Tongue Inc.	2021年9月13日

续表

序号	公司名称	营销拒绝令发布日期
162	Prohibition Juice Co.	2021年9月13日
163	Holy Cow ejuice	2021年9月13日
164	Puff Labs LLC	2021年9月14日
165	Smax International LLC	2021年9月14日
166	Texas Select Ventures LLC dba Texas Select Vapor	2021年9月14日
167	LDP Designs LLC	2021年9月14日
168	Tasty Puff LLC	2021年9月14日
169	TPB International LLC	2021年9月14日
170	Lead by Sales LLC dba White Cloud Cigarettes	2021年9月14日
171	Drippers Vape Shop LLC	2021年9月14日
172	Marlin Steam Company, LLC	2021年9月14日
173	Teardrip Holdings	2021年9月14日
174	10 Days Inc. dba Pod Juice	2021年9月14日
175	Fumee LLC	2021年9月14日
176	UIS Manufacturing, LLC	2021年9月14日
177	Wages & White Lion Investments dba Triton Distribution	2021年9月14日
178	ACH Group LLC dba Bomb Bombz E-liquid	2021年9月15日
179	LeCig Enterprises Inc.	2021年9月15日
180	The Vape Lounge	2021年9月15日
181	Ecig Charleston LLC	2021年9月15日
182	Cig Free Vape Shop	2021年9月15日
183	Turncoat Industries	2021年9月15日
184	Pop Vapor Co LLC	2021年9月15日
185	VaperMate LLC	2021年9月15日
186	Infamous E Juice	2021年9月15日
187	One Up Vapors LLC	2021年9月15日
188	Cosmic Fog Vapors Operating Company LLC	2021年9月15日
189	Humble Juice Co., LLC	2021年9月15日
190	Mr. Salt-E LLC	2021年9月15日

续表

序号	公司名称	营销拒绝令发布日期
191	Ejuice Blvd LLP	2021年9月15日
192	BJC	2021年9月15日
193	Vapor Stop	2021年9月15日
194	Avail Vapor LLC	2021年9月15日
195	VDX Distribution	2021年9月15日
196	Union Street Brand	2021年9月15日
197	Paradigm Distribution	2021年9月15日
198	Cassadaga Liquids，LLC	2021年9月15日
199	The Zen Vaper E-Liquids LLC	2021年9月15日
200	California Grown E-Liquid	2021年9月15日
201	CRFT Labs Tennessee LLC	2021年9月15日
202	Vapor Ventures Inc dba Innovated Vapors	2021年9月15日
203	Mighty Vapors	2021年9月15日
204	New Orleans Cloud Alchemy	2021年9月15日
205	Southwest Smokeless	2021年9月15日
206	Elite Brothers	2021年9月15日
207	Innevape	2021年9月15日
208	Prophet Premium Blends，LLC	2021年9月15日
209	Grove Inc.	2021年9月15日
210	Ripe Vapes	2021年9月15日
211	Element E-Liquid LLC	2021年9月15日
212	Jai Mundi, Inc. Kai's Virgin Vapor E-Liquid	2021年9月15日
213	Mothers Milk WTA	2021年9月15日
214	Verdict Vapors	2021年9月15日
215	Jungle Nation	2021年9月15日
216	LAS Ventures Limited	2021年9月15日
217	Awesome Sauce Vapor	2021年9月15日
218	Ashlynn Marketing Group	2021年9月15日
219	K&C Aitken, LLC Dba Elysian Labs	2021年9月16日

续表

序号	公司名称	营销拒绝令发布日期
220	MH Global LLC dba Steamline Vape Co. LLC	2021年9月16日
221	Beard Vape Company	2021年9月16日
222	Axioco Corporation	2021年9月16日
223	Mister-E-Liquid LLC	2021年9月16日
224	Everything Vapor	2021年9月16日
225	A Perfect Vape	2021年9月16日
226	Vapetasia LLC	2021年9月16日
227	Bogart Enterprises LLC	2021年9月16日
228	Vape n Juice	2021年9月16日
229	Ruthless Vapor Corporation	2021年9月16日
230	Howard Enterprises	2021年9月16日
231	Pop Vapor Co LLC	2021年9月16日
232	Fuma International LLC	2021年9月16日
233	611 Vapes dba Erie Shore Vapors	2021年9月16日
234	DR Distributors LLC	2021年9月17日
235	Feel Life Health Inc.	2021年9月17日
236	Heartlandvapes LLC	2021年9月17日
237	Vintage & Vapor Marketplace Inc.	2021年9月17日
238	Northland Vapor Company	2021年9月17日
239	Fuma International LLC	2021年9月17日
240	Lotus Vaping Technologies	2021年9月17日
241	Breeze Smoke LLC	2021年9月16日
242	Feel Life Co Limited	2021年9月16日
243	Liquid Reign Inc.	2021年9月16日
244	Vapornine LLC dba New Leaf Vapor Company	2021年9月16日
245	Maniac Vapor LLC	2021年9月17日
246	E-Liquid Brands LLC	2021年9月17日
247	Boss Vapes	2021年9月13日
248	Cloud House	2021年9月8日

续表

序号	公司名称	营销拒绝令发布日期
249	Cool Breeze Vapor LLC	2021年9月15日
250	Juicemafia Inc.	2021年9月10日
251	Licensed E-Liquid Manufacturing	2021年9月10日
252	Newhere Inc. dba Madhatter Juice	2021年9月8日
253	Ohm Slaw Juice LLC dba Justin Parrott	2021年9月14日
254	Opt2mist Vapor Shop LLC	2021年9月9日
255	Phantasm Vapors	2021年9月9日
256	Soft Vape Inc	2021年9月10日
257	The Plume Room LLC	2021年9月8日
258	Vape Element LLC dba BLVK Unicorn	2021年9月10日
259	VapeDaugz LLC	2021年9月14日
260	Vapor Unlimited	2021年9月10日
261	Al Khalifa Group LLC	2021年10月6日
262	Fontem US，LLC	2022年4月8日
263	JUUL Labs，Inc.	2022年6月23日
264	Magellan Technology Inc.	2022年10月6日
265	Logic，LLC	2022年10月26日
266	R.J. Reynolds Vapor Company	2023年1月24日
267	R.J. Reynolds Vapor Company	2023年3月17日
268	Imperial Vapors LLC	2023年5月12日
269	Big Time Vapes	2023年5月12日
270	SWT Global Supply Inc.	2023年5月12日
271	Great Lakes Vapor	2023年5月12日
272	DNA Enterprise LLC dba Mech Sauce	2023年5月12日
273	Absolute Vapor Inc.	2023年5月12日
274	ECBlend LLC	2023年5月12日
275	Savage Enterprises	2023年5月12日
276	Mothers Milk WTA	2023年5月18日
277	Fontem US，LLC	2023年7月10日

续表

序号	公司名称	营销拒绝令发布日期
278	R.J. Reynolds Vapor Company	2023年10月12日
279	JD Nova Group, LLC	2023年12月8日
280	Shenzhen IVPS Technology Co., Ltd	2024年1月16日
281	Fontem US, LLC	2024年1月19日
282	Shenzhen Youme Information Technology Co. Ltd.	2024年1月19日
283	Bidi Vapor LLC	2024年1月22日
284	Fontem US, LLC	2024年2月5日

除非冒着被FDA执法的风险，FDA发出营销拒绝令的烟草产品不能合法引入美国的州际商业市场。就像一般未经授权的产品不能进入市场一样，除了确保制造商遵守MDO，美FDA还打算确保分销商和零售商也要遵守MDO。

FDA官网中公布发出营销拒绝令决定的理由摘要的范例，主要内容包括执行摘要（Executive summary）、背景信息（Background）、科学证据的审评（Scientific review）、环境评估的决定（Environmental decision）、结论和推荐性建议（Conclusion and recommendation）、附件（Appendix）、参考文献（Reference）等内容。

四、电子烟碱传送系统上市前申请导则

2016年5月10日，FDA宣布完成针对电子烟碱传送系统的"烟草产品上市前审查"（PMTA）规范预实施纲要，以补充《家庭吸烟预防和烟草控制法》，其中明确了所有"电子烟碱传送系统"（ENDS）（包括但不限于电子烟、电子笔、电子雪茄、电子烟壶、雾化笔、个人雾化器和电子管）在补充法规生效之日起受FDA管辖，需遵守与其他烟草产品相同的要求，包括在进入美国市场前需先获得PMTA的授权。

2019年6月，美国FDA首次发布了"电子烟碱传送系统上市前申请导则"。2023年3月发布新的修订版本"Premarket Tobacco Product Applications for Electronic Nicotine Delivery Systems（Revised）"（Guidance for Industry），该导则包括以下章节：

- 介绍（Introduction）；
- 背景信息（Background）；
- 定义（Definitions）；
- ENDS产品的PMTA相关事项（Discussion）；
- 如何提交PMTA申请；
- ENDS产品的PMTA内容及格式；
- 电子烟烟液产品PMTA的附加建议；
- 电子烟上市前申请的附加建议；

- 电子烟烟液和电子烟包装在一起的ENDS附加建议；
- 科学研究和分析的其他方法；
- 上市后监测监管；
- 请求与FDA会面；
- 小企业协助办公室。

该导则传达了FDA关于ENDS产品申请的思路，以提高申请提交和审查的效率，其中本导则中的建议不具约束力。FDA在审查ENDS产品的PMTA申请材料时，将基于FD&C法案及其实施条例产生的义务做出决定。

FDA希望通过发布本导则和对上市前申请材料的审查所获得的经验可能有助于未来制定规则和指南。该导则的主要内容如下：

- 适用范围；
- 根据法规要求需要提供PMTA的适用情况；
- 产品的PMTA申请材料审查的一般程序；
- ENDS产品关于公众健康的考虑；
- 在电子烟烟液或/和气溶胶中建议关注的成分或化学物质。

（一）适用范围

最终认定规则将FDA的烟草制品管制扩展到所有符合FD&C法案第201（rr）条中"烟草制品"定义的产品，包括零部件。目前，FDA认为ENDS产品在吸入时传送被雾化的电子烟烟液。ENDS产品属于FD&C法案第201（rr）条中"烟草制品"的定义，根据FD&C法案第九章要求，ENDS产品应按照烟草制品进行管制，包括上市前审查要求。单独销售的ENDS组件或部件也应按照烟草制品进行管制，包括上市前审查要求。总之，ENDS类别包括各种产品，如笔式、个人雾化器、雪茄、电子笔、电子水烟、电子雪茄、电子管、电子烟烟液、雾化器、电池（带或不带可变电压）、烟弹（雾化器加上可更换的烟弹）、数字显示/调整设置的灯，透明的可填充雾化器（带内置雾化器和导油棉）、大功率可填充电子烟、香味成分和控制软件。因为ENDS行业的快速发展变化，未来可能会开发出新的ENDS产品，所以以上列举不一定详尽齐全。

本导则涉及ENDS产品的三个子类别，包括电子烟烟液、电子烟和将电子烟烟液与电子烟包装在一起的ENDS产品。

本导则中详细介绍了这三个子类别的ENDS产品应提交信息的建议。FDA认识到，随着ENDS产品的发展创新，可能会出现不完全属于上述子类别的ENDS产品。

如果申请人无法确定自己的ENDS产品应该遵循的建议，请联系烟草产品科学中心（Center of tobacco product，CTP）。小型企业也可以通过电子邮件 Smallbiz.Tobacco@fda.hhs.gov 或电话联系烟草产品科学中心的小型企业援助办公室，讨论PMTA相关内容。有关上市前烟草制品申请的相关问题应通过提交跟踪号（STN）查询，也可直接向CTP的科学办公室提出咨询。有关小企业援助的其他信息，请参阅本导则第十三节（XIII. OFFICE OF SMALL BUSINESS ASSISTANCE）。

（二）根据法规要求需要提供PMTA的适用情况

FD&C法案第910条要求新烟草制品需要上市许可。依据该要求，FDA对烟草成品进行限制，包括整体或分开销售的ENDS产品的组件和部件。对于用于加工、制造整体或分开销售的ENDS产品的组件和部件，且不单独销售给消费者，无此要求。例如，为进一步制造成最终成品而销售或分销的电子烟烟液本身不是烟草制品，FDA暂不打算对其实施销售许可。相反，密封在ENDS产品中的电子烟烟液会被销售或分发给消费者使用，是一种烟草制品，需要获取销售许可。

如果ENDS产品的上市是用于戒烟或其他治疗目的，则该产品是药物或医疗器械而非烟草制品，需经过FDA的药物评估和研究中心或器械和放射健康中心授权，必须经批准才能作为药物或医疗器械进行销售。

请注意，如果申请人希望将新烟草制品作为风险改良烟草制品进行销售，必须向FDA提交风险改良烟草制品申请以供FDA审查并获得授权。新烟草制品作为改良风险烟草制品进行授权、销售，而不是提交单独的PMTA和MRTPA，具体请参见本导则的第六节（VI. CONTENT AND FORMAT OF A PREMARKET TOBACCO PRODUCT APPLICATION FOR ENDS PRODUCTS）。

混合、制备液体烟碱、香味成分或其他电子烟烟液的混合物直接销售给消费者，或组装电子烟后直接销售给消费者（有时称"蒸汽商店"）的ENDS零售场所，符合FD&C法案第900（20）15条中"烟草制品生产商"的定义。FD&C法案第910（a）（1）部分将"新烟草制品"定义为"截至2007年2月15日，尚未在美国进行商业销售的任何烟草制品（包括测试市场上市的产品）"，或"任何改良（包括设计、组件、部件的改变，或组成的改变，如释放物成分及含量，烟碱的形式、含量及递送方式，或者任何其他的添加剂或成分），其改良产品是商业性的，2007年2月15日之后在美国上市"。因此，从事混合、制备液体烟碱、香味成分或其他电子烟烟液的混合物直接销售给消费者，或组装电子烟后直接销售给消费者的人，既是生产商又是零售商，因此，应遵守适用于生产商和零售商的所有要求，包括PMTA的要求。

（三）电子烟碱传送系统上市前申请材料审查的一般程序

PMTA审查所需时间取决于申请产品的复杂性。FDA打算在确保符合标准的前提下，尽快办结所有新申请。FDA将审查符合FD&C法案第910（c）条要求的ENDS产品的PMTA申请。

根据第910（c）（1）（A），FDA必须"尽快处理PMTA申请，任何情况下均应在收到申请后的180天内完成"。为确定180天期限的开始时间，FDA通常根据烟草产品科学中心（CTP）文件控制中心（DCC）收到完整申请材料的日期（或者，如果样品是提交申请材料的最后一部分，则是样品的收样时间），而非申请人寄送样品的日期。考虑到完整性，PMTA申请材料必须包括第910（b）（1）条中规定的所有信息。FDA可以拒绝不完整申请。如果拒绝，FDA将向申请人发送信件，指出申请材料中存在的影响FDA正常审查的缺陷。

FDA将申请分为以下三类：已"受理"、已"备案"和"完整"。

① 受理：在FDA完成初步审查并确定申请材料表面上基本包含法定条款和任何适用法规要求的信息后，申请将被"受理"。

② 备案：FDA受理后的申请，完成备案审查并确定申请材料足够完整，可进行实质性审查后，申请将被"备案"。备案审查仅适用于上市前烟草制品申请或风险改良烟草制品的申请，备案审查完成后，将出具备案函或拒绝备案函。

③ 完整申请的实质性审查：当申请材料包含FD&C法案第910（b）（1）条要求的信息及产品样品时，即视为完整申请，FD&C法案第910（c）（1）（A）条规定的180天的审查期开始。如果在审查PMTA申请材料过程中发现缺陷，CTP会向申请人发信，要求对申请材料中发现的缺陷提供补正信息或进行说明。发出此类信后，180天的审查期限将被暂停，直到CTP收到对信中提到的所有缺陷的完整回复。

除FD&C法案第910（b）（1）条要求的信息外，FDA还可以要求申请人提供有关PMTA申请的其他信息，以支持FDA根据第910（b）（1）（G）条的授权对申请进行审查。第910（b）（1）（G）条规定，FDA可以要求申请人提供与申请产品PMTA相关的信息。根据审查需要，FDA可能还需要核查生产过程及场所、临床研究或非临床研究场所以及所有与PMTA相关的研究记录和信息。通过对这些场所的核查，可帮助FDA评估申请人提供信息的准确性和有效性，包括临床和非临床信息，确保申请的烟草制品符合FD&C法案第907条规定的适用产品标准（如有），同时确保申请产品按照PMTA申请材料中描述的标准进行生产。现场核查将会为有关烟草制品的生产、加工或包装是否符合烟草制品生产规范的提供重要信息，烟草制品生产规范将在未来的规则中加以规定。（**备注：**FDA打算根据FD&C法案第906（e）条发布法规，该法规将包含对烟草制品生产规范的要求。届时，每个新的PMTA申请也将从方法、设施或控制措施等方面证实符合该规范第910（c）（2）（B）条。）

根据FD&C法案第910（b）（2）条，FDA有权根据申请人要求或自行决定将提交的PMTA申请材料提交给烟草制品科学委员会（TPSAC）。FDA科学委员会将会就科学、技术和政策问题提供独立的专家建议。TPSAC审查和评估与烟草制品相关的安全、依赖和健康问题，并向食品和药品专员（Commissioner of Food and Drugs）提供适当的意见、信息和建议。如果申请人希望FDA将申请产品的PMTA材料提交给TPSAC，则应在提交的第一份PMTA材料的附信（cover letter）中提出该要求。如果在PMTA材料提交后，申请人希望FDA将申请产品的PMTA材料提交给TPSAC，可联系CTP讨论此事项。

（四）ENDS产品关于公众健康的考虑

依据FD&C法案第910（c）（2）（A）条，如果认为"缺乏证据表明允许申请产品上市将有利于保护公众健康"，FDA将拒绝PMTA申请。FDA判断"允许产品上市有利于保护公众健康"时，必须从烟草制品使用者和非使用者在内的整个人群的风险和利益来确定，并考虑：

- 现有烟草制品使用者停止使用烟草制品的可能性；
- 非烟草制品使用者开始使用该产品的可能性。

FDA 要求开展毒理学评估。FDA 将权衡 PMTA 申请材料中所有信息的潜在益处和风险，全面评估该产品是否获准上市。

申请人应考虑有效的科学证据、产品比较、烟碱暴露警语、烟碱成瘾的警语声明、保护性包装等方面的问题，以帮助证明"允许产品上市有利于保护公众健康"。

（五）FDA 建议在电子烟烟液或/和释放物中关注的成分或化学物质

为便于 FDA 评估新烟草制品潜在的健康风险，并做出允许上市可降低人群健康风险的结论，FDA 建议分析电子烟烟液和释放物时应关注表 1-7 中的成分。

表1-7 FDA建议重点关注的成分清单

序号	名称	序号	名称	序号	名称
1	乙醛	13	乙酸乙酯	26	镍
2	乙酰丙酰基（也称为2,3-戊二酮）	14	乙酰乙酸乙酯	27	任何来源的烟碱，包括总烟碱、游离烟碱和烟碱盐
2	乙酰丙酰基（也称为2,3-戊二酮）	15	乙二醇	27	任何来源的烟碱，包括总烟碱、游离烟碱和烟碱盐
3	丙烯醛	16	甲醛	27	任何来源的烟碱，包括总烟碱、游离烟碱和烟碱盐
4	丙烯腈	17	糠醛	27	任何来源的烟碱，包括总烟碱、游离烟碱和烟碱盐
5	苯	18	丙三醇	28	4-（甲基亚硝胺）-1-（3-吡啶基）-1-丁酮，别名NNK
6	乙酸苄酯	19	缩水甘油	28	4-（甲基亚硝胺）-1-（3-吡啶基）-1-丁酮，别名NNK
7	丁醛	20	乙酸异戊酯	29	N-硝基降烟碱，别名NNN
8	镉（Cd）	21	乙酸异丁酯	29	N-硝基降烟碱，别名NNN
9	铬（Cr）	22	铅	30	丙酸
10	巴豆醛	23	薄荷醇	31	丙二醇
11	丁二酮	24	乙酸甲酯	32	环氧丙烷
12	二甘醇	25	正丁醇	33	甲苯

其他成分视具体产品而定，例如，考虑测试可能是呼吸刺激物的香味成分时，应检测如苯甲醛、香兰素和肉桂醛等成分。

上面列出的一些成分或化学物质可能是电子烟烟液中的成分（例如薄荷醇、丙三醇、二甘醇、缩水甘油）。在这种情况下，可以使用添加到电子烟烟液中的量来代替电子烟释放物中的量，这种情况下需明确说明成分或化学物质的添加量，而非产品检测值。除成分外，FDA 还建议分析电子烟烟液的 pH 值以及由此产生的释放物。

五、美国各州关于电子烟的规定

基于FDA对电子烟产品的管控，美国各州也在相继出台更为细致的规定。2020年David Clement和Yaël Ossowski发布《美国关于雾化产品指数 美国哪一个州对雾化产品最友好？》（United States vaping index Which American states are the best for Vaping?）的报告。该报告基于各州关于电子烟产品在电子烟风味、网络线上销售以及额外税收等三个方面的规定，每个方面分值在0~10之间。并创建了一个独特的加权评分系统，总分得分0~10分的州为"F"，得分11~20分之间的州为"C"，得分21~30分的州为"A"。其中A级法规最为严格，反之，F级最为宽松。美国50个州关于监管友好程度分值计算详情见书后附录1。

排名为A级的州有6个：专门针对雾化产品的风味限制、高税收、线上销售限制。6个州分别是：纽约州、加利福尼亚州、伊利诺伊州、马萨诸塞州、新泽西州、罗得岛州。

排名为C级的州有20个：沿用之前的风味限制、一些税收、较少的线上销售限制。20个州分别是：康涅狄格州、犹他州、华盛顿州、特拉华州、华盛顿特区、堪萨斯州、肯塔基州、路易斯安那州、缅因州、明尼苏达州、内华达州、新罕布什尔州、新墨西哥州、北卡罗来纳州、俄亥俄州、宾夕法尼亚州、佛蒙特州、西弗吉尼亚州、威斯康星州、怀俄明州。

排名为F级的州有24个：允许风味、无额外税收、无线上销售限制。24个州分别是：佛罗里达州、密歇根州、蒙大拿州、俄勒冈州、亚拉巴马州、阿拉斯加州、亚利桑那州、阿肯色州、科罗拉多州、佐治亚州、夏威夷州、爱达荷州、印第安纳州、爱荷华州、马里兰州、密西西比州、密苏里州、内布拉斯加州、北达科他州、俄克拉何马州、南卡罗来纳州、南达科他州、田纳西州、得克萨斯州、弗吉尼亚州。

因美国各州关于电子烟产品均有规定，涉及法规较多，本书不再一一介绍，仅从A级（纽约州和马萨诸塞州）、C级（犹他州）和F级（佛罗里达州）中各选择1~2个州进行介绍，具体如下：

（一）纽约州

纽约州（NYS）在烟草制品控制政策方面在全美国处于领先地位。该州强大而有效的法律法规通过减少青少年接触烟草制品和电子烟产品的机会来保护青少年免受致命的烟碱成瘾，保护纽约人免受危险的二手烟烟气和电子烟释放物的影响，并要求烟草制品和雾化产品的制造商保持较高透明度。

《纽约综合法》（Consolidated Laws of New York）包含对雾化产品和电子烟产品的相关要求，该法的最新版本是2020年7月3日发布。《纽约综合法》第45章"公众健康"第13节和第17节规定了雾化产品和电子烟产品的使用限制、成分披露、网络销售、广告宣传、价格折扣、防儿童开启等内容。

1. 禁止销售风味雾化产品

2020年5月，禁止销售无FDA市场许可令的风味雾化产品，包括薄荷风味产品，仅烟草风味产品允许销售。

就本节而言，"风味"是指任何预期或合理预期条件下，与烟碱一起使用或用于消费烟碱的雾化产品，具有除烟草外的可分辨的味道或香气。在使用此类产品或其组件之前或过程中赋予的，包括但不限于与任何水果、巧克力、香草、蜂蜜、糖果、可可、甜点、酒精饮料、薄荷、冬青、薄荷醇、香草或香料有关的味道或香气，或赋予可与烟草风味区分开、但可能与任何特定已知风味无关的任何风味。

如果雾化产品的零售商、制造商、制造商代理商或相关工作人员无论是直接还是间接向消费者或公众作出声称或声明，表明该产品或器具具有烟草味道或香气以外的可辨别的其他味道或香气，则应认定该产品为风味产品。

2. 烟草制品和雾化产品的最终价格折扣

终止为消费者降低烟草制品和雾化产品价格的营销计划，禁止零售商接受或兑现折扣，包括使用优惠券或多包价格促销，该规定于2020年7月1日正式生效。

3. 禁止在学校附近展示烟草制品和雾化产品的广告

限制在纽约市学校500英尺（约152米）范围内和该州其他地区学校1500英尺（约457米）范围内公开展示烟草制品和雾化产品广告以及吸烟用品，该规定于2020年7月1日正式生效。

4. 关于雾化产品生产商披露产品原料成分的要求

在纽约州分销、销售或提供销售的雾化产品的制造商，无论是零售还是批发，应向州卫生专员披露雾化产品的成分、加热元件中的有害金属，以及正常使用雾化产品产生的气溶胶副产品，以供公共记录，并将其发布在制造商网站上。

① 对于每一个雾化产品，应披露以下信息：

- 该雾化产品每种成分和每种成分的所有预期用途。成分须按在产品中的含量多少降序列出。含量低于1%的成分可在其他成分之后列出，而无须考虑含量多少的排序。
- 制造商就这种雾化产品或其成分对人类健康影响所进行的调查和研究。这包括但不限于《美国法典》第21章第904（a）（4）条所要求的与健康有关的文件。在按规定向FDA提交健康相关文件之后所开展的任何调查和研究也必须公布。
- 在适用的情况下，需声明披露该雾化产品中某一成分为关注化学物质。
- 对于每种关注化学物质，需评估其潜在替代品的可用性和此类替代品造成的潜在危害。

② 对于每一个电子烟产品，应披露以下信息：

- 一份列出所有有害金属的清单。包括但不限于作为该电子烟中任何加热元素组成部分的铅、锰、镍、铬或锌。
- 一份副产品清单。在正常使用该电子烟过程中可能进入释放物的副产品。
- 制造商就这种产品或其成分对人类健康影响所开展的调查和研究。这包括但不限于《美国法典》第21章第904（a）（4）节所要求的与健康有关的文件。在按规定

- 向 FDA 提交健康相关文件之后所开展的任何调查和研究也必须公布。
- 在适用的情况下，需声明披露该产品的某一成分为关注化学品。
- 对于每种关注化学品，需评估其潜在替代品的可用性和此类替代品造成的潜在危害。

5. 禁止通过快递向个人邮寄或运送烟草制品和雾化产品

2020 年，该法律进行修订，限制雾化产品的运输，仅限于注册的雾化产品经销商、出口仓库所有者，或者根据公务需要的州、联邦政府代理人可以使用快递邮寄或运送。这项修正案终止了向个人消费者运送雾化产品的网络订单，网络消费是未成年青少年购买雾化产品的主要方式。

6. 加大零售商对烟草销售违规行为的处罚力度

加大对向未成年购买者非法销售烟草制品和电子烟产品以及其他违反《青少年烟草使用预防法》的行为的处罚力度。处罚包括增加罚款、暂停注册和撤销注册等措施。

7. 提高购买烟草制品和雾化产品的最低合法年龄

禁止向 21 岁以下的人出售烟草制品和雾化产品以及吸烟用品。零售商不能向 21 岁以下的人出售香烟、雪茄、嚼烟、烟草粉、水烟或其他烟草产品、草本烟、液体烟碱、电子烟、卷烟纸或吸烟用品。

对向未成年人非法销售的处罚包括罚款、吊销销售许可证以及失去销售烟草制品和雾化产品的注册。每一家注册的烟草零售商每年都要对其遵守该法律的情况进行评估，2017—2018 年的合规率为 94%。

8. 授权卫生专员监管雾化产品中的有害载油

"载油"（carrier oils）是指雾化产品中旨在通过控制雾化产品的稠度或其他物理特性，来实现控制释放物的稠度或其他物理特性的任何成分，或者加入该物质能够促进释放物的声称。"载油"不应包括任何经美国 FDA 批准的药品或医疗器械中。

授权州卫生专员颁布规则和条例，来管理涉嫌导致急性疾病且已被美国疾病控制与预防中心（CDC）确定为关注化学物质的载油的销售和分销。

9. 液体烟碱（电子烟烟液）包装规格要求

所有液体烟碱（电子烟烟液）都必须包装在一个防儿童开启的瓶子里，以防止意外接触。违者将被处以最高 1000 美元的民事罚款。

（二）马萨诸塞州

2019 年 11 月 11 日，马萨诸塞州公共卫生部发布新版"烟草控制法案"（2019 Tobacco Control Law），使马萨诸塞州成为美国第一个禁止销售所有风味烟草和烟碱制品（包括风味电子烟和薄荷醇香烟）的州。新法律立即生效，规定了以下限制：

- 具备经营烟草制品许可证的零售店，如便利店、加油站和其他零售店，仅限于销售烟碱含量为 35 mg/mL 或更低的无风味烟草制品。
- 无风味电子烟产品（烟碱含量超过 35 mg/mL）的销售仅限于获得许可的成人零售烟草店和吸烟酒吧。
- 所有风味电子烟产品的销售和消费只能在有执照的吸烟酒吧内进行。

从 2020 年 6 月 1 日开始生效的规定如下：
- 风味可燃香烟和其他烟草制品（包括薄荷醇香烟和调味咀嚼烟草）的销售将仅限于获得许可的吸烟酒吧，这些吸烟酒吧只能出售供现场消费的风味可燃香烟和其他烟草制品。
- 除了该州 6.25% 的销售税外，还对烟碱电子烟产品的批发价格征收 75% 的消费税。

（三）犹他州

2015 年 7 月 1 日，犹他州卫生局健康促进与疾病控制预防司发布"电子烟产品和含烟碱产品许可和税收法案"（Electronic Cigarette Product and Nicotine Product Licensing and Taxation Act）（Utah Code § 59-14-801），该法案更新数次，2024 年 2 月 16 日发布最新版本。主要包括以下章节：
- 题目；
- 定义；
- 销售电子烟产品或烟碱产品的许可证；
- 电子烟物质、预装电子烟、替代烟碱产品、非治疗性烟碱设备物质和预填充式非治疗性烟碱设备的征税；
- 汇缴税款、申报表、需要发票、申报要求、例外、罚款、退还已缴税款、出口电子烟和烟碱产品免税；
- 电子烟物质和烟碱产品收益受限账户；
- 对邮购或互联网销售的限制；
- 委员会关于执法和征税的研究。

1. 相关定义

① 电子烟：用于向呼吸系统传送或能够传送含有烟碱气溶胶的电子器具，包括器具的组件和同器具包装在一起售卖的配件。

② 电子烟产品（Electronic cigarette product）：电子烟（electronic cigarette）、电子烟物质（electronic cigarette substance）和预填充式电子烟。

③ 电子烟物质：用于或计划用于电子烟中的任何物质，包括含有烟碱的液体。

④ 具有风味电子烟产品：在使用或消费电子烟产品前或过程中，具有普通消费者可辨别的味道或气味的电子烟产品，包括具有任何水果、巧克力、香草、蜂蜜、糖果、可可、甜点、酒精饮料、香草或香料味道或气味的电子烟产品，但不包括烟草、薄荷或薄荷醇的味道或气味以及根据 21 U.S.C. Sec. 387j（c）（1）（A）（i）被美国 FDA 批准发放上市许可的电子烟产品。

2. 电子烟相关要求

（1）当面销售的相关规定

企业只能面对面向客户销售烟草制品、电子烟产品或烟碱产品，这意味着企业不能通过电话、邮件、互联网或自助售卖机向犹他州的客户销售这些产品。

违反这项法律的人可能会受到刑事处罚。这项法律旨在让21岁以下的人远离烟草制品、电子烟产品或烟碱产品。在商店里，收银员更容易检查身份。当通过电话或网络进行销售时，这会更加困难。这项法律鼓励零售商改变其商业策略，防止向未经许可的顾客销售烟草制品、电子烟产品或烟碱产品。

（2）收据明细和交易日志明细

所有烟草零售商应向客户提供每次销售烟草制品、电子烟产品或烟碱产品的收据明细，该收据明细应单独标注：

① 烟草制品、电子烟产品或烟碱产品的名称；

② 每种烟草制品、电子烟产品或烟碱产品的收费金额；

③ 销售的日期和时间。

此外，所有烟草零售商都必须为每次销售的烟草制品、电子烟产品或烟碱产品保存一份交易日志明细，该日志应单独标注：

① 烟草制品、电子烟产品或烟碱产品的名称；

② 烟草制品、电子烟产品或烟碱产品的收费金额；

③ 销售的日期和时间。

交易日志明细应由烟草零售商保存，保存期限为交易日志明细中每笔交易日期后至少一年。必须执行机构或治安官员的要求，提供交易日志明细。

（3）风味电子烟产品

犹他州法律禁止普通烟草零售商赠送、分销、销售、打折销售、提供风味电子烟产品。仅烟草专卖零售店允许销售风味电子烟产品。

违反本节规定的个人，若为初犯，被认定为C级轻罪；若为后续犯罪，将被认定为B级轻罪。美国各州刑事立法一般将轻罪分为三级，按刑罚的严重程度依次分为A、B、C三级轻罪。一般最高刑罚不超过一年监禁的轻罪是A级轻罪，最高刑罚不超过6个月监禁的轻罪是B级轻罪，最高刑罚不超过30天监禁的轻罪是C级轻罪。

（4）电子烟产品标识

标签应清晰、准确地列出相关信息，具体要求如下：

① 标识健康警语；

② 安全警告应占容器或包装展示面的30%；

③ 含有烟碱的产品应遵循美国FDA和国家规定的相同健康警语标准："警告：本产品含有烟碱，烟碱是一种致瘾性化学物质"；

④ 不含烟碱的、非制造商密封的电子烟物质，应包括安全警语，如"警告：远离儿童和宠物"；

⑤ 任何工业大麻产品，无论是非制造商密封电子烟物质还是制造商密封电子烟产品，

都必须符合"工业大麻"第1部分第41章标题4和第R68-26-5节的规定。

(5) 禁止销售

如果电子烟物质或电子烟产品具有以下特征，则禁止零售商销售：

① 使用给消费者产生有益健康印象的添加剂；

② 使用与健康和活力有关的添加剂；

③ 使用非法药物；

④ 使用给释放物染色的添加剂。

此外，禁止零售商销售已收到美国FDA上市前烟草产品申请（PMTA）拒绝令的电子烟物质或电子烟产品。

(6) 烟碱含量

如果产品不符合下列任一规定，零售商将拒绝销售非制造商密封电子烟物质和制造商密封电子烟产品：

① 不受PMTA管制的电子烟产品或物质的烟碱浓度；

② 非制造商密封电子烟物质中每个容器中烟碱含量不得超过360 mg，或烟碱浓度不得超过24 mg/mL；

③ 制造商密封电子烟产品中每个容器中烟碱重量不得超过5%，或烟碱浓度不得超过59 mg/mL。

（四）佛罗里达州

1. 相关定义

(1) 烟碱分散器具

任何使用电子、化学或机械手段从烟碱产品中产生蒸气或气溶胶的产品，包括但不限于电子烟、电子雪茄、电子小雪茄、电子烟管或其他类似器具或产品，该器具的任何可替换烟弹以及任何以溶液或其他形式存在的烟碱容器拟与电子烟、电子雪茄、电子小雪茄、电子管或其他类似器具或产品一起或置于其内部。

(2) 烟碱产品

任何含有烟碱的产品，包括液体烟碱，用于供人类消费的，无论是吸入、咀嚼、吸收、溶解还是以任何方式摄入，包括任何烟碱分散器具，但不包括§569.002中定义的烟草产品。

(3) 产生释放物的电子器具

采用电、化学或机械手段，能够从烟碱产品或任何其他物质中产生蒸气或释放物的任何产品，包括但不限于电子烟、电子雪茄、电子小雪茄、电子烟管及其他相似的器具或产品，该器具的任何可替换烟弹以及拟与该装置一起使用或在该装置内使用的溶液或其他物质。

2. 关于电子烟产品的相关规定

(1) 电子烟产品的监管类别

在该州，电子烟产品未按照烟草制品进行管制。

（2）税收

关于电子烟产品没有额外的税收。

（3）电子烟产品的包装

尚未有关于电子烟产品包装的法规。

（4）关于向未成年人销售电子烟的限制

销售电子烟产品需要零售许可证，且禁止向21岁以下的人（现役军人除外）销售/分销烟碱分散器具或烟碱产品。

（5）关于电子烟产品的使用场所

禁止在封闭的室内工作场所使用烟碱分散器具，但作为儿童、成人或医疗保健设施使用的私人住宅除外。

禁止21岁以下的人在早上6点到午夜之间在学校内或学校1000英尺范围内抽吸电子烟产品。

第四节 英国

英国政府对电子烟发展较为"宽容"，其健康和社保执行机构——英格兰公共卫生部门（Public Health England，PHE）一直鼓励传统烟民转抽电子烟。在英国，电子烟可以按照"药品"或"一般消费品"进行销售。作为药品销售的电子烟，需要申请并经药监部门审批，获取许可执照后才能流通。作为消费品流通的含烟碱的电子烟，受《烟草和相关制品法规（2016）》（The Tobacco and related Products Regulations，TRPR）管制，不含烟碱的电子烟按照一般消费品进行管制。事实上，目前英国获得药物销售许可的电子烟尚属极少数，绝大多数电子烟作为消费品接受监管。

英国于2016年颁布了《烟草和相关制品法规（2016）》，并于2016年5月20日实施，该法规适用于含烟碱的电子烟和续液瓶，主要从备案、年度报告要求、信息提交、产品相关要求、产品信息及标识要求、健康警语及广告赞助等方面进行管制。该法规中关于电子烟的主要内容与欧盟2014/40/EU的相关规定一致。同时将（EU）No 2015/2183和（EU）No 2016/586的内容也纳入本法规中。

由于英国脱欧，为在法律上履行"脱欧"协议中《北爱尔兰议定书》的义务，2020年，修订了《烟草制品和烟碱吸入制品（修正案）（欧盟出口）条例》。这意味着修改了《烟草和相关产品法规（2016）》在大不列颠及北爱尔兰的适用方式，包括修订烟草制品包装上的图片警告要求等。

英国药品和保健产品监管局（Medicines and healthcare products regulatory agency，MHRA）是英国电子烟和续液瓶备案的主管部门，负责执行《烟草和相关制品法规》第六部分和《2020年烟草制品和烟碱吸入产品（修正案）（欧盟出口）条例》。

一、烟草和相关制品法规（2016）

《烟草和相关制品法规（2016）》是基于英国的实际情况，转化2014/40/EU相关要求而制定的。2016年11月21日，对该法规进行修订"2016 No. 1127 CONSUMER PROTECTION. The Tobacco and Related Products（Amendment）Regulations 2016"，主要包括卷烟产品的添加剂优先清单和关于添加剂的相关研究，与电子烟产品和加热卷烟的关联性较小，本书不再介绍。该法规仅适用于含烟碱的烟草和相关制品，不适用于作为药品使用的含烟碱产品。关于作为药物许可的进一步信息可以参考 https: //www.gov.uk/guidance/licensing-procedure-for-electronic-cigarettes-as-medicines。

该法规关于新型烟草制品的主要规定介绍如下。

（一）电子烟产品

1. 电子烟产品相关定义

① 电子烟（electronic cigarette）：
- 通过吸嘴或产品的其他组件抽吸含有烟碱气溶胶的产品，包括烟弹（cartridge）、储液仓（tank）和其他组件。电子烟可以是一次性或可通过续液瓶和储液仓再填充的可填充式或配有一次性烟弹的充电式；
- 不能是药品或医疗器械。

② 续液瓶（refill container）：
- 指盛装有含有烟碱液体的容器，可用于电子烟的续液。
- 不能是药品或医疗器械。

③ 相关制品（related product）：指用于抽吸的草本制品，电子烟产品或续液瓶。

④ 零售年龄验证系统（age verification system）：是指以电子方式确认消费者年龄的计算机系统。

⑤ 注册确认（confirmation of registration）：任何成员国主管当局根据该成员国执行欧盟《烟草制品指令》（DIRECTIVE 2014/40/EU）第18条的要求提供的书面形式的确认。

2. 电子烟产品备案要求

根据本法规要求，投放市场或打算投放市场的电子烟和续液瓶制造商，应向英国的主管机构提出备案。当电子烟或续液瓶产品发生实质性改变（发生改变的产品，a modified product），也需要进行备案。

制造商在进行备案的时候，需提交备案申请材料（A notification），备案申请材料应包括与该产品相关的信息，具体如下：

① 制造商的名称和详细的联系方式，进口商（若适用）不是成员国境内的法人或者自然人，需提供成员国境内的负责人；

② 按产品的品牌名称和型号列出所有的成分清单以及使用该产品产生的释放物的成分清单，包括含量；

③ 关于产品成分和释放物的毒理学数据，包括加热后，特别在吸入这些物质和成分

时对消费者健康的影响，尤其要考虑致瘾性；

④ 关于在正常或合理可预见的条件下使用时的烟碱的剂量和摄入量信息；

⑤ 关于产品组件的描述——若适用，还应包括电子烟或续液瓶的打开和续液的机制；

⑥ 关于生产流程的描述，包括产品是否是批量生产以及一份关于该生产流程符合本条法规的声明；

⑦ 一份关于在投放市场后，在正常使用或者可预见的合理情况下，制造商承担本产品质量安全性责任的声明。

3. 年度报告要求

电子烟或续液瓶的制造商必须向英国的主管机构提交包括以下信息的资料：

① 关于各品牌和型号产品在英国的销售量综合数据；

② 生产者掌握的（无论是否发表），关于英国各种消费群体的偏好信息，包括年轻人、非吸烟者以及现有使用者偏好的主要类型；

③ 产品在英国的销售模式；

④ 生产者关于上述第①~③条开展的任何市场调查的执行概要。

每年必须在5月20日或之前提交第①~④条中列出的信息，并且必须与上一日历年有关。第一份材料应于2018年5月20日或之前提交，涉及2017日历年相关内容。2016年5月20日至2016年12月31日期间有关的信息必须在2017年5月30日或之前提交。英国的主管机构必须监测电子烟和续液瓶的市场发展，包括任何表明电子烟的使用是导致年轻人和非吸烟者烟碱成瘾并最终导致抽吸传统烟草的证据。

4. 电子烟产品要求

电子烟产品应满足以下第①~⑦条的要求，否则不能生产或上市。

① 零售的含烟碱的电子烟烟液必须满足以下要求：

- 续液瓶体积不得超过10 mL；
- 一次性电子烟或一次性使用的烟弹，或储液仓体积不得超过2 mL。

② 可填充式电子烟的储液仓体积不能超过2 mL。

③ 零售的含烟碱的电子烟烟液，在电子烟或续液瓶中烟碱含量不得超过20 mg/mL。

④ 电子烟或续液瓶中含烟碱的电子烟烟液应符合以下要求：

- 不应含有第16章（Regulation 16 No vitamins, colourings or prohibited additives in tobacco products，第16章 禁用维生素、单纯染色用途物质和烟草制品中禁用的其他添加剂）规定的任何添加剂；
- 仅使用高纯度成分制造；
- 如果在制造过程中无法从技术上避免，除成分清单所列成分外，其他物质仅能痕量存在于含有烟碱的电子烟烟液中；
- 除烟碱外，不应使用在加热或不加热状态下会对人体健康带来风险的成分。

⑤ 在正常使用条件下，电子烟释放的烟碱量应稳定一致。

⑥ 电子烟或续液瓶应符合以下要求：

- 应具有防儿童启动功能和防拆封功能；
- 防止破损和泄漏。

⑦ 电子烟或续液瓶应具有在续液时不发生漏液的机制，一次性电子烟除外。

⑧ 对于第⑥条产品的防拆封功能，如果产品具有一个或多个防止打开的封条或封口，若被破坏或去除，可以合理地预期提供产品（或其包装）被打开的可见证据。

⑨ 对于第⑦条产品的在续液过程中不发生漏液的机制，应符合以下要求：

- 应确保续液瓶设计有一个牢固连接的至少9 mm长的管口，比电子烟储液仓要窄并能精确加注到电子烟内；在大气压力、20 ℃ ± 5 ℃条件下，续液瓶垂直放置于电子烟储液仓内，流速不能超过20滴/min；
- 通过对接系统的方式，仅续液瓶和电子烟储液仓连接时，才向电子烟储液仓添加电子烟烟液。

5. 产品信息和标识要求

电子烟产品应满足以下第①～⑤条的要求，否则不能生产或上市：

① 电子烟和续液瓶的每一个包装单元内应包括一份说明书，说明书应载明以下信息：

- 产品使用和存储说明，包括不建议年轻人和非吸烟者使用的说明；
- 禁忌；
- 对特定风险人群的警告；
- 可能的不良反应；
- 成瘾性和毒性；
- 制造商的联系方式；
- 如果制造商不在成员国境内，应提供一个成员国境内的联系人。

② 每一个电子烟产品和续液瓶的包装单元内应包括以下内容：

- 按质量分数降序排列的所有成分清单；
- 产品烟碱含量和每口烟碱释放量；
- 生产批号；
- 将产品放置于儿童不能触及地方的建议。

③ 每一个电子烟产品和续液瓶的包装上，均应标明由文本组成的健康警语："本产品含有烟碱，烟碱是一种高致瘾性物质"。

④ 健康警语应符合以下要求：

- 应在包装的正面（主要可见面）和背面轮换使用；
- 面积不应小于其所在面的30%（根据包装不打开情况下，所在面的面积计算）；
- 以黑色赫维提卡（Helvetica）粗体印刷于白色背景；
- 字体大小应确保文本占据为其保留的表面积的最大比例；
- 出现在该区域的中心；
- 健康警语的文字方向应与商标文字或图案的正向可视方向一致。

⑤ 对于第①条第一点来说，产品的使用说明必须包括：（a）合适的续液说明，必须包括图片说明；（b）符合下述第⑦条要求。

⑥ 产品的使用说明必须符合以下要求：本法规要求的续液机制，产品的使用说明中应标识续液瓶管口宽度或者电子烟储液仓口的宽度（若适用），采用一种消费者能够认识到续液瓶和电子烟具有兼容性的方式描述。若采用对接系统的方式，产品的使用说明应明确对接系统的种类或类型。

⑦ 上述第⑤条不适用于一次性电子烟的产品说明书。

6. 产品展示要求

电子烟产品、续液瓶产品应满足以下第①~③条的要求，否则不能生产或上市。

① 每一个电子烟产品和续液瓶的包装单元不应包含以下任何元素或特征：

- 推广电子烟或续液瓶，或通过对其特性、健康影响、风险或释放物产生错误印象来鼓励其消费；
- 标明特定的电子烟或续液瓶，比其他的电子烟或续液瓶危害更小，或者具有能量、活力、愈合、恢复活力、天然或有机特性，具有其他健康或生活方式益处；
- 标明味道、气味或其他添加剂（香味成分除外）；
- 类似于食品或化妆品；
- 标明特定的电子烟或续液瓶具有改进的生物降解性或其他环境优势。

② 每一个电子烟产品和续液瓶的包装单元，提供或打算提供零售服务时，不能采用任何通过打印代金券或提供折扣、免费分发、买一赠一或其他类似优惠活动的元素或特征。

③ 上述第①~②条所指的元素或特征包括但不限于文字、符号、名称、商标、比喻或其他类型的标志。

7. 警告

① 每个电子烟和续液瓶的制造商均应建立和维护一个信息系统，用于采集这些产品所有可疑的对人体健康产生不良影响的信息；

② 若电子烟和续液瓶的制造商认为或有理由认为其持有的并打算销售的或已经销售的电子烟和续液瓶存在以下几方面的问题，应按照下述第③~④条执行。

- 不安全；
- 质量存在风险；
- 或不符合本法规的规定。

③ 制造商视情况而定，采取以下必要的措施：

- 立即采取必要的纠正措施，使产品符合本法规要求；
- 撤回产品；
- 召回产品。

④ 制造商应立即通知提供或拟提供产品的英国的主管机构或其他成员国的主管当局，详细说明情况，尤其是对人体健康和安全的风险以及采取的所有纠正措施及其结果的详细情况。

⑤ 英国的主管机构或其他成员国的主管当局可能要求电子烟和续液瓶的制造商提供

其他更多的信息，例如关于电子烟或续液瓶的安全、质量或任何不利影响的信息。

⑥ 制造商必须在主管机构要求的合理日期前提供第⑤条要求的信息。

8. 保护人类健康的措施

① 本法规适用于主管机构有合理理由相信电子烟或续液瓶，或某一类型的电子烟或续液瓶可能对人类健康构成严重风险情况的存在。

② 主管机构可以采取适当的临时措施来应对可能给人类健康带来的风险。

③ 主管机构可能采取的措施，包括但不限于以下措施：

- 禁止销售某一种电子烟或续液瓶，或某一类型的电子烟或续液瓶；
- 要求某一种电子烟或续液瓶，或某一类型的电子烟或续液瓶的每个供应商召回产品。

④ 主管机构可以采取适当的后续措施，执行欧洲委员会关于此事作出的结论。

⑤ 临时措施或后续措施适合于所有适用产品的制造商或供应商，适用产品的制造商或供应商必须遵守这些措施。

9. 电子烟广告

① 禁止在媒体上发布关于电子烟产品的广告，具体情况如下：

- 任何人不得在经营过程中在报纸、期刊或杂志上发布或促成发布电子烟广告；
- 任何人不得在经营过程中出售、邀约出售或以其他方式向公众提供含有电子烟广告的报纸、期刊或杂志。

② 信息社会服务中应禁止电子烟广告：

- 任何人在经营过程中不得将电子烟广告纳入或促使将其纳入向英国收件人提供的信息社会服务中；
- 在英国设立的任何服务提供商在经营过程中不得将电子烟广告纳入向英国以外的欧洲经济区国家（非英国欧洲经济区）的收件人提供的信息社会服务中。

③ 活动赞助。本法规中，电子烟产品的赞助是指以任何公共或私人的形式对任何赛事、活动或个人的贡献，其目的是直接或间接影响电子烟或续液瓶的推广。在以下情形中，任何人不得在经营过程中提供电子烟产品的赞助：

- 发生在两个或两个以上成员国或在两个以上会员国产生影响的事件或活动（"跨国界事件或活动"）；
- 参与跨境活动的个人。

10. 跨境远程销售

① 以下人员必须在主管机构处注册：

- 在英国成立的零售商，与任何其他成员国的消费者进行或打算进行相关产品的跨境远距离销售；
- 在英国以外的其他地方成立的零售商，该零售商与英国消费者进行或打算进行相关产品的跨境远程销售。

② 注册人员必须向主管机构提交以下材料：

- 零售商信息：(a) 零售商的名称；(b) 零售商的交易名称（如果不同）；(c) 零售商用于销售相关产品的每个营业地点的地址；(d) 零售商首次销售相关产品的日期，如果零售商尚未开始销售，则打算通过跨境远程销售相关产品的日期；(e) 零售商销售或打算销售产品的网站地址以及识别该网站所需的其他信息；(f) 关于"零售年龄验证系统"细节和功能的描述。
- 其他信息：(a) 成员国主管当局提供的注册确认，零售商注册的通过跨境远程销售向该成员国消费者销售产品；(b) 零售商已申请或打算申请注册的其他成员国名称。
- 主管机构要求的其他合理的信息。

③ 主管机构应：
- 向申请注册的零售商提供的注册确认；
- 在主管机构注册的所有零售商的名单。

④ 零售商不应通过跨境远程销售向消费者销售相关产品，除非满足以下条件：
- 零售商已收到主管机构和消费者所在国或零售商所在地的注册确认书；
- 零售商操作的"零售年龄验证系统"；
- 在销售前或销售时，零售商的年龄验证系统确认消费者的年龄不低于消费者所在成员国适用于购买产品的最低年龄。

（二）新型烟草制品

1. 相关定义

新型烟草制品，是指满足以下任一条件的烟草产品：①不是卷烟、手卷烟草、烟斗烟草、水烟、雪茄、小雪茄、嚼草、鼻烟或口含烟草；②在2014年5月19日之后由制造商首次供应的产品。

按照新型烟草制品的定义，加热卷烟属于新型烟草制品。

2. 新型烟草制品的备案要求

① 已投放或打算投放新型烟草制品的制造商，应按照本法规向主管当局提交备案申请材料。

② 备案申请材料应包括备案产品的以下信息：
- 关于产品的详细描述说明；
- 产品使用说明；
- 按照本法规中第19章要求的成分信息（19. Ingredients information）；
- 按照本法规中第20章要求的释放物信息（20. Emissions information）；
- 可获得的关于产品的毒性、成瘾性和吸引力的科学研究，特别是涉及其成分和释放物的科学研究；
- 可获得的关于产品的不同消费群体（包括青少年和当前吸烟者）偏好的研究及得出的总结报告和市场调查；
- 其他可获得的相关信息，包括产品的风险/收益分析，其对戒烟的预期效果，其对消费者开始使用烟草制品的预期效果以及预期的消费者认知。

关于产品的详细描述说明应至少包括以下信息：产品的零部件，释放物/气溶胶的产生机理，烟碱被消费者吸入的方式。

3. 新型烟草制品备案资料提交的最后期限

① 备案资料应在拟投放市场前的6个月提交，下面第②③条两种情况除外。

② 2016年5月20日前已经投放市场的新型烟草制品，2016年5月20日及以后仍要继续销售的新型烟草制品。

③ 制造商计划在2016年5月20日～2016年11月19日初次投放市场的新型烟草制品。

④ 对于符合第②或第③条两种情况的新型烟草制品，应按照第①条的要求，于2016年5月20日提交告知书。

4. 关于新型烟草制品的其他要求

新型烟草制品的制造商应该：
- 开展主管机构要求的合理额外研究或测试；
- 在主管机构要求的最后期限前，向主管机构提交此类研究或测试的结果；
- 向主管机构提交关于本节"2②"下方第5至7条所述事项的最新信息，这些信息在制造商告知备案新产品成功后可以使用，并且应在5月20日或之前提交。

二、烟草和相关制品法规（2016）（修订版）

1. 修订背景及适用范围

本法规是对（EU）2022/2100指令要求的实施，该指令是欧盟委员会于2022年6月29日发布的，主要关于欧洲议会和理事会针对2014/40/EU指令修订的关于撤销加热卷烟产品某些豁免条款。

本法规仅适用于北爱尔兰，旨在处理温莎框架引起的或与之相关的事项。法规第3(3)条中增加了禁止生产或销售含有特征风味加热卷烟产品。

本法规还可引称为《2023年烟草及相关产品（修订）（北爱尔兰）法规》，本法规自2023年10月23日起实施。

2. 修订内容

（1）"北爱尔兰加热卷烟产品"（NI heated tobacco product）的定义

北爱尔兰加热卷烟产品是指满足以下条件的新型烟草制品：

① 通过加热产生供使用者抽吸的含烟碱和其他化学成分的释放物；

② 用于制造销售，或销售，在北爱尔兰或通过北爱尔兰旅游零售业消费的产品。

（2）主要修订2016版法规的第15条内容"禁止风味卷烟和手卷烟等"

在15条中增加以下内容：

① 北爱尔兰禁止风味加热卷烟产品；

② 在北爱尔兰禁止生产或销售具有风味的加热卷烟产品。
③ 任何人不得制造或供应具有以下特性的"北爱尔兰加热卷烟产品"：
- 含有风味物质的滤嘴、卷烟纸、包装、胶囊或加热卷烟的其他部分；
- 含有烟草或烟碱的滤嘴、卷烟纸、胶囊；
- 具有允许消费者改变产品的气味、味道或释放物强度的技术特征。

三、烟草制品和烟碱吸入制品（修正案）（欧盟出口）条例

英国主管机构于2019年1月10日制定《烟草制品和烟碱吸入制品（修正案）（欧盟出口）条例（2019）》(The Tobacco Products and Nicotine Inhaling Products (Amendment etc.) (EU Exit) Regulations 2019)，于脱欧当天（即2020年12月31日）实施。该法规是对以下五部法规的修订和整合：《烟草制品广告和促销法案（2002）》(Tobacco Advertising and Promotion Act 2002)、《烟草广告和促销（品牌共享）条例（2004）》(Tobacco Advertising and Promotion (Brandsharing) Regulations 2004)、《烟草制品标准化包装法规（2015）》(Standardised Packaging of Tobacco Products Regulations 2015)、《烟碱吸入制品（销售年龄和代理购买）条例修正案（2015）》(Amendment of the Nicotine Inhaling Products (Age of Sale and Proxy Purchasing) Regulations 2015) 和《烟草和相关制品法规（2016）》(Amendment of the Tobacco and Related Products Regulations 2016)。2020年11月18日，英国对法规进行了再次修订。

（一）2019版的主要内容

关于新型烟草制品的规定如下：

1. 修订的定义

零售商：指向消费者出售、要约出售或同意出售烟草制品或相关产品的人；

跨境销售：指向消费者进行的远程销售，即消费者在从零售商处订购产品时位于英国，而零售商则位于另一国家。

2. 修订的主要内容

① 将第31（3）（a）条中的"一个成员国"(a member state)替换为"英国"(the United Kingdom)，替换后的主要内容如下：根据第31（1）条要求的备案材料必须包含以下信息（与有关产品的相关部分）：产品生产者的名称和联系方式、进口商（如适用）的名称和联系方式，以及如果生产者和进口商均不在英国境内，则提供英国境内一名责任人的名称和联系方式。

② 将第33（2）条删除了引用的欧盟相关法律法规，删除后的主要内容如下：
根据第33（2）条，提交信息应满足以下要求：
- 以电子形式提交；
- 参照主管机构发布指南中可能规定的技术要求和程序。

③ 在第36（10）条后增加第36（11）条，增加的主要内容如下：

相关法规可修改第（10）条中针对第（8）条要求的续液机制的技术标准。

④ 在第37（9）条后增加37（10）条，增加的主要内容如下：

第37（10）条：相关法规可根据科学发展情况修改第（4）条中健康警语的内容，但任何此类修改后的警语都必须是真实的。

（二）2020版的主要内容

2020年11月18日，英国对法规进行修订，修订关于新型烟草的主要内容如下：

① 将产品投放到北爱尔兰市场的生产商，应使用欧盟通用门户（EU Common Entry Gate，EU-cig）系统，对烟草制品和电子烟产品进行备案。

② 将产品投放英国市场的生产商应在英国国内系统（MHRA提交门户）进行备案。

③ 如果申请人备案产品在英国或北爱尔兰其中一个市场投放，需支付一笔费用；如果申请人备案产品在两个市场投放，他们需要支付两笔费用。

四、关于英国政府禁止一次性电子烟的进展

一次性电子烟因其丰富的风味和便捷的使用方式对青少年具有很强的吸引力。相关数据显示，在过去三年中，英国未成年人抽吸电子烟的数量增长了两倍，其中9%的11~15岁青少年现使用电子烟。廉价的、彩色的一次性电子烟是未成年人使用电子烟的关键驱动因素。2024年1月，英国政府宣布将禁止使用一次性电子烟，以应对青少年电子烟使用率的增加。据估计，苏格兰在2023年消耗和丢弃了超过2600万支一次性电子烟。

2024年2月，苏格兰政府公布了2024年环境保护（一次性电子烟）草案"Draft Environmental Protection（Single-use Vapes）（Scotland）Regulations 2024"；3月，英格兰政府也发布了相应的法规草案"The Environmental Protection（Single-use Vapes）（England）Regulations 2024"。这两个草案内容一致，都规定了在英国销售和供应一次性电子烟的禁令范围，包括含烟碱和不含烟碱的产品，法规将于2025年4月1日生效。

1. 定义

（1）一次性电子烟产品

根据本条例的目的，一次性电子烟是指非设计或有意供重复使用的电子烟（一次性电子烟），包括：①不可再填充的电子烟；②不可再充电的电子烟；③既不可再填充又不可再充电的电子烟。

根据本条例的目的，除非电子烟被设计为包含：①一个单独可得的、可由个人用户在正常使用过程中更换的一次性容器；②一个可由个人用户在正常使用过程中再填充的容器，否则，该电子烟被视为不可再填充。

根据本条例的目的，如果电子烟被设计为包含：①不可再充电的电池；②不可单独获得且不能由个人用户在正常使用过程中更换的加热丝（coil），包括任何包含在一次性

烟弹或储液仓中、不可单独获得且不能由个人用户在正常使用过程中更换的加热丝，则该电子烟被视为不可再充电。

根据本条例的目的，"单独可得"指的是可供个人用户购买。

2. 内容

草案关于电子烟产品的主要内容包括：

① 禁止使用一次性电子烟；

② 限制其他类型风味的电子烟产品；

③ 制造商应使用更朴素、视觉吸引力较低的包装；

④ 展示方式——需改变电子烟产品在商店中的展示方式，确保将电子烟陈列至儿童看不到的地方，并将电子烟产品远离糖果等吸引儿童的产品，以免对儿童产生吸引力等。

目前，英国政府正敦促电子烟零售商尽快消耗一次性电子烟产品库存，并逐渐停止销售一次性电子烟产品。2025年4月1日之后，仅可充电换弹式或开放式电子烟遵守英国电子烟的其他相关规定的前提下，可在英国合法销售。

英国政府提醒零售商需在电子烟回收方面负责，所有销售电子烟产品的零售商都有责任为顾客提供回收旧电子烟或废弃电子烟的设施。

3. 执行与处罚措施

一旦法规生效，任何违反该法规的商家将面临罚款并可能被监禁。具体而言，商家将面临200英镑的罚款，并可能被要求停止销售这些产品。此外，贸易标准官员将有权"当场"采取行动，以解决未成年人烟草制品和电子烟产品的销售问题。

除了禁止一次性电子烟外，英国政府还计划引入新的手段来限制专门针对未成年人销售的风味，并确保制造商使用更朴素的包装。同时，商店将被要求将电子烟产品移到未成年人的视线之外。

4. 国际影响

英国政府的这一举措与全球范围内对电子烟危害的认识提高相呼应。例如，比利时、法国等欧盟国家也在考虑或已经实施了类似的禁令。7月1日，澳大利亚《治疗用品和其他立法修正案（电子烟产品改革）》已经生效，此后只允许在药店购买电子烟产品，而烟草商店、电子烟商店和便利店等非药店零售商不得销售任何类型的电子烟。需要注意的是，从7月1日到9月30日，还需凭医生处方才能在药店购买电子烟产品，10月1日后无需处方也可购买。

虽然大多数专家和公众对英国政府的这一政策表示支持，但也有一些专家对其影响表示担忧。他们担心禁令可能会阻止那些试图戒烟的人使用电子烟，并导致那些已经使用一次性电子烟戒烟的人再次吸烟。

综上所述，英国政府禁止一次性电子烟的进展迅速且明确，旨在通过立法手段保护未成年人的健康并减少电子烟对社会的负面影响。随着法规的逐步实施和公众对电子烟危害认识的提高，预计这一政策将产生积极的效果。

第二章 世界主要国家和组织对新型烟草制品的技术要求

第一节 国际标准化组织相关标准

国际标准化组织（International Organization for Standardization，ISO）制定新型烟草制品标准的工作组是ISO/TC 126/SC 3，目前该工作组已发布5个标准（详见表2-1），主要工作内容是电子烟、加热卷烟等雾化产品，秘书处是法国标准化协会。

表2-1 ISO已发布的关于新型烟草制品的标准

序号	标准编号	标准名称
1	ISO 20768：2018	Vapour products — Routine analytical vaping machine — Definitions and standard conditions
2	ISO 20714：2019	E-liquid — Determination of nicotine, propylene glycol and glycerol in liquids used in electronic nicotine delivery devices — Gas chromatographic method
3	ISO 24197：2022	Vapour products — Determination of e- liquid vaporised mass and aerosol collected mass
4	ISO 24199：2022	Vapour products — Determination of nicotine in vapour product emissions — Gas chromatographic method
5	ISO 24211：2022	Vapour products — Determination of selected carbonyls in vapour product emissions

该工作组对雾化产品的定义：任何用于将电子烟烟液转化为可吸入气溶胶的产品以及旨在转化为气溶胶的电子烟烟液。雾化产品还涵盖了一系列常见的设备，包括雾化装置、电子烟、电子雪茄、电子烟斗、电子水烟管以及其他类似产品及其组件。这些设备可能由可充电电池、可替换的一次性烟弹或可再填充的液体储液仓而设计为一次性或可重复使用，雾化产品还可能是固定式或模块化设计。其中药用雾化产品不在本工作组制定标准的适用范围内。此外，ISO正在对ISO 20768：2018进行修订，正在制定雾化产品

释放物中重金属的测定方法。

一、ISO 20768：2018《雾化产品 常规分析用吸烟机 定义和标准条件》

因市场上有各种各样的雾化产品，但描述其使用方式的可靠数据有限。现有数据表明，不同消费者之间以及同一消费者在不同时间的抽吸行为存在显著差异。因此，尚无一种抽吸雾化产品的方式能够代表所有人的抽吸行为。随着记录消费者抽吸电子烟的行为的可靠数据的出现，可能需要根据设备的设计或在不同强度条件下进行测试，以反映消费者抽吸行为的多样性。

本标准旨在定义和规定实验室中用于通过设备吸入空气以生成气溶胶供后续分析测试的机器要求，并确保测试过程稳健且可重复。标准包括适用范围、规范性引用文件、术语和定义、标准抽吸条件以及相关技术要求等。本标准规定了常规分析用雾化产品吸烟机用于抽吸雾化产品的抽吸参数和标准条件。

1. 抽吸标准条件

① 吸烟机压降：抽吸孔道与抽吸机之间的整个气流路径的阻力应尽可能小，且不应超过1500 Pa。

② 抽吸持续时间：标准的单口抽吸持续时间应为 3 s ± 0.1 s。

③ 抽吸容量：配以 $1 \times (1 ± 5\%)$ kPa 的压降时，抽吸孔道测得的标准抽吸容量应为 55 mL ± 0.3 mL。

④ 抽吸频率：测定连续抽吸10口以上，标准的抽吸频率应为每 30 s ± 0.5 s 抽吸一口（2 口/min）。

⑤ 抽吸流量图：抽吸孔配以 1500 Pa ± 50 Pa 的压降，单口的抽吸流量图应为矩形形状。如图2-1所示，抽吸上升容量 V_1 和下降容量 V_3 的和不应超过单口的总容量 $V_1+V_2+V_3$。最大处的平均流量应为 18.5 mL/s ± 1 mL/s。

⑥ 抽吸口数：每口抽吸均应计数和记录，直到抽吸过程结束。

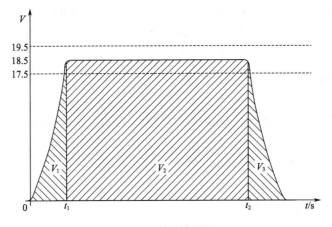

图2-1 抽吸流量图

2. 吸烟机的技术要求

（1）操作原理和抽吸流量图

吸烟机应具有将一定容量的空气抽吸通过雾化产品。抽吸容量如图2-1所示，吸烟机产生矩形抽吸流量。

（2）可靠性能和补偿性能

① 吸烟机应配有控制抽吸容量、抽吸持续时间和抽吸频率的装置；

② 吸烟机应具有机械性能和电气性能方面的可靠性，使其在长时间使用时有关参数满足本标准"1.①～⑤"的条件；

③ 吸烟机应具有足够的补偿性能，吸烟机未配压降装置时，调节为55 mL的标准抽吸容量，然后配上3 kPa的压降装置，测得的抽吸容量降低量不应大于2 mL；

④ 吸烟机应适用于不同类型设计的雾化产品；

⑤ 吸烟机应在抽吸过程结束后，进行一口或多口的空抽；

⑥ 每个抽吸孔道应具有单独的抽吸口数计数器。

（3）雾化产品夹持器

夹持器能将雾化产品与吸烟机以不漏气的方式进行连接。夹持器不能渗透空气和气溶胶。对于直径为4.5 mm和9 mm的圆柱形电子烟，可以使用ISO 3308规定的不带氯丁橡胶垫圈的夹持器。本方法中没有指定产品在测试过程中的具体方位。不同产品或分析方法可能需要产品不是水平的，这需要在吸烟机设计中予以考虑。

（4）气溶胶捕集器

当吸烟机是用来收集粒相气溶胶时，捕集滤片应安装于吸烟机和雾化产品之间，包括以下内容：

① 滤片夹持器和端口盖帽是由非吸湿性的化学惰性材料制成，可以装入一个1 mm～2 mm厚的玻璃纤维滤片。滤片粗糙的一面应面向气溶胶进入的方向。可采用不同的气溶胶捕集器设计来满足上述要求。根据要捕集气溶胶的量来选择直径为44 mm或直径为92 mm的常用滤片，也可以选择其他可用的滤片。图2-2为玻璃纤维捕集器的示意图。

② 滤片材料应至少截留具有140 mm/s线速度、直径大于或等于0.3 μm的邻苯二甲酸酯气溶胶的99.9%，在此气流速下滤片系统的压降不应超过900 Pa。黏合剂的含量不应超过5%（质量分数）。聚丙烯酸酯和聚乙烯醇被证实适于作为黏合剂材料。

③ 滤片系统应无损失地定量截留雾化产品产生气溶胶中的所有粒相成分。另外，为确保抽吸结束后压降的增加不超过250 Pa，需选择合适的滤片。

（5）抽吸启动

如果不是由抽吸启动的雾化产品，需要另外的启动装置来对雾化产品进行启动，并与抽吸同步。启动开始时间不能晚于抽吸开始0.1 s，启动结束时间不能晚于抽吸结束0.1 s。某些产品可能需要预加热以达到其功能，这种情况下，请遵循用户说明书并在报告文件中予以记录。

（6）抽吸过程终止

在设定抽吸口数后，吸烟机能够结束和/或终止抽吸过程。

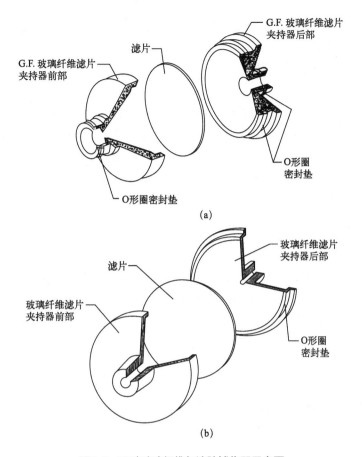

图2-2 两种玻璃纤维气溶胶捕集器示意图

如果进行雾化产品总抽吸口数测试,当在雾化产品出口未观察到气溶胶生成时,抽吸过程可以由操作者或者雾化产品与捕集器之间的传感器进行终止。该传感器应尽可能靠近雾化产品。当操作者或传感器检测到气溶胶生成结束,吸烟机应继续完成已经开始的本次抽吸,然后结束抽吸过程。检测集成LED灯的闪烁,不是评价是否有气溶胶生成的有效方法。LED灯可能有多个原因导致失效,但是雾化产品可能在继续生成气溶胶。同样,当电子烟由于没有足够的电子烟溶液而不能生成气溶胶时,LED可能还在闪烁。

(7) 测试大气

在吸烟机的准备和测试过程中,大气的温度和相对湿度应满足下列要求:温度22 ℃ ± 2 ℃;相对湿度60% ± 5%。

二、ISO 20714:2019《电子烟烟液 烟碱、丙二醇和丙三醇的测定 气相色谱法》

1. 标准原理

本标准规定了电子烟烟液中烟碱、丙二醇和丙三醇的气相色谱测定方法。采用含有内标的异丙醇溶液稀释电子烟烟液，使用带有氢火焰离子化检测器的气相色谱仪（GC-FID）通过内标法分别测定稀释液中烟碱、丙二醇和丙三醇的浓度，计算电子烟烟液中这3种成分的含量。其中内标溶液是含有 0.2 mg/mL 2-甲基喹啉和 1.0 mg/mL 1,3-丁二醇的异丙醇溶液。

本标准采用气相色谱仪，配置有氢火焰离子化检测器，进样口应具有分流进样方式。进样口、柱箱和检测器应分别配有独立可控制的加热单元。推荐使用毛细管色谱柱DB-ALC1（长度30 m，内径0.32 mm，膜厚1.80 μm），给出这一信息是为了方便本标准的使用者，并不表示对该产品的认可。如果其他产品能有相同的效果，可以使用这些等效的产品。

2. 分析步骤

（1）样品前处理

称取 0.1 g 试样，精确至 0.0001 g，置于 50 mL 具塞锥形瓶内，加入 10 mL 内标溶液，采用振荡仪于 180 r/min ～ 200 r/min 转速下振荡 20 min，取 1 mL 进样分析。

对于预填充式电子烟，可用 100 μL 的微量注射器从吸嘴中部的小圆孔扎进贮液腔中或破坏贮液腔后取样。取样后处理方式同上。

（2）气相色谱仪条件

以下色谱条件可供参考，采用其他条件应验证其适用性：

- 程序升温：初始温度 100 ℃，保持 1 min，以 15 ℃/min 速率升至 130 ℃，然后以 40 ℃/min 速率升至 220 ℃，保持 10 min；
- 进样口温度：250 ℃；
- 检测器温度：275 ℃；
- 进样模式：分流进样；
- 分流比：50∶1；
- 进样体积：1.0 μL；
- 载气：氦气，恒流流速为 1.8 mL/min；
- 尾吹气：氦气，20 mL/min；
- 空气：450 mL/min；
- 氢气：40 mL/min。

注：优化气相色谱的条件以满足目标物的良好分离和检测灵敏度，如程序升温速率由 40 ℃/min 调整为 5 ℃/min 可以实现色谱峰的更好分离。一旦优化条件确定，应使用相同的色谱条件来分析所有的标准样品和电子烟烟液检测样品。

（3）标准工作曲线

按照仪器测试条件对系列标准工作溶液进行测定，纵坐标为烟碱、丙二醇和丙三醇的峰面积与内标物峰面积的比值，横坐标为烟碱、丙二醇和丙三醇的浓度与内标浓度的比值，分别建立烟碱、丙二醇和丙三醇的标准工作曲线，工作曲线线性相关系数 R^2 应大于 0.99。烟碱的定量采用 2-甲基喹啉作为内标，丙二醇和丙三醇的定量采用 1,3-丁二醇作为内标。不应强制标准工作曲线通过坐标原点。

每天制作一次标准工作曲线。每进行20次样品测定后,应加入一个中等浓度的工作标准溶液,如果测得的值与原值相差超过5%,则应重新制作整个标准工作曲线。

(4) 样品测定

按照仪器条件测定样品溶液,分别计算烟碱、丙二醇和丙三醇的峰面积与内标峰面积的比值,代入标准工作曲线,计算烟碱、丙二醇和丙三醇的浓度。每个样品平行测定两次。

如样品的测定量超出标准工作曲线的范围,则应重新调整标准工作曲线的范围。

标准工作溶液和电子烟烟液样品的典型色谱图参见图2-3和图2-4。

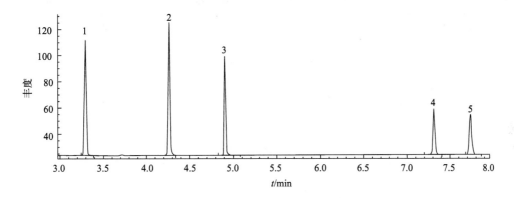

图2-3　标准样品色谱图

1—丙二醇;2—1,3-丁二醇;3—丙三醇;4—2-甲基喹啉;5—烟碱

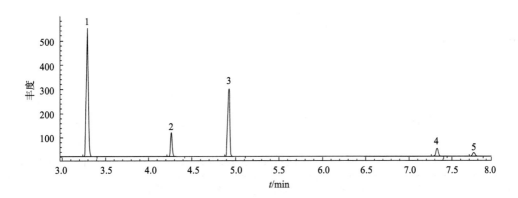

图2-4　典型电子烟烟液样品色谱图

1—丙二醇;2—1,3-丁二醇;3—丙三醇;4—2-甲基喹啉;5—烟碱

(5) 结果的计算与表述

电子烟烟液中烟碱、丙二醇和丙三醇的量,按式(2-1)进行计算:

$$X = \frac{c \times V}{M} \tag{2-1}$$

式中　X ——电子烟烟液试样中目标物含量,mg/g;

c ——从标准工作曲线上得出的电子烟烟液试样稀释液中目标物的浓度，mg/mL；

V ——稀释液的体积，mL；

M ——电子烟烟液试样质量，g。

结果以两次平行测定结果的算术平均值表示，烟碱精确到 0.1 mg/g，丙二醇和丙三醇精确到 1 mg/g；两次平行测定结果的相对平均偏差应不超过 5%。

（6）回收率、检出限和定量限

本方法测定烟碱、丙二醇和丙三醇的检出限、定量限和回收率结果见表 2-2 和表 2-3。

表 2-2 本方法的检出限和定量限　　　　　　　　　　单位：mg/g

化合物	检出限	定量限
烟碱	0.1	0.4
丙二醇	0.1	0.3
丙三醇	0.3	1.0

表 2-3 本方法的回收率（$n=5$）

化合物	回收率/%		
	低浓度	中浓度	高浓度
烟碱	97.4	102	101
丙二醇	96.4	100	98.9
丙三醇	100	102	100

（7）重复性和再现性

11 家实验室采用本方法分别对 6 个电子烟烟液样品种烟碱、丙二醇和丙三醇进行了测定，得到了本方法的重复性限（r）和再现性限（R），结果见表 2-4。

表 2-4 本方法的重复性限和再现性限　　　　　　　　单位：mg/g

化合物	项目	1号样品	2号样品	3号样品	4号样品	5号样品	6号样品
烟碱	均值	9.9	6.2	18.1	15.4	6.4	0.0
	重复性限, r	0.3	0.3	0.5	0.5	0.2	0.0
	再现性限, R	1.4	1.2	1.7	2.1	1.6	0.0
丙二醇	均值	608	223	654	746	485	776
	重复性限, r	13	6	15	17	12	13
	再现性限, R	45	11	41	50	33	47

续表

化合物	项目	1号样品	2号样品	3号样品	4号样品	5号样品	6号样品
丙三醇	均值	333	676	278	183	428	191
	重复性限，r	15	17	10	9	14	6
	再现性限，R	28	50	21	17	32	16

三、ISO 24197：2022《雾化产品 电子烟烟液雾化质量和释放物质量的测定》

1. 适用范围

本标准规定从雾化产品中雾化的电子烟烟液质量和收集的释放物质量的测定方法。

2. 原理

根据ISO 20768标准，使用常规分析型雾化产品吸烟机收集释放物。电子烟产品通过电子烟烟液产生释放物，从而可以分别进行电子烟烟液雾化质量和释放物质量的重量测定。

3. 仪器设备

使用常规实验室设备，特别是以下设备：

① 雾化产品吸烟机，需符合ISO 20768标准。

② 分析天平，至少能精确到1 mg，显示精度为0.1 mg。

③ 肥皂泡流量计，适用于确认所需的抽吸体积。

④ 玻璃纤维滤片，规格需符合以下要求：过滤材料应至少保留99.9%的直径大于等于0.3 μm的邻苯二甲酸二辛酯气溶胶颗粒，且线性空气流速为140 mm/s。在此空气流速下，过滤组件的压降不应超过900 Pa。黏合剂的含量（质量分数）不得超过5%。已发现聚丙烯酸酯和聚乙烯醇是适用于该材料的黏合剂。

玻璃纤维滤片应能够定量保留雾化产品产生的释放物中的所有颗粒物而不损失。另外，为确保抽吸结束后压降的增加不超过250 Pa，需选择合适的滤片。

4. 程序

（1）一般说明

电子烟烟液雾化质量（EVM）是根据产生释放物导致电子烟烟液质量损失来计算的，而释放物质量（ACM）则是根据在ISO 20768规定的标准操作设置和环境条件下，使用固定次数的抽吸和抽吸组生成的释放物来计算的。

雾化前，应对每个释放物收集系统进行检查，以确保没有漏气，并且能够获得正确的抽吸体积。生成的释放物的量取决于电子烟产品的性质、操作设置和电子烟烟液的种类。

(2) 准备

所有待测的电子烟产品应存放在室温下。带有可充电电池的电子烟产品应在测试前充电完全,并按照制造商的建议进行操作。

滤片的处理应遵循以下实验室操作规范:
- 所有操作过程需佩戴合适手套(无粉),以防止污染。
- 滤片应在测试条件的目标大气中至少存放24小时后再使用。
- 准备好的滤片夹应称重并记录质量。
- 如果滤片夹不立即使用,应安装滤片夹盖以防止水分流失或吸收。

(3) 释放物捕集

抽吸次数或抽吸组数取决于测试设备的性能和/或测试要求,并应考虑到避免玻璃纤维滤片过载的情况。

(4) 抽吸体积检查

雾化前,检查每个雾化通道以确保获得正确的抽吸体积。

(5) 释放物样品处理

如释放物样品不立即分析,应安装滤片夹盖以防止水分流失或吸收。

(6) 电子烟烟液雾化质量(EVM)的测定

① 进行测试时,应按照制造商的建议抽吸电子烟产品。

② 对装有或预装有电子烟烟液的整个雾化产品(例如,带有电源但无嘴部保护盖的贮液仓或烟弹)进行测量。测量并记录质量(m_i),然后将其连接到吸烟机的相应端口。

③ 进行抽吸。

④ 将雾化产品从吸烟机上断开连接。

⑤ 对雾化产品的最终质量(m_f)进行测量,测量对象应为整个雾化产品(例如,带有电源但无嘴部保护盖的贮液仓或烟弹)。

电子烟烟液雾化质量(EVM)通过公式(2-2)计算得出。

$$m_{EVM} = m_i - m_f \tag{2-2}$$

式中 m_{EVM} ——电子烟烟液雾化质量(EVM),mg;
m_i ——产生释放物前雾化产品的质量,mg;
m_f ——产生释放物后雾化产品的质量,mg。

(7) 收集的释放物质量(ACM)的测定

① 进行测试时,应按照制造商的建议操作雾化产品。

② 对释放物收集系统进行初始测量。如有必要,使用密封捕集装置预先测量并记录玻璃纤维滤片支架(包括玻璃纤维滤片)质量(m_i),记录后连接到吸烟机上。

③ 进行抽吸。

④ 将释放物收集系统从吸烟机上断开。

⑤ 测量玻璃纤维滤片支架的最终质量(m_f)。

收集的释放物质量(ACM)通过公式(2-3)计算得出。

$$m_{ACM} = m_f - m_i \tag{2-3}$$

式中 m_{ACM}——收集的释放物质量（ACM），mg；
　　　m_i——产生释放物前玻璃纤维滤片支架的质量，mg；
　　　m_f——产生释放物后玻璃纤维滤片支架的质量，mg。

（8）特定抽吸组质量的测定

对每个抽吸组的电子烟烟液雾化质量进行测量，由以下公式（2-4）和公式（2-5）定义。

$$m_{\text{EVM},\text{t}} = \sum_{k=1}^{n} m_{\text{EVM},k} \tag{2-4}$$

$$m_{\text{EVM},n} = m_{\text{i},n} - m_{\text{f},n} \tag{2-5}$$

式中 $m_{\text{EVM},\text{t}}$——所有抽吸组中电子烟烟液雾化的总质量（EVM），mg；
　　　$m_{\text{EVM},n}$——单个抽吸组中电子烟烟液雾化的质量，mg；
　　　k——抽吸组的数量；
　　　n——抽吸组或抽吸编号；
　　　$m_{\text{i},n}$——第 n 个抽吸组产生释放物前雾化产品的质量，mg；
　　　$m_{\text{f},n}$——第 n 个抽吸组产生释放物后雾化产品的质量，mg。

如果抽吸组之间未重新填充电子烟烟液，则 $m_{\text{f},n} = m_{\text{i},n} + 1$。

如果抽吸组之间重新填充了电子烟烟液，则 $m_{\text{f},n} \neq m_{\text{i},n} + 1$。

测量每个抽吸组收集的释放物质量。收集的释放物质量由公式（2-6）和公式（2-7）定义。

$$m_{\text{ACM},\text{t}} = \sum_{k=1}^{n} m_{\text{ACM},k} \tag{2-6}$$

$$m_{\text{ACM},n} = m_{\text{f},n} - m_{\text{i},n} \tag{2-7}$$

式中 $m_{\text{ACM},\text{t}}$——所有抽吸组中收集的释放物总质量（ACM），mg；
　　　$m_{\text{ACM},n}$——单个抽吸组中收集的释放物总质量，mg；
　　　k——抽吸组的数量；
　　　n——抽吸组或抽吸编号；
　　　$m_{\text{i},n}$——第 n 个抽吸组产生释放物前玻璃纤维滤片支架的质量，mg；
　　　$m_{\text{f},n}$——第 n 个抽吸组产生释放物后玻璃纤维滤片支架的质量，mg。

如果释放物收集装置没有过载，则：$m_{\text{f},n} = m_{\text{i},n} + 1$。

应计算和报告抽吸组之间的标准偏差和平均值。

5. 方法表征

2015年进行了一项国际协作研究，涉及18个实验室、4种商用类似卷烟型可充电雾化产品（A、B、C、D）以及1个研究对照品（电子烟烟液样品）。

使用CORESTA推荐的第81号方法，从每个产品中收集释放物，分为3个抽吸组（首先抽吸10口，然后抽吸20口，最后抽吸50口），其中指定的抽吸模式与ISO 20768中指定的模式相同。针对每个样品，计算了抽吸80口的ACM和EVM。每个实验室为每个样品提供了5~8次重复测定。根据ISO 5725-5和ISO 13528进行统计评估，结果如表2-5所示。

表2-5 重复性和再现性限值

分析物	编号	平均值/(mg/80口)	重复性限值 r/(mg/80口)	再现性限值 R/(mg/80口)	占平均值的百分比	
					r/%	R/%
m_{ACM}	A	148	42	69	28.60	46.60
	B	127	43	72	33.50	56.70
	C	109	43	51	39.40	47.20
	D	142	48	58	33.90	40.50
m_{EVM}	A	137	40	74	28.97	53.88
	B	120	42	72	34.80	60.07
	C	105	43	51	40.71	48.49
	D	136	48	55	34.99	40.19

注：A——烟碱（质量分数）0%，丙三醇∶丙二醇=70∶30；B——烟碱（质量分数）2.4%，丙三醇∶丙二醇=70∶30；C——烟碱（质量分数）5.4%，丙三醇∶丙二醇=70∶30；D——烟碱（质量分数）2.4%，丙三醇∶丙二醇=100∶00。

2019年进行了一项国际协作研究，涉及11个实验室。每个实验室都使用规定的雾化器和电源单元组合测试了3个研究用电子烟烟液样品（A、B、C）。根据CORESTA推荐的第81号方法对每个样品进行3个吸烟组（每组抽吸25口）抽吸并收集释放物，其中抽吸模式与ISO 20768中规定的相同。计算了每个样品抽吸75口后的ACM和EVM。每个实验室为每个样品提供了3次重复测定。根据ISO 5725-2和ISO/TR 22971进行统计评估，结果如表2-6所示。

表2-6 重复性和再现性限值

分析物	编号	均值/(mg/75口)	重复性限值 r/(mg/75口)	再现性限值 R/(mg/75口)	占平均值的百分比	
					r/%	R/%
m_{ACM}	A	731	67	204	9.20	27.80
	B	705	77	275	10.90	39.00
	C	691	118	264	17.10	38.20
m_{EVM}	A	719	62	190	8.60	26.40
	B	696	82	269	11.80	38.60
	C	683	122	254	17.90	37.20

注：A——无特征风味；B——烟草风味；C——烟草/薄荷味。

6. 测试报告

测试报告应明确显示所采用的方法及获得的结果。同时,应提及本标准中未指定或视为可选的操作条件以及可能影响结果的任何偏差。测试报告应包括用于完全识别样品的所有详细信息。如适用,应记录以下(1)~(3)项中的信息。

(1) 雾化产品的特性数据

应提供用于识别雾化产品和雾化电子烟烟液的所有必要详细信息。对于商业雾化产品,应包括:

- 制造商和制造国名称;
- 产品名称;
- 批次/货号(当天采样的产品);
- 烟碱浓度(如已知);
- 温度设置(如已知);
- 加热丝电阻(如已知);
- 功率(如已知);
- 电池容量(如已知);
- 吸嘴;
- 气流。

(2) 测试描述

- 参考本标准;
- 测试日期;
- 抽样方法描述;
- 使用的电子烟类型;
- 使用的释放物捕集系统类型(如使用);
- 每个吸烟组的抽吸次数;
- 初始雾化产品质量;
- 抽吸角度;
- 如果偏离了 ISO 20768 标准,则报告测试期间的抽吸模式、室温(℃)和相对湿度(%)。

(3) 测试结果

根据数据的用途和实验室的精确度水平确定实验室数据的表达方式。所有质量测量均以 mg 为基本单位。其他详细信息应包括以下内容:

- m_{EVM}:结果以 mg 为单位,保留两位有效数字;
- $m_{EVM,t}$:多个吸烟组情况下,电子烟烟液雾化的总质量和平均值;
- m_{ACM}:结果以 mg 为单位,保留两位有效数字;
- $m_{ACM,t}$:多个吸烟组情况下,收集的释放物总质量;
- n:进行的吸烟组数量;
- N:每个吸烟组中的吸烟次数。

四、ISO 24199: 2022《雾化产品 雾化产品释放物中烟碱的测定 气相色谱法》

1. 适用范围

本标准规定了一种通过气相色谱法分析雾化产品释放物中烟碱含量的分析方法。

2. 原理

按照 ISO 20768 收集雾化产品释放物,通过称重法确定收集的释放物质量,用含有内标的异丙醇溶液提取释放物种的目标物。采用毛细管气相色谱法结合火焰离子化检测器(GC-FID)测定提取溶液中烟碱含量,并通过内标校准进行定量。

3. 试剂

仅使用公认的分析纯级试剂。

① 载气:高纯度的氦气(CAS 7440-59-7)、氮气(CAS 7727-37-9)或氢气(CAS 1333-74-0)。

② 辅助气体:用于火焰离子检测器的高纯度空气和氢气(CAS 1333-74-0)。

③ 异丙醇(CAS 67-63-0):纯度至少为99%,与内标一起制备提取溶液。

④ 高纯度内标:喹啉(CAS 91-63-4)或纯度不低于99%的正十七烷(CAS 629-78-7)。

⑤ 提取溶液:含有适当浓度内标④的异丙醇,浓度通常在0.1 mg/mL至1.0 mg/mL之间。

⑥ 标准物质:纯度不低于98%的烟碱(CAS 54-11-5)或经认证的烟碱标准溶液。

⑦ 标准工作溶液:准备至少包括5个浓度的系列标准溶液,其浓度应覆盖测试样品的预期水平范围,建议的浓度范围为0.05～2.0 mg/mL。溶液贮存温度2～8 ℃,避光保存。

4. 仪器

常用的实验室仪器,特别是以下仪器:

① 气相色谱仪,配备火焰离子检测器和数据处理系统。

② 毛细管柱,DB-ALC12毛细管柱(长30 m;内径0.32 mm;膜厚1.8 μm)。

③ 雾化产品吸烟机,按照ISO 20768的规定的抽吸条件,在雾化产品吸烟机上产生并收集释放物。

5. 程序

(1)制备测试样品

根据ISO 20768,所有雾化产品均应在测试大气条件下进行测试。带有可充电电池的雾化产品应在测试前充电完全。

(2)玻璃纤维滤片的处理

测试前,称取玻璃纤维滤片质量,至少在测试环境中存放24小时。

(3)释放物收集和样品制备

按照说明书建议的操作步骤,抽吸雾化产品。根据ISO 20768设置释放物捕集系统。按照ISO 24197将释放物收集至玻璃纤维滤片上，通过称重法确定收集的释放物质量（ACM）。

（4）测试

使用合适的容器和固定体积的提取溶液对每个玻璃纤维滤片进行提取，对于44 mm的滤片使用20 mL提取溶液，对于92 mm的滤片使用50 mL提取溶液，确保滤片完全被覆盖。在有效提取ACM的前提下，提取溶液的体积可以调整，以便明确烟碱浓度。若样品浓度超出标准工作溶液上限，建议使用提取溶液稀释样品或适当调整标准工作溶液范围。

（5）仪器设置

烘箱温度曲线：初始温度，90 ℃；初始保持时间，1 min；加热速率A，15 ℃/min；最终温度A，120 ℃；加热速率B，40 ℃/min；最终温度B，280 ℃；最终保持时间B，2 min；

进样口温度：250 ℃；

检测器温度：275 ℃；

进样体积：1 μL；

进样模式：分流；

分流比：25∶1；

载气：氦气，流速为3 mL/min。

（6）气相色谱仪的校准

将每种标准工作溶液等分试样注入气相色谱仪中。记录烟碱和内标物的峰响应（如面积或高度）。

根据每种标准工作溶液的峰响应数据，计算烟碱峰与内标峰的比例。根据烟碱浓度绘制响应比图表，并从这些数据中计算线性回归方程（烟碱浓度对应的响应比）。图表应为线性，且回归线不应强制通过原点。在整个分析序列中，应定期运行标准工作溶液作为检查标准，以验证校准曲线仍然有效。

（7）样品测定

将测试样品（1 μL）注入气相色谱仪中。根据峰响应数据计算烟碱峰/内标峰的比例。

6. 结果的表示

使用制备的图表或线性回归方程，以mg/mL为单位确定测试样品中烟碱的含量，应确保分析结果值在标准工作曲线范围内。

测试结果以mg/mg（ACM）、mg/口（mg/puff）、mg/口-测试周期（mg/puff block）、mg/总口数（mg/total puffs）或mg/支（电子烟）（mg/device）表示，具体取决于研究目的。

以下是使用公式（2-8）和公式（2-9）的示例计算：

$$N = \frac{c}{m_{ACM}} V \tag{2-8}$$

式中　N——每毫克释放物（ACM）中的烟碱含量，mg/mg（ACM）；

　　　c——从标准工作曲线中获得的烟碱浓度，mg/mL；

　　　m_{ACM}——收集的释放物质量，mg；

　　　V——添加到样品中的提取溶液体积，mL。

$$N = \frac{c}{P}V \tag{2-9}$$

式中　N ——每口吸入烟碱含量，mg/口；
　　　c ——从标准工作曲线中获得的浓度，mg/mL；
　　　P ——抽吸数；
　　　V ——添加到样品中的提取溶液体积，mL。

7. 重复性和再现性

2015年进行了一项国际协作研究，涉及18个实验室、4种商用类似卷烟型可充电雾化产品以及1个研究对照品（电子烟烟液样品，样本F）。

从每个产品中收集释放物，分为三个抽吸组（首先抽吸10口，然后抽吸20口，最后抽吸50口），每个样品的烟碱含量按80口计算。每个实验室为每个样品提供了5～8次重复测定。根据ISO 5725-2和ISO/TR 22971进行统计评估，结果如表2-7～表2-9所示。

表2-7　18个实验室检测结果的重复性和再现性限值

样品	ACM均值/ （mg/80口）	重复性限值 r/（mg/80口）	再现性限值 R/（mg/80口）	占均值的百分比	
				r/%	R/%
B	2.59	0.93	1.28	36.00	49.40
C	4.86	1.97	2.43	40.45	50.00
D	3.20	1.10	1.26	34.40	39.40

注：四个样本A、B、C和D是商业雾化产品，且样本A的电子烟烟液不含烟碱，故未列出。

表2-8　电子烟烟液对照样（样本F）的重复性和再现性限值

样品	均值[①]/%	重复性限值 r[①]/%	再现性限值 R[①]/%	占均值的百分比	
				r/%	R/%
F	2.08	0.09	0.31	4.38	14.8

① 表示质量分数。

表2-9　按ACM比例计算的重复性和再现性限值

样品	ACM均值/mg	均值[①]/% （ACM）	重复性限值 r[①]/%	再现性限值 R[①]/%	占均值的百分比	
					r/%	R/%
B	127	2.03	0.11	0.45	5.20	22.20
C	109	4.40	0.29	0.75	6.50	17.10
D	142	2.25	0.14	0.50	6.20	22.10

① 质量分数。
注：四个样本A、B、C和D是商业雾化产品，且样本A的电子烟烟液不含烟碱。

2019年进行了一项国际协作研究，涉及11个实验室。每个实验室均利用规定的雾化器和电源组合对3个电子烟烟液样品进行了测试。对于每个样品，分别抽吸3个吸抽组（每个吸抽组吸抽25口），并收集释放物。每个样品的烟碱释放量是基于75口计算的。每个实验室提供了3次重复测定。按照ISO 5725-2和ISO/TR 22971进行统计评估，结果见表2-10和表2-11。

表2-10　11个实验室检验结果的重复性和再现性限值

样品	平均值/ (mg/75口)	重复性限值 r/(mg/75口)	再现性限值 R/(mg/75口)	占均值的百分比	
				r/%	R/%
A	10.1	0.78	3.08	7.8	30.7
B	9.8	1.32	3.96	13.4	40.3
C	9.6	1.57	3.53	16.3	36.8

表2-11　相对于ACM的重复性和再现性限值

样品	ACM均值/mg	均值[①]/% (ACM)	重复性限值 r[①]/%	再现性限值 R[①]/%	占均值的百分比	
					r/%	R/%
A	731	1.38	0.044	0.23	3.21	16.5
B	705	1.40	0.070	0.18	5.05	12.6
C	691	1.39	0.069	0.25	4.96	17.7

① 质量分数。

8. 测试报告

测试报告应包含以下内容：

① 根据研究设计，可以分析ACM、每口吸抽、每个吸抽组或每个雾化器具的烟碱产量；结果应精确至小数点后三位；
② 所使用的方法；
③ 所有可能影响结果的条件；
④ 使用的产品抽样标准；
⑤ 雾化产品的所有必要的可识别细节；
⑥ 测试日期。

9. 色谱图示例

图2-5为使用带有火焰离子检测器的毛细管气相色谱法对电子烟产品释放物中烟碱进行分析的色谱图示例。

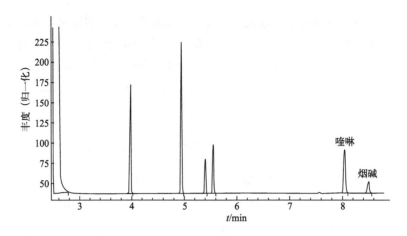

图2-5 烟碱分析色谱图示例

五、ISO 24211: 2022《雾化产品 雾化产品释放物中特定羰基化合物的测定》

1. 范围

本标准规定了一种使用反相液相色谱结合紫外或二极管阵列检测器（LC-UV 或 LC-DAD）测定雾化产品释放物中特定羰基化合物（甲醛和乙醛）含量的方法。

2. 原理

根据 ISO 20768，在雾化产品吸烟机上生成并收集释放物。用 2,4-二硝基苯肼（DNPH）溶液捕集释放物中的甲醛、乙醛并衍生化，通过反相液相色谱结合紫外或二极管阵列检测器（RPLC-UV 或 RPLC-DAD）进行测定。

3. 试剂

仅使用公认的分析纯级试剂。

① 乙腈（ACN），HPLC级。
② 乙醇，HPLC级。
③ 磷酸（H_3PO_4），质量分数为85%，或体积分数为10%的水溶液。
④ 水，按照 ISO 3696 标准规定的1级水或等效物。
⑤ 吡啶，纯度至少99%。
⑥ 甲醛-DNPH，纯度至少99%。
⑦ 乙醛-DNPH，纯度至少99%。
⑧ 2,4-二硝基苯肼盐酸盐（DNPH-HCl）或2,4-二硝基苯肼（DNPH）（含约30%水分）。

4. 仪器

常用的实验室仪器。

① HPLC系统：配备UV和/或DAD检测器以及合适的数据处理系统。

② HPLC色谱柱。其中，一次性保护柱：反相（RP）C18柱；分析柱：反相（RP）C18柱，4.6 mm × 15 cm，1.8 μm或2.5 μm或等效物。
③ 雾化产品吸烟机：按照ISO 20768规定的抽吸持续时间和抽吸曲线完成电子烟抽吸。
④ 释放物捕集系统。
⑤ 44 mm玻璃纤维滤片。
⑥ 滤片夹持器。
⑦ 用于捕集雾化产品释放物的吸收瓶。
⑧ 分析天平，最小读数1 mg，可读至最近的0.1 mg。
⑨ 注射器过滤器（PTFE：0.45 μm）和一次性注射器。
⑩ 自动进样瓶、瓶盖和PTFE隔垫。

5. 分析步骤

（1）测试样品的准备

根据ISO 20768的规定，所有待测的雾化产品均应进行温度平衡。可充电产品应在试验前将电池充满。释放物是在符合ISO 20768规定的吸烟机上产生的。

（2）玻璃纤维滤片的处理

在首次称重前，玻璃纤维滤片应在测试环境中存放至少24小时。

（3）释放物收集与样品制备

雾化产品应按照制造商的建议操作步骤进行操作。雾化产品吸烟机应设置为将释放物收集到与捕集阱串联连接的玻璃纤维滤片上（见图2-6）。向每个待收集样品的捕集阱中加入35毫升的DNPH捕集溶液。按照以下顺序组装雾化产品的释放物捕集系统（见图2-6）：

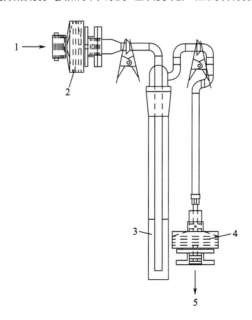

图2-6 用于羰基化合物分析的释放物收集装置

1—雾化产品；2—预称重的44 mm滤片/支架；3—装有35 mL DNPH的捕集阱；
4—可选备用滤片（不用于分析）；5—吸烟机

(4) 电子烟雾化烟液质量（ACM）和收集的释放物质量（EVM）的测定

根据ISO 24197，应通过称重法称取电子烟烟液雾化质量（EVM）和收集的释放物质量（ACM）。

(5) 测试部分

抽吸完成后，取下玻璃纤维滤片，使释放物面向内侧对折两次，注意只接触滤片的边缘。用滤片擦拭夹持器内侧，以确保捕集所有残留物。将玻璃纤维滤片转移至带有螺旋盖的玻璃瓶中。将捕集阱中捕集溶液也转移至玻璃瓶内。机械震荡20 min进行萃取。每个捕集阱移取5 mL溶液于8 mL棕色容量瓶中，加入0.25 mL吡啶，用乙腈定容至刻度，摇匀。采用PTFE滤膜过滤于棕色色谱瓶中，待测。

(6) 设备设置

确保甲醛和乙醛的峰与空白试剂中的任何背景峰完全分离。

对于不同的仪器配置和色谱柱，表2-12中列出的色谱条件可能需要进行修改。实验室应满足一般系统适用性要求，并且洗脱模式应与图2-7所示的示例色谱图相似。

表2-12 HPLC流动相梯度（体积比）

时间/min	流动相A/%	流动相B/%
0.00	35	65
1.49	35	65
1.50	45	55
3.00	45	55
3.01	35	65
3.56	35	65
7.50	25	75
8.00	0	100
9.50	0	100
9.55	35	65
12.00	35	65

合适的操作条件如下：

- 流动相A：100%去离子水；
- 流动相B：100%乙腈；
- 流速：1.0 mL/min；
- 进样量：5 μL；
- 色谱柱温箱温度：32 ℃；
- 运行时间：12 min，后运行时间2 min；

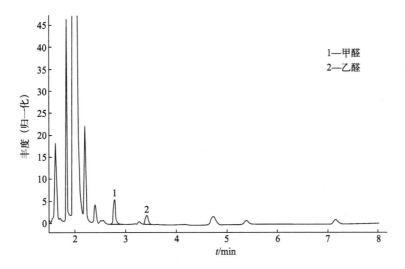

图2-7　释放物中的羰基化合物——典型的高效液相色谱图

6. 结果的表示

为了确定样品中羰基的真实量，按式（2-10）进行计算：

$$A_s = S - B \tag{2-10}$$

式中　A_s——样品中羰基的浓度，μg/mL；

　　　S——样品的浓度，μg/mL；

　　　B——表示空白对照样品中的浓度，μg/mL。

测试结果根据需要可以以 μg/口、μg/mg（ACM）、μg/mg（EVM）或 mg/支（电子烟）表示。

以下是根据公式（2-11）～式（2-13）给出的计算示例：

$$c_p = [A_s] d \frac{V}{p_n} \tag{2-11}$$

$$c_{ACM} = [A_s] d \frac{V}{m_{ACM}} \tag{2-12}$$

$$c_{EVM} = [A_s] d \frac{V}{m_{EVM}} \tag{2-13}$$

式中　c——目标物含量，对于公式（2-10）为 μg/口，对于公式（2-12）和公式（2-13）为 μg/mg；

　　　$[A_s]$——从校准曲线中获得的目标物浓度，mg/mL；

　　　d——稀释因子（最终体积/试样体积）；

　　　V——捕集阱中DNPH捕集溶液的体积，mL；

　　　p_n——抽吸口数；

m_{ACM}——雾化的电子烟烟液质量，mg；

m_{EVM}——收集的释放物质量，mg。

7. 测试报告

测试报告应包括以下内容：

① 每口释放物中特定羰基化合物的含量，以 μg/口、μg/mg（ACM）、μg/mg（EVM）或 μg/支（电子烟）表示；

② 所使用的方法；

③ 所有未在标准中指定，但视为可选的条件，包括抽吸模式、抽吸次数、器具设置等；

④ 所有经过测试的产品，每个产品应有唯一标识符；

⑤ 所有信息应以完全可追溯的方式记录。

8. 重复性和再现性

2019年进行了一项国际合作研究，涉及11个实验室。该研究评估了由 Alternative Ingredients, Inc. 特别为此研究提供的3种不同的电子烟烟液，这些电子烟烟液使用 Aspire Nautilus™ 贮液系统和 1.8 Ω 电阻丝以及 Evolv™ 电源单元进行雾化。由于原释放物中这些羰基化合物的含量非常低，因此对电子烟烟液进行了加标和未加标评估，以确定重复性限值 r 和再现性限值 R。根据 ISO 5725-2 进行统计评估，结果列于表2-13和表2-14中。

表2-13 乙醛的重复性和再现性限值

样品	加标量/(μg/g)	参加实验室数量①	均值/(μg/g)	r/(μg/g)	R/(μg/g)	占均值的百分比	
						r/%	R/%
薄荷/烟草	0	8	2.33	1.32	4.80	56.7	206
烟草		9	2.43	1.36	5.06	55.9	208
未加香		9	4.03	2.42	6.98	60.1	173
薄荷/烟草	15	8	9.06	3.86	10.50	42.6	116
烟草		9	11.45	3.51	15.34	30.6	134
未加香		9	13.23	4.15	17.34	31.4	131
薄荷/烟草	25	7	15.79	5.31	18.00	33.6	114
烟草		9	19.24	9.65	21.19	50.1	110
未加香		8	17.97	5.45	19.32	30.3	108
薄荷/烟草	35	8	23.20	7.86	28.72	33.9	124
烟草		9	24.96	12.97	33.36	52.0	134
未加香		9	26.59	13.28	35.64	49.9	134

① 提供有效数据的实验室数量。

表2-14　甲醛的重复性（r）和再现性（R）限值

样品	加标量/(μg/g)	参加实验室数量①	均值/(μg/g)	r/(μg/g)	R/(μg/g)	占均值的百分比	
						r/%	R/%
薄荷/烟草	0	7	8.46	3.16	12.51	37.4	148
烟草		8	8.29	4.33	11.48	52.2	139
未加香		8	11.57	3.95	14.41	34.1	124
薄荷/烟草	15	7	17.26	3.27	17.02	19.0	99
烟草		8	16.72	3.52	13.67	21.1	82
未加香		8	20.93	2.68	12.70	12.8	61
薄荷/烟草	25	7	27.98	12.41	18.56	44.3	66
烟草		8	25.78	6.19	13.28	24.0	52
未加香		8	28.55	5.90	17.31	20.7	61
薄荷/烟草	35	7	32.64	10.21	17.20	31.3	53
烟草		8	30.40	7.39	19.10	24.3	63
未加香		8	33.63	6.98	13.25	20.7	39

① 提供有效数据的实验室数量。

第二节　欧洲标准化委员会相关标准

欧洲标准化委员会（Comité Européen de Normalisation，法文缩写：CEN），成立于1961年，总部设在比利时布鲁塞尔。它是以西欧国家为主体、由国家标准化机构组成的非营利性国际标准化科学技术机构，也是欧洲三大标准化机构之一。

CEN的工作内容广泛，涉及多个行业和领域。它负责制定欧洲标准，这些标准涵盖质量、安全、环境、互操作性和可访问性要求。CEN的工作领域包括但不限于建筑与土木工程、机械制造、保健、工作现场卫生安全、供热、制冷与通风、运输与包装、信息技术等。欧洲标准化委员会是一个在欧洲乃至全球范围内具有重要影响力的标准化机构。它通过制定和推广欧洲标准，促进了成员国之间的贸易和技术交流，推动了全球标准化事业的发展。

CEN制定的标准类型包括正式标准（EN）和技术规范（TS）。以电子烟产品为例，虽然CEN可能没有直接制定针对电子烟产品的特定标准（如CEN/TS 17287可能是一个技术规范而非标准），但CEN可能通过制定与电子烟相关的通用标准或技术要求，来指导电子烟产品的设计和制造。目前，CEN关于新型烟草制品的标准有15项，其中12项已正式发布，2项正在起草中，1项等待审批中，详见表2-15。12项已正式发布的标准中有3项是ISO标准等同转化、5项正式标准、4项技术规范。因ISO标准在上节已经介绍，本节仅介绍与新型烟草制品质量安全关联度较高的5项产品标准，具体如下。

表2-15　CEN关于新型烟草制品的标准列表

序号	委员会	标准编号	工作组	标准名称	标准状态
1	CEN/TC 437	EN ISO 24211: 2022	00437017	Vapour products—Determination of selected carbonyls in vapour product emissions 雾化产品　雾化产品释放物中羰基化合物的测定	已发布
2	CEN/TC 437	EN ISO 24197: 2022	00437015	Vapour products—Determination of e-liquid vaporised mass and aerosol collected mass 雾化产品　电子烟烟液雾化质量和收集的释放物质量的测定	已发布
3	CEN/TC 437	EN ISO 20714: 2021	00437025	E-liquid—Determination of nicotine, propylene glycol and glycerol in liquids used in electronic nicotine delivery devices—Gas chromatographic method 电子烟烟液　烟碱、丙二醇和丙三醇的测定　气相色谱法	已发布
4	CEN/TC 437	EN 17746: 2023	00437005	Electronic cigarettes and e-liquids—Determination of nicotine delivery consistency over defined puff sequences within a single e-cigarette 电子烟和电子烟烟液　一根电子烟中特定抽吸口序内烟碱一致性的测定	已发布
5	CEN/TC 437	EN 17648: 2022	00437023	E-liquid ingredients 电子烟烟液用成分	已发布
6	CEN/TC 437	EN 17647: 2022	00437001	General principles for manufacturing, filling and holding e-liquids for prefilled containers or products 预填充式电子烟或产品用电子烟烟液的生产、填充和储存的一般原则	已发布

续表

序号	委员会	标准编号	工作组	标准名称	标准状态
7	CEN/TC 437	EN 17634: 2023	00437022	Electronic cigarettes and e-liquids—Determination of nicotine delivery consistency over defined puff sequences of a number of e-cigarettes of identical type 电子烟和电子烟烟液 相同类型多个电子烟在特定抽吸口序内烟碱一致性的测定	已发布
8	CEN/TC 437	EN 17375: 2020	00437013	Electronic cigarettes and e-liquids—Reference e-liquids 电子烟和电子烟烟液 参比电子烟烟液	已发布
9	CEN/TC 437	CEN/TS 17633: 2022	00437002	General principles and requirements for testing of quality and nicotine levels of electronic cigarette liquids 电子烟烟液中烟碱含量和质量测定的一般原则和要求	已发布
10	CEN/TC 437	CEN/TS 17287: 2019	00437014	Requirements and test methods for electronic cigarette devices 电子烟烟具的要求和测试方法	已发布
11	CEN/TC 437	CEN/TR 17989: 2023	00437027	Electronic cigarettes and e-liquids—Terms and definitions 电子烟和电子烟烟液：术语和定义	已发布
12	CEN/TC 437	CEN/TR 17236: 2018	00437012	Electronic cigarettes and e-liquids—Constituents to be measured in the aerosol of vaping products 电子烟和电子烟烟液 雾化产品释放物中成分的测定	已发布
13	CEN/TC 437	prEN XXX	00437030	Electronic cigarettes and e-liquids—Child safety requirements and test methods 电子烟和电子烟烟液 儿童安全的要求和测试方法	起草中
14	CEN/TC 437	prEN 18050	00437029	User information requirements for electronic cigarettes 电子烟的用户信息要求	等待审批

续表

序号	委员会	标准编号	工作组	标准名称	标准状态
15	CEN/TC 437	XXX	00437026	Extractables and leachables assessment in vaping products 雾化产品中可提取物和可浸出物的评估	准备阶段

一、CEN/TR 17989：2023《电子烟和电子烟烟液 术语和定义》

1. 范围

本标准定义了与电子烟和电子烟烟液相关的术语、符号和测量单位。

2. 术语和定义

（1）通用术语

气溶胶（Aerosol）：由电子烟产生的悬浮在气体中的胶体粒子。

批号（batch number）：用于识别特定产品批次的唯一编号。

批规范文件（batch specification）：详细列出制造特定批次产品所需的输入和过程的文件，可用于批次追溯目的。

封闭系统（closed system）：带有预填充一次性电子烟烟液雾化芯或雾化器的电子烟。

电子烟（electronic cigarette）：通过雾化电子烟烟液来产生供人抽吸的气溶胶的产品。

注1：电子烟也被称为电子卷烟、雾化产品、雾化制品、个人雾化器或电子烟碱传送系统/新型烟草制品。

注2：电子烟与烟草产品的区别在于不含烟草。

电子烟烟液（e-liquid）：可能含或不含烟碱和/或添加剂，用于通过电子烟雾化成气溶胶的液体。

进口商（Importer）：将产品带入特定市场的所有者，或对该产品拥有处置权的人。

制造商（Manufacturer）：任何设计、制造产品并以自己的名称或商标销售该产品的自然人或法人。

开放系统（open system）：一种由用户自行向储液仓填充/再填充电子烟烟液的再填充式电子烟。

产品批次（product batch）：根据批次规格，使用已确定的组件/基础原料，在规定的生产计划中，按指定数量生产的产品。

包装单元（unit packet）：市场上销售的最小独立包装产品。

雾化（Vaping）：通过电子烟的气流产生气溶胶的动作。

（2）关于电子烟烟具的术语

配件（Accessory）：制造商设计用于与电子烟一起使用但并非其组成部分的物品。

示例：充电器、保护壳。

进气口（air-flow port）：允许用户在吸入时空气进入电子烟的气孔。

注：根据电子烟的类型，进气口可以是可调节的。

雾化器（Atomiser）：由连接至电子烟储液仓的雾化头（雾化芯）组成的部件。

雾化头（雾化芯）（atomiser head）：将电子烟烟液转化为气溶胶的单元。

一体化雾化器（Cartomiser）：内置雾化器的电子烟烟弹（封闭系统）。

透明雾化器（Clearomizer）：内置雾化器的电子烟储液仓（开放系统）。

加热丝（Coil）：负责将电能转换为热能的雾化器电阻元件。

注：由金属、陶瓷或其他电阻材料制成。

零部件（Component）：电子烟中除电子烟烟液以外的部分。

注：部件包括电源单元、吸嘴、雾化器和储液仓。

控制开关（control switch）：激活电源的方式。

切断功能（cut-off）：电子烟的自动关闭功能。

电子烟烟具（Device）：将电子烟烟液雾化为可吸入气溶胶的电子装置。

电子烟烟弹（e-liquid cartridge）：可直接装入电子烟中的电子烟烟液容器，可一次性使用。

电子烟烟液补充容器（e-liquid refill container）：含有电子烟烟液的容器，可用于为开放式系统电子烟补充电子烟烟液。

注：也称为续液瓶（refill bottle）。

电子烟储液仓（e-liquid reservoir）：用于储存电子烟烟液并供给雾化器的零部件。

注：电子烟储液罐也指储液仓。

同款电子烟（identical e-cigarettes）：根据相同的技术规格制造，并具有相同品牌和型号名称的电子烟。

改装或修改（mod or modification）：用户配置设备。

吸嘴（Mouthpiece）：与用户口腔接触的零部件，用户通过该零部件吸入气溶胶。

喷嘴（Nozzle）：由安装在续液瓶/容器上的窄端部件组成，用于在补充电子烟烟液时控制电子烟烟液流向的配件。

电源单元（Power unit）：为雾化器提供电能的单元，通常包含电池和电子控制单元。

注：电池一词包括常用术语：电芯（Cell）、蓄电池（Accumulator）。

导液材料（Wicking material）：用于将电子烟烟液传送到雾化器进行雾化的部件。

注：通常称为导液芯，可由棉花、织物或其他材料制成。

(3) 电子烟烟液相关术语

添加剂（Additive）：指除烟碱外，可添加到基础液体中的成分。

基础液体（Base liquid）：一种或多种化合物（不包括烟碱和添加剂），它们构成了电子液液体的大部分或全部。

防儿童开启（Child-resistant）：使年幼儿童难以接触到物体中的内容物的功能，如盖子等特征。

化合物（Compound）：指具有唯一CAS编号的单个化学实体。

污染物（Contaminant）：指不需要或未预期的物质或材料。

污染（Contamination）：存在污染物。

香味成分（Flavouring）：赋予气味和/或味道的添加剂。

等级（Grade）：指成分和/或材料所需的质量标准。

示例：食品级（Food grade）、药品级（Pharmaceutical grade）。

成分（Ingredient）：任何有意添加到电子烟烟液中的食品级或药品级化合物或混合物。

示例：丙三醇（VG）、丙二醇（PG）、烟碱、香味成分等添加剂。

烟碱（Nicotine）：(S)-3-(1-甲基-2-吡咯烷基)吡啶（(S)-3-(1-methyl-2-pyrrolidinyl)pyridine），CAS：54-11-5。

纯净水（Purified water）：指符合"欧洲药典纯净水 0008"和/或"欧洲药典纯净水"标准的水。

参比电子烟烟液（Reference e-liquid）：含有已知数量特定成分的电子烟烟液，作为参比标准。

防开启：可确保任何未经授权的打开都能被轻易察觉的功能，如密封等。

抽吸至耗尽（Vaped until exhaustion）：指通过吸烟机抽吸产生气溶胶，直至达到预定的终点。

（4）释放物相关术语

收集的释放物质量（ACM）：指通过常规分析吸烟机抽吸电子烟后收集到的释放物质量。

注1：常规分析吸烟机标准定义由 ISO 20768：2017 涵盖。

注2：ACM 以毫克（mg）为单位。

电子烟质量损失（e-cigarette mass loss，e-cigML）：指通过常规分析吸烟机抽吸电子烟产生释放物前后电子烟质量的差。

注1：常规分析吸烟机标准定义由 ISO 20768：2017 涵盖。

注2：以毫克（mg）为单位。

电子烟烟液雾化质量（e-Liquid vaporized mass，EVM）：指从雾化产品转移到释放物中电子烟烟液的质量。

压降（Pressure drop）：在稳定条件下，当气流通过吸烟机的进气口和吸嘴出口时，两者的静态压力差。

注：稳定条件请参见 ISO 20768：2017。

二、CEN/TS 17287：2019《电子烟烟具要求与测试方法》

1. 范围

本标准适用于电子烟及类似的气溶胶发生装置，这些装置旨在通过电子烟烟液产生气溶胶以供吸入消费。它适用于产生含或不含烟碱气溶胶的装置。本标准同样适用于与电子烟及类似的气溶胶发生装置配套使用的电子烟烟液填充容器、续液瓶和其他电气配件。

本标准规定了电子烟装置、电子烟烟液容器及相关配件在制造商规定的使用和维护方式下的最低安全和技术要求。

2. 规范性引用文件

文本中引用的以下文件，其全部或部分内容构成本文件的要求。对于注明日期的引用文件，仅引用版本适用。对于未注明日期的引用文件，其最新版本（包括任何修正案）适用。

EN 862《包装　防儿童开启包装　非药品用不可重新密封包装的要求和测试程序》

EN 1186（所有部分）《与食品接触的材料和制品　塑料》

EN 14401《刚性塑料容器　测试封口有效性的方法》

EN 50581《电气和电子产品中有害物质限用的技术文件》

EN 55014（所有部分）《电磁兼容性　家用电器、电动工具和类似器具的要求》

EN IEC 60335-1：2020《家用和类似用途电器的安全　第1部分：通用要求》

EN IEC 60335-2-29：2016《家用和类似用途电器的安全　第2-29部分：电池充电器的特殊要求》

EN IEC 60950-1：2005《信息技术设备　安全　第1部分：通用要求》

EN IEC 61000-3-2：2018《电磁兼容性（EMC）　第3-2部分：限值　谐波电流发射限值（设备输入电流≤每相16 A）》

EN IEC 61000-3-3：2013《电磁兼容性（EMC）　第3-3部分：限值　公共低压供电系统中电压变化、电压波动和闪烁的限制，对于额定电流≤每相16 A且不受条件连接限制的设备》

EN IEC 61558-1：2017《电力变压器、电源装置、电抗器和类似产品的安全　第1部分：一般要求和试验》

EN IEC 61558-2-16：2021《电压高达1100 V的变压器、电抗器、电源单元及类似产品的安全　第2-16部分：开关模式电源单元及其变压器的特定要求和试验》

EN IEC 62133：2012《含有碱性或其他非酸性电解质的二次电池和蓄电池　便携式密封二次电池及其在便携式应用中的电池的安全要求》（该标准已废除）

EN IEC 62233：2005《家用电器和类似器具电磁场测量方法对人体的暴露》

EN IEC 62680-3：2013《数据和电源用通用串行总线接口　第3部分：USB电池充电规范（修订版1.2）》（该标准已废除）

IEC 82079-1：2019《使用说明书的编制　结构、内容和表述　第1部分：一般原则和详细要求》（该标准已废除）

EN ISO 8317：2015《防儿童开启包装　可重新封闭包装的要求和测试程序》

ISO 28219：2017《包装　使用线性条码和二维符号的标签和直接产品标记》

3. 电子烟及其组件

电子烟烟具在设计上可能存在很大差异，但它们都包括以下组件：

- 电源单元，为系统提供所需的能量；
- 雾化器，用于产生气溶胶；
- 电子烟储液仓（储液罐），用于存放电子烟烟液；
- 吸嘴，用户通过它从电子烟烟具中吸入气溶胶。

电子烟烟具和组件应满足 EN 60335-1 的一般适用要求。

电子烟烟具和组件用的材料应根据 EN 50581 进行记录。

电子烟烟具的安全性和电磁兼容性（EMC）应分别符合 EN 60335-1、EN 62233、EN 55014-1 和 EN 55014-2 的规定。

此外，如果电子烟烟具与墙插适配器一起销售，则还应符合 EN 61000-3-2 和 EN 61000-3-3 的要求。

4. 电源单元

（1）电池

当电池包含碱性或其他非酸性电解质时，应符合 EN 62133 的规定。

当使用其他电池或能源时，应符合现有的相关安全标准。最低安全要求是电池和能源的设计和构造应确保在预期使用和合理可预见的误用条件下均安全。

（2）充电单元

用于电子烟烟具的充电单元应符合 EN 60335-2-29、EN 61558-1、EN 61558-2-16 或 EN 60950-1 的规定。充电电路设计应符合 EN 62133 规定。

此外，使用 USB 插座进行充电的电子烟烟具和充电单元应符合 EN 62680-3 的规定。

（3）雾化器

当雾化器的部分组件与电子烟烟液接触时，所使用的材料应：

- 在可预见的电压和电流使用条件下具有所需的绝缘性能；
- 能够承受雾化器工作时达到的最大加热温度或最大加热功率；
- 在预期使用和合理可预见的误用条件下保持安全；
- 对电子烟烟液中可预见的香味成分和其他化学成分具有化学抗性；
- 不对电子烟烟液微生物安全性产生不利影响。

（4）儿童防护

电子烟烟具应具有防儿童开启功能。包装也应具有防儿童开启功能，并符合 EN 862 或 EN ISO 8317 的规定。

（5）吸嘴

吸嘴用材料应对电子烟烟液中可预见的香味成分和其他化学成分具有化学抗性。

吸嘴用材料不应引起刺激或对健康产生其他不良影响。

所使用的吸嘴材料应能承受制造商推荐的清洁剂和清洁程序。

吸嘴不应有锐角或锐边。

吸嘴应具有牢固连接到电子烟储液仓或雾化器上的装置或设计，以防止在雾化过程中意外脱落造成窒息危险。

(6) 电子烟储液仓

电子烟储液仓用材料应按照良好生产规范进行制造,以确保它们不会改变电子烟烟液的成分,从而显著增加消费者的健康风险。

电子烟储液仓用材料应对电子烟烟液中可预见的香味成分和其他化学成分具有化学抗性。

电子烟储液仓(储液罐)应确保微生物和细菌安全。

电子烟储液仓的结构完整、无漏液。

5. 电子烟烟具

(1) 电子烟烟具材料安全性

任何与电子烟烟液接触的材料均不得将成分迁移到电子烟烟液中,且迁移量不得达到危害人体健康的水平。若材料是塑料或部分是塑料,则应符合 EN 1186 的规定。

(2) 耐破损和防漏液

电子烟烟具,包括续液瓶,应具有耐破损和防漏液。密封性应根据 EN 14401 进行测试。

(3) 防儿童开启

包装应具有防儿童开启功能,并符合 EN 862 或 EN ISO 8317 规定。

(4) 防开启

电子烟烟具(包括续液瓶)的密封应具有防开启特性,以便用户可以通过视觉判断是否被打开过。

6. 填充机制

如果电子烟储液罐(储液仓)可以填充,则应设计为防止在填充过程中电子烟烟液意外溢出的功能。该功能应能够关闭用于填充电子烟储液仓的开口,一旦开口关闭,电子烟烟具旋转到任何位置都不会导致显著漏液。

可填充电子烟烟具的填充机制应满足以下任一要求:

① 如果使用开放系统,电子烟烟具的储液仓开口应设计为能够使用带有喷嘴的电子烟续液瓶进行填充而不会漏液;

② 如果使用对接系统,则仅当电子烟烟具和电子烟续液瓶连接时,才能将电子烟烟液添加到电子烟储液仓中。

电子烟烟具和电子烟续液瓶的填充和再填充的说明应在使用说明书中进行描述,包括插图。

7. 使用说明和警告

(1) 一般要求

所有产品(如电子烟烟具、电子烟烟液容器、电池)均应附有适当的安全信息(使用说明和警告),这些信息可以是文本形式,也可以是安全符号形式,这些安全符号将替代所有现有的文本描述的使用说明和警告,以传达正确的使用方法和可能的风险。

此外,还需要提供全面而完整的描述,例如使用说明书、标签以及如果适用的话,在小册子中提供进一步的有用信息。

电子烟烟具和再填充容器的单件包装和任何外包装上均应包含产品的批次号。

(2) 使用说明

使用说明应符合 EN 82079-1 的规定。使用说明中至少应包含以下信息（如适用）：

① 设备关键部件的描述，最好附有插图。

② 操作说明：

- 关于如何组装设备的信息；
- 关于电源单元的信息；

示例：出厂时的充电状态、平均充电时间、充电要求（USB、适配器）、兼容性等；

- 关于指示灯含义的信息（例如电池状态）；
- 电子烟烟具使用的详细说明。

③ 电子烟储液仓的填充说明。

④ 所需维护的说明。

⑤ 包括部件或单个组件在内的电子烟烟具的处理信息。

⑥ 所需储存条件的信息。

(3) 产品标识

产品标识是指在产品本身，以清晰可读的格式提供的永久信息，例如雕刻、激光蚀刻、化学蚀刻。

安全信息应位于消费品包装上、电子烟烟具上，或与电子烟烟具一起包装的单独文件中。这些信息应强调与设备类型最相关的警告，安全信息应位于显眼位置。

(4) 预组装设备及其零部件

所有可更换的零部件上应标明但不限于以下内容：

① 包含电池和其他电气组件的部件：

- 制造商；
- 型号名称或零部件编号；
- 输入/输出电压；
- 如果电子烟烟具不显示，则包含功率范围；
- 批次号。

② 雾化器和为填充电子烟烟液的储液仓：

- 制造商；
- 型号名称或部件编号；
- 批次号。

③ 预填充的雾化器和电子烟储液仓：

- 制造商；
- 型号名称或部件编号；
- 批次号；
- 烟碱含量；
- 口味。

(5) 雾化芯

雾化芯上应标明但不限于以下内容：

- 制造商品牌或其他唯一标识符（例如制造代码、型号编号或部件编号）；
- 电阻值；
- 功率范围。

（6）配件

所有由用户维护的部件上应标明但不限于以下内容：

① 充电器：
- 输入/输出电压；
- 标称最大充电电流。

② 其他：
- 电缆；
- 适配器；
- 端口复制器。

三、CEN/TR 17236：2018《电子烟和电子烟烟液 雾化产品释放物中有害成分的测定》

1. 范围

本文件列出了根据2014/40/EU指令（TPD）进行备案提交材料时，拟在释放物中测试的成分清单，适用于以下产品：

- 预填充产品，如一次性电子烟和可再填充烟弹。
- 装在可再填充容器中的电子烟烟液。
- 以下类别的零部件：电子烟产品的加热丝或其他加热元件、雾化器、可组装雾化器以及所有带有内置雾化器的开放式油仓或滴油器产品，包括透明雾化器。

此列表并非旨在详尽无遗，而是代表最低要求。根据烟具/烟液组合和毒理学评估，可能还需要分析其他物质。

2. 现有监管要求

（1）TPD

TPD本身并未具体规定释放物中特定的有害成分。然而，卷烟的"释放物水平"是指焦油、烟碱和一氧化碳的释放量。对照卷烟释放物，这表明了电子烟产品对整体释放物的释放量、释放物中烟碱含量以及所有释放物中存在的高浓度急性毒物均值得关注。

（2）欧洲委员会指南

欧洲委员会没有提供具体的指南。然而，TPD关于电子烟部分要求备案材料中提供一系列已命名的化合物，具体见表2-16。这些化合物已根据其最可能的来源进行排序，如果它们存在于电子烟释放物中，有些化合物可能有多个来源，因此在多行中出现。

（3）各成员国发布的指南

成员国之一的英国已发布了关于在TPD下应测量和备案的释放物指南。该指南已与其他成员国进行讨论，并指出根据电子烟烟具的结构和材料组成，可能会包括额外的金属。该指南中的化合物也已列入表2-16。

（4）FDA

FDA最终发布的认定法规表明，FDA仍需提交的释放物成分，并免除电子烟产品在未来3年内关于释放物提交材料的义务。

（5）现有的自愿性标准/规范

BSI PAS 54115是一项自愿性英国公共可用规范，涵盖了电子烟产品中应测量的释放物。BSI PAS 54115的建议基本上与MHRA采纳的建议相同，因此这些指南中规定的化合物已在表2-16中合并。此外，另一项自愿性法国实验标准AFNOR XP D90-300-3规定的化合物也已包含在表2-16中。

表2-16　现有监管指南关于释放物中检测成分（按可能来源排序）

潜在来源	化合物名称	MHRA指南和BSI PAS 54115	AFNOR XP D90-300-3
烟碱	烟碱	/	/
正常使用下PG/VG可能产生的热裂解产物	甲醛 乙醛 丙烯醛 1,3-丁二烯	甲醛 乙醛 丙烯醛	甲醛 乙醛 丙烯醛
雾化过程中产生的（即加热丝或雾化芯材）	铬 镍 铁	铬 镍 铁 铝	镍 铬
其他电子烟烟液成分可能产生的潜在热裂解产物	巴豆醛 苯	/	/
潜在的电子烟烟液成分或污染物	甲醛乙二醇 二甘醇 TSNA：NNN TSNA：NNK 镉 铬 铜 铅 镍 砷 甲苯 二乙酰 乙酰丙酰（即2,3-戊二酮）	根据特定电子烟烟具和电子烟烟液的组合以及毒理学评估： 二甘醇 乙二醇 二乙酰 2,3-戊二酮	甲醛 二乙酰 铅

续表

潜在来源	化合物名称	MHRA 指南和 BSI PAS 54115	AFNOR XP D90-300-3
潜在的硬件可浸出物进入电子烟烟液	铬 铜 铅 镍 异戊二烯	根据电子烟烟具材料组成： 铝 铬 铁 镍 锡 在电子烟烟具材料中存在铅和汞	铅 锑 砷 镍 铬 镉
其他	其他	/	/

3. 建议在电子烟释放物中测试的化合物

（1）电子烟烟液

建议仅分析在雾化过程中产生的或受影响的释放物成分。所有已在电子烟烟液中存在的物质，即电子烟烟液中的成分和这些成分中的污染物以及来自接触材料的可迁移物，在电子烟烟液中分析将更为简便和准确。表 2-16 按成分的可能来源进行了分类。

（2）释放物总释放量和烟碱

类似于烟草产品指令（TPD）对卷烟的要求，释放物的总释放量应作为电子烟释放物中需要分析的指标之一，这与证明释放一致性的要求相关。此外，即使使用相同抽吸参数对电子烟产品进行抽吸，整体释放物总释放量也可能相差一个数量级。因此，可以预见释放物中的单个化合物及其浓度也会发生显著变化，因此需要采取措施将释放物标准化。

关于这一主题的讨论尚未就最合适的标准化措施或是否存在单一参数达成一致。然而，讨论中的主要目标物是释放物总释放量或烟碱（对于含有烟碱的产品）。所以还应分析释放物中的烟碱。这与证明释放一致性的要求以及作为潜在的标准化措施相关。

（3）热裂解产物

在释放物中可检测到的丙二醇和丙三醇的热降解产物取决于电子烟烟液成分、导油效率、抽吸持续时间、加热功率、产品的使用方式以及加热丝加热温度。因此，热裂解产物取决于电子烟烟液和电子烟烟具的组合，并适用于所有产品类别：电子烟烟液、预填充产品和零部件。

文献中已报道了相当多种类的保湿剂分解产物。为了评估它们的安全风险，将报道的水平与职业接触指南进行比较是有用的，因为后者是由独立专家小组设定的合理指标，反映了化合物通过吸入途径的毒理学效力。两种常见的保湿剂分解产物是甲醛和丙烯醛，在某些情况下，它们的报道水平超过了职业指南的 1%。甲醛在电子烟释放物含量较高，但丙烯醛是更重要的有害成分。

电子烟释放物中也经常检测到乙醛，还有含量较少的丙酮。这些物质的浓度远低于职业接触指南中的浓度，因此其毒理学意义要小得多。此外，在任何研究中，如果检测到这些化合物的增加，或检测到其他分解产物的含量超过其检测限，这也伴随着甲醛和丙烯醛水平的显著增加。为了对产品安全进行相对排序和比较，测量其他的保湿剂分解产物将不会影响产品比较的结果。然而，乙醛是卷烟烟气中测量到的含量最高的羰基化合物。因此，该羰基化合物在监管和研究方面具有重要意义。鉴于电子烟烟液有时含有较低水平的其他溶剂，如乙醇或水，且未来产品可能会引入其他烃类溶剂，测量乙醛也有助于为未来标准提供一定的保障。

如上所述，鉴于不同产品的释放物总释放量范围广泛，应将释放量标准化。总释放量最相关的参数是电子烟烟液的消耗量。

不建议将香精的热降解产物纳入释放物中，因为这些产物会因产品而异，且不利于标准化或跨产品比较。

（4）与口腔、雾化物和电子烟释放物接触的电子烟用材料

电子烟用材料中的成分可能通过迁移进入电子烟烟液，并随后雾化、通过气流通道或与电子烟烟液雾化相关的机制进入释放物中。可能迁移至电子烟烟液的成分在电子烟烟液中测量更为准确和简单，而不是分析释放物中的含量。然而，由于金属从电子烟烟液转移到释放物中的含量可能较低，建议测试电子烟烟液中与电子烟烟液直接接触部件的主要金属。

任何可能迁移至气流通道的成分都必须具有相当的挥发性才能实现。这些成分的挥发性越强，在产品储存、运输和分销过程中蒸发的可能性就越大，并且在产品到达消费者时，这些成分可能已不存在。然而，在雾化过程中，加热元件中有电流通过并发热，同时与移动和蒸发/沸腾的电子烟烟液接触。在较旧的第一代和第二代电子烟烟具中，连接到加热丝的电线以及相关的焊料或其他连接方式有时也可能位于电子烟烟液储液仓内。在欧洲标准达成一致并发布时，将其纳入考虑。在释放物中已检测到高于空气空白水平的金属和金属颗粒，这些颗粒似乎与加热丝有关，最显著的是镍和铬。此外，在释放物中还检测到了铜（可能来源于铜质电线）、银（可能来源于电线的保护性镀层）和锡（可能来源于焊料）。公开文献中的数据通常未明确指出是否使用了未添加电子烟烟液的电子烟烟具来消除电子烟烟具造成金属污染的可能性。然而，如果镍铬丝能使镍和铬进入释放物中，那么其他成分加热丝的主要金属成分，如钛、Ni200（镍）、不锈钢（通常为铁铬合金）或康泰尔线圈（铁铬铝合金）也存在进入释放物的可能。未来的发展可能意味着为了气溶胶化的目的，将开发出其他合金甚至非金属线圈。此外，如果电子烟烟具的结构使得加热丝和其他导电材料（如焊料）与电子烟烟液接触，则建议测量与这些部件相关的金属的迁移量。

原则上，欧盟第2011/65/EU号指令（关于限制在电子电气设备中使用某些有害成分的指令）已经限制了加热元件和电路中的金属铅、镉、汞和六价铬的最大含量，这因此提供了一定程度的保障。然而，由于某些重金属在低剂量下可能具有毒理，是电子烟烟具用材料的潜在污染物，因此建议也对其进行测量。总体而言，根据MHRA/BSI PAS 54115的建议，根据加热丝材料类型，明确需要关注的金属元素：镉、铬、铁、铅、汞和镍。

在雾化过程中，雾化芯以及可能靠近加热丝的雾化器也可能被加热，应该在产品设

计阶段通过选择合适的材料来解决，以确保其与电子烟烟液兼容，并能在产品正常使用过程中可能达到的温度下保持耐热性。

（5）建议

基于上述理由，表2-17总结了在TPD规定下提交备案材料中应包含的释放物中的成分。

表2-17 建议在释放物中测量的成分

成分	预填充式产品	电子烟烟液	电子烟烟具
总释放量（质量）	+	+	+
烟碱	+	+	+
甲醛、丙烯醛、乙醛	+	+	+
镉、铬、铁、铅、汞和镍	+		+
加热元件的主要成分，例如： ● 镍铬丝：镍、铬 ● 钛线圈：钛 ● Ni200：镍 ● 不锈钢：铁、铬 ● 康泰尔：铁、铬、铝	+		+
正常使用条件下，导电材料与电子烟烟液接触（如铜导线、其上的任何金属镀层、锡焊料、黄铜连接器等），则还需要测量其主要成分	+		+

注："+"表示需要检测。

电子烟烟液和电子烟烟具应在正常使用条件下进行测试，即采用使用说明书载明范围内可能产生最大释放量的条件。目前正以定义标准化的参考电子烟烟具、零部件和电子烟烟液，用于测试可再填充容器中销售的电子烟烟液和单独销售的零部件。

四、EN 17375: 2020《电子烟和电子烟烟液 参比电子烟烟液》

1. 范围

本文件规定了用于测试电子烟烟液产生释放物的参比电子烟烟液。

本文件适用于在电子烟以空壳形式销售，即不含电子烟烟液，且产品信息或使用说明未具体说明与设备配套使用的电子烟烟液的组成时，所使用的参比电子烟烟液。

2. 参比电子烟烟液的制备和储存

本文件规定了两种参比电子烟烟液的配方，具体见表2-18。

表2-18 两种参比电子烟烟液的配方

成分	电子烟烟液（PG/VG=70/30）/（g/100 g）	电子烟烟液（PG/VG=50/50）/（g/100 g）
丙二醇	67.90 ± 0.50	48.00 ± 0.50
丙三醇	29.10 ± 0.50	48.00 ± 0.50
烟碱	1.00 ± 0.50	1.00 ± 0.50
乙醇	1.0 ± 0.50	1.00 ± 0.50
水	1.00 ± 0.10	2.00 ± 0.10

（1）具体要求

丙二醇（CAS：57-55-6），通常称为PG，应符合以下具体要求：纯度不低于99.5%，其中二甘醇含量不超过0.1%。

丙三醇（CAS：56-81-5），通常称为植物丙三醇（VG），应符合以下具体要求：纯度不低于98.0%，其中二甘醇含量不超过0.1%，杂质总量不超过0.5%。

烟碱或(S)-3-(1-甲基-2-吡咯烷基)吡啶（CAS：54-11-5），应符合以下具体要求：纯度不低于99.0%，新烟草碱（安息他滨）不超过0.3%，β-烟碱酸不超过0.3%，肌烟碱不超过0.3%，烟碱-N-氧化物不超过0.3%，去甲基烟碱不超过0.3%，其他未知杂质每种不超过0.1%，杂质总量不超过0.8%。

乙醇（CAS：64-17-5），应符合以下具体要求：纯度不低于95.0%，甲醇不超过200 μL/L；乙醛不超过10 μL/L；苯不超过2 μL/L。

水（CAS：7732-18-5），应符合以下具体要求：电导率在25 ℃下不应超过5.1 μS/cm；硝酸盐最大含量不超过0.2 mg/L；微生物计数应少于100 CFU/mL；总有机碳或可氧化物质含量应少于0.5 mg/L。

（2）储存条件

参比电子烟烟液应储存在能够防止其成分发生变化的条件下。建议储存温度为5 ℃至25 ℃，远离光源，并置于密封（最好是玻璃）容器中。使用前，应将参比电子烟烟液恢复至室温。

3. 参比电子烟烟液的选择

在本标准提供2种比例的参比电子烟烟液，制造商应说明选择两种参比电子烟烟液的理由。

作为指导，低功率设备更适合使用PG/VG比例为70/30的电子烟烟液，而高功率设备则更适合使用PG/VG比例为50/50的电子烟烟液，应向消费者指明所用电子烟烟具中PG/VG比例。

但本标准并未指明低功率的功率范围和高功率的功率范围，而是要求说明书中标明使用了哪一种参比电子烟烟液用于气溶胶测试。

4. 开封后的使用期限

如果储存得当，参比电子烟烟液应在开封后24小时内使用。电子烟烟液具有吸湿性，将已开封的电子烟烟液容器暴露在大气环境中可能会改变其成分，因此应尽量减少参比电子烟烟液与大气环境的接触。

五、BS EN 17648: 2022《电子烟烟液用物质》

1. 范围

本文件描述了电子烟烟液及其组分相关要求。

本文件规定了成分纯度和相关的供应链要求：

- 根据功能和毒理学特性规定了不应使用的成分；
- 规定了进行毒理学风险评估的必要性，并提供了关于风险评估内容以及负责该评估的人员能力的要求；
- 规定了烟碱含量与标识要求以及用于测量烟碱的分析方法；
- 规定了电子烟烟液的pH限值；
- 提供了关于释放物分析的指导；
- 规定了与某些成分相关的产品标签；
- 提供了关于不应在电子烟烟液中使用的成分的指导；
- 提供了关于作为香味成分使用的天然提取物中可能出现的某些不良成分在电子烟烟液中的最高水平。

本文件不适用于包装、电子烟烟具或续液瓶用材料/成分。

2. 原料供应商的选择

（1）披露电子烟烟液/香味成分配方

电子烟烟液生产商应确保能完整披露成品电子烟烟液或电子烟烟液组分中使用的所有原料，包括在电子烟烟液生产过程中可能使用的任何香味成分。披露信息是进行适当风险评估和控制潜在有害成分的关键。

电子烟烟液的披露应包括各个原料的清单，包括其使用水平或适当的浓度范围，这些信息应足以支持风险评估。

如果成分是单个化合物，则应有足够的信息来明确无误地识别具体的化合物，包括在适用时提供全面的化学信息（通常包括CAS号和/或FL编号）。

如果成分由天然原料提取物而来，并且基于科学文献有可能含有本节末附录B中表2-22列出的成分，则生产商应获取有关这些成分的毒理学和最高含量的信息。进行毒理学评估所需的足够信息通常包括识别编号，如CAS号、FEMA编号、JECFA CoE编号、E编号和/或FL编号。这些编号通常提供了一些关于植物学名、所用植物部位和/或所用提取工艺的信息，这些信息在毒理学风险评估时，可以通过现有文献来表征混合物的主要成分。

如果供应商提供的信息不足以支持电子烟烟液中拟使用水平的毒理学风险评估，则可以使用化学分析来帮助识别和/或量化成分中的化合物，以进一步为风险评估提供信息。

（2）供应链要求

所有电子烟烟液成分均应附带唯一的批次代码。生产商为成品电子烟烟液设置的唯一批次代码应确保可追溯至这些单独成分的批次代码。

所有电子烟烟液成分，应向生产商提供相关的分析证书和/或符合性证书，以证明其符合本文件规定的纯度要求。

为确保供应链中的质量安全，应使用经过食品香精或药用成分生产认证的原料供应商。

（3）供应商变化

生产商应确保其原料供应链向其通报任何可能影响原料组成和/或质量的所有原料的变化。这可能包括但不限于生产工艺的变化，用于生产天然提取物的原材料产地的变化，建议储存条件和保质期的变化等。生产商应确保拥有适当的文件来证明经变化的原料仍符合本文件规定的纯度要求。任何此类变化均应形成新的唯一批次编号。

3. 成分要求

（1）成分功能

电子烟烟液应仅由基础溶液以及可选的香精、烟碱和/或烟碱盐组成。

任何仅作为防腐剂或故意为电子烟烟液或其释放物着色的物质，均不得添加到电子烟烟液中。电子烟烟液可能会因为具有其他功能的成分而最终呈现出颜色，并且这些颜色可能会随时间而变化。

防腐剂可能作为成分中的组成部分存在，但在进行毒理学风险评估时，需要考虑其在成品电子烟烟液中的含量。如果出于特殊原因需要添加其他成分，如抗氧化剂或其他物质，则其添加必须合理，并考虑其毒理学特性以及所有风险与益处的考量。

（2）电子烟烟液成分质量安全要求

所有构成基础电子烟烟液的基础溶液以及电子烟烟液中使用的烟碱，均应符合适当的药品标准。

仅应使用符合公认药品规格的烟碱，支持性文件应包括分析证书和/或符合性证书。如果烟碱盐作为原料成分，或在混合后生成，则用于形成烟碱盐的烟碱应具有前述公认的药品级质量，且添加的酸应相当于或优于欧洲或美国食品级质量，支持性文件包括分析证书和/或符合性证书。

仅应使用符合公认药品规格的丙二醇（CAS：57-55-6）作为基础溶液，支持性文件应包括分析证书和/或符合性证书。如果使用欧洲药典（EP）规定的丙二醇，则还需控制二甘醇的污染水平，以确保其质量分数不超过 0.1%。

仅应使用符合公认药品规格的丙三醇（CAS：56-81-5）作为基础溶液，支持性文件应包括分析证书和/或符合性证书。

如果用水作为基础溶液，则其规格应相当于或优于欧洲或美国对纯化水或注射用水的药品规格，支持性文件应包括分析证书和/或符合性证书。

仅应使用符合公认药品规格的乙醇作为基础溶液，支持性文件应包括分析证书和/或符合性证书。

香味成分通常溶解在溶剂中，此类溶剂的规格应相当于或优于欧洲或美国的食品级规格，支持性文件包括分析证书和/或符合性证书。为明确起见，如果溶剂是与同一电子烟烟液中用作基础溶液的化合物相同，则作为基础溶液添加的比例应符合上述公认的药品规格，而溶剂的比例可以符合食品级规格。

除烟草提取物外，仅应使用在食品中允许使用的香味成分，无论是天然的还是人工的。具体如下：

- 欧洲食品法规 EU 1334/2008 的附件 1；
- 美国食品添加剂清单；
- 美国食用香料制造者协会一般公认安全清单（Flavor and Extract Manufacturers' Association，FEMA）；
- 国际香料香精工业组织（International Organization of the Flavor Industry，IOFI）全球天然复杂物质/天然香精复合物参考清单。

注：欧洲联盟的香味成分清单也可以通过食品香味成分数据库 FLAVIS 进行查询（具体查询名称：eFLAVIS - Flavouring Information System）。

除烟草提取物外，所有香味成分的质量应相当于或优于欧洲或美国的食品级质量。

对于烟草提取物，在提取过程中可能生成以下化合物，若在成品电子烟烟液中含有以下成分，应开展毒理学风险评估：

- 烟草特有的亚硝胺（TSNA），特别是 N-亚硝基降烟碱（NNN）、烟碱衍生的亚硝胺酮（NNK）、N-亚硝基安那巴碱（NAT）和 N-亚硝基新烟草碱（NAB）；
- 环状芳香烃，如酚和甲基酚（邻位、间位和对位甲酚）以及多环芳香烃，如苯并[a]芘；
- 金属（镍、铅、镉、铬、砷、汞）；
- 农药；
- 与烟碱相关的生物碱。

成品电子烟烟液中的任何其他潜在成分至少应具有欧洲食品级纯度或同等或更高纯度。

（3）电子烟烟液禁止使用的成分

在电子烟烟液中不得使用表 2-19 中列出的危险分类成分。

表 2-19 欧盟关于致癌、致突变和生殖毒性（CMR）及呼吸致敏物质分类

危险		危险类别及分类代码	代码	危险文本警告
类别	分类			
生殖细胞致突变性	1A类	致突变性1A	H340	可能导致遗传缺陷＜暴露途径＞
	1B类	致突变性1B		
	2类	致突变性2	H341	怀疑导致遗传缺陷＜暴露途径＞

续表

危险		危险类别及分类代码	代码	危险文本警告
类别	分类			
致癌性	1A类	致癌性1A	H350	可能致癌＜暴露途径＞
	1B类	致癌性1B		
	2类	致癌性2	H351	怀疑致癌＜暴露途径＞
生殖毒性	1A类	生殖毒性1A	H360	可能损害生育能力或未出生的儿童＜暴露途径＞
	1B类	生殖毒性1B	H360F	可能会损害生育能力＜暴露途径＞
			H360D	可能损害未出生的儿童＜暴露途径＞
			H360FD	可能损害生育能力。可能会损害未出生的儿童＜暴露途径＞
			H360Fd	可能会影响生育能力。怀疑会损害未出生的儿童＜暴露途径＞
			H360Df	可能会损害未出生的儿童。怀疑会损害生育能力＜暴露途径＞
	2类	生殖毒性2	H361	怀疑会破坏生育能力或未出生的儿童
	哺乳	哺乳	H362	可能会对母乳喂养的儿童造成伤害
呼吸道致敏性（或皮肤①）	呼吸致敏性第1类	呼吸道致敏性1	H334	吸入可能引起过敏或哮喘症状或呼吸困难

① 在括号中提及皮肤致敏是因为官方CLP危险类别的措辞结合了呼吸致敏和皮肤致敏，并且它们在危险类别级别上进行了区分。就本表而言，仅指呼吸致敏剂，而不包括皮肤致敏剂（H317）。

注：＜暴露途径＞表示已知暴露途径。

不应使用STOT 1类（肺）分类的成分，除非在成品电子烟烟液中对其使用进行了强有力的风险评估，包括适当的数据，并在毒理学风险评估中有记录，以支持所使用的浓度。

此外，如果已识别出以下任何一种情况，则认为该成分也不适合使用：

- 被国际癌症研究机构（IARC）归类为"对人类致癌"（1组）、"很可能人类致癌物"（2a组）或"可能对人类致癌"（2b组）。
- 被美国国家毒理学计划（NTP）认定为"已知"或"有理由预期为"人类致癌物。
- 列入欧洲议会和理事会于2008年12月16日发布的关于在食品中及食品中使用的香精香料和某些具有香味特性的食品成分的第1334/2008号法规附件Ⅲ的A部分，及其更新内容。
- 具有精神作用的物质，烟碱除外（联合国麻醉品委员会已制定了国际管制下的精神药物清单，其中附表1和附表2列出了国际管制下的药物和物质[麻醉品委员会，

- 上述规定的唯一例外是，如果在评估之后获得了科学数据，或者在将化合物列入上述清单的相关科学专家组评估过程中未考虑这些数据，这些数据表明对于特定的毒性终点，其作用机制与人类无关。在这种情况下，可以使用该成分，但确定电子烟烟液中可支持浓度的毒理学风险评估文件应包括科学论证，以证明尽管该成分出现在一个或多个上述清单上，但其使用是合理的。
- 油脂（矿物油或植物油）不应作为电子烟烟液的基础部分，无论是作为基础溶液还是其他功能。
- 某些化合物不应作为电子烟烟液的成分使用。然而，它们可能作为杂质存在，因此其含量应根据电子烟烟液成品的毒理学风险评估进行控制。本节末附录A（第122页）中提供了一个非详尽列表。
- 调味剂中可能天然存在毒理学上不受欢迎的成分。在电子烟烟液成品中，应尽可能减少这些不受欢迎成分，通过控制其在天然香味物质中的有限存在，或者限制在电子烟烟液中加入含有不受欢迎成分的天然提取物的量。本节末附录B（第123页）提供了这些不受欢迎成分在电子烟烟液成品中的最大限量指南。
- 此外，如果产品信息表明这是无烟碱电子烟烟液，则不应将烟碱作为成分添加到电子烟烟液中。

（4）毒理学风险评估

每种成分的使用量应得到毒理学风险评估的支持，以确保其在成品电子烟烟液中的安全使用。应建立支持每种市售电子烟烟液的毒理学风险评估报告，并在需要时提供。该报告应至少每5年修订一次，以纳入有关成分危害或产品使用模式的关键数据，直至最后一批产品生产后保质期结束。单个物质毒理学风险评估可以支持多个市售电子烟烟液。

毒理学风险评估应考虑成分可能带来的潜在危害以及消费者对成分的预期暴露量，以确定成分使用的可接受水平。此外，还应考虑成分在雾化过程中可能发生的热裂解。特别是对于使用量较高的成分，还期望进行在相关雾化条件下潜在的热裂解产物的风险评估。热裂解的可能性将取决于成分的特性以及使用的雾化设备。作为实用指南，对于挥发性较低的成分，含量超过0.1%可视为较高使用量。

成分的危害特征包括公开可获得的毒理学数据文献，并特别关注与吸入暴露途径相关的关键终点。

暴露评估应考虑成分的预期浓度、它们在雾化过程中的释放物转移量以及电子烟烟液消耗量的估算。应通过了解消费者使用行为来估算消耗量，包括至少日常剂量分布曲线的第90百分位数。如果未分析成分的转移率，则应采用保守的默认假设，即100%转移。

作为指导，香味成分含量较高的电子烟烟液进行体外试验，以确保对成品电子烟烟液/产品的安全性有足够的信心。

考虑到目前缺乏公认的能够充分识别电子烟烟液/产品安全问题的体外试验方法，在选择体外试验时应考虑以下基本标准：试验终点对电子烟烟液/产品的相关性、试验的灵敏度、试验的可重复性、试验品收集/暴露的充分性、试验验收标准、结果验收标准的基准。

在欧洲化学品管理局（ECHA）支持欧洲化学品法规的指导文件（Progress in evaluation in 2018）中可以找到关于消费者毒理学风险评估、消费者暴露量评估以及在风险评估中使用适当安全因素的详细指导。国际香料香精协会（RIFM）为香味成分推荐的风险评估方法中也描述了这些相同的原则（Criteria for the Research Institute for Fragrance Materials, Inc.（RIFM）safety evaluation process for fragrance ingredient）。针对电子烟烟液香味成分风险评估已发布指导文件的示例，包括考虑其潜在的热裂解，可参考文献（Costigan S, Meredith C. An approach to ingredient screening and toxicological risk assessment of flavours in e-liquids Regul Toxicol Pharmacol, 2015, 72（2）: 361–369.）。

毒理学风险评估应由具有相关专业能力的经验丰富的毒理学家开展，或在其监督下开展。这些专业能力至少包括相关大学学位和5年相关工作经验。这可以通过"欧洲注册毒理学家"（ERT）身份或在欧洲国家毒理学家注册机构注册来证明。

4. 成品电子烟烟液的要求

（1）电子烟烟液的完整性

电子烟烟液或电子烟烟液成分应按照EN 17647的要求进行生产。

在整个保质期内，成品电子烟烟液或电子烟烟液成分应符合CEN/TS 176331的要求。在整个保质期内，可填充容器中销售的含烟碱电子烟烟液，其烟碱浓度应在标签声明的±10%以内；对于在预填充电子烟产品中销售的电子烟烟液，其烟碱浓度应在标签声明的±20%以内。烟碱浓度应使用EN ISO 20714中描述的方法或使用任何其他经验证的方法进行测量，该方法的重复性至少与EN ISO 20714一致，且使用EN ISO 20714方法进行平行性测试时，其结果应在EN ISO 20714中描述的再现性特征范围内，并且其定量限等于或低于0.5 mg/g。这些要求应作为确定产品保质期的测试的一部分。EN 17647规定了产品规范中应包括放行规范和保质期确定的要求。

总体产品风险评估应考虑该产品中成分组合可能产生的累积效应以及可能形成的负面反应产物。该风险评估应基于单个成分的风险评估、制造阶段添加的任何加工助剂的知识、成品或相关产品的实验和文献毒性数据。此外，总体产品风险评估还应考虑可填充容器或预填充雾化器具中使用的特定材料的成分和迁移特性，这些器具用于销售电子烟烟液或电子烟烟液成分。

含有多个潜在不良成分来源的电子烟烟液或电子烟烟液成分仍应满足毒理学风险评估中定义的总体毒理学上可耐受的最大含量水平。本书末附录B（第123页）提供了成品电子烟烟液中这些不良成分的最高指导含量水平。

除非存在充分的风险评估，包括适当的数据，并在毒理学风险评估中证明较高或较低pH值的消费者安全性，否则成品电子烟烟液的pH值应在4～11.5范围。用于测量pH值的方法应至少经实验室内部验证。CEN/TS 176331中提供了测量成品电子烟烟液pH值的指导方法。

在可填充容器中销售的电子烟烟液或电子烟烟液成分应与可合理预期在器具中使用的材料相兼容。器具通常包括各种金属，因此，成品电子烟烟液应符合CLP分类标准中对金属具有腐蚀性（与危险声明H290——可能对金属有腐蚀性相关）的要求。

（2）电子烟烟液释放物要求

为确保电子烟烟液成分与器具（其预期使用的器具）的雾化芯和一般设计的兼容性，应按照CEN/TR 17236中的建议，测量释放物中成分的释放量。这些释放物应按照适用的技术标准（如EN ISO 20768）进行生成、捕集和分析。在撰写本文件时，这些标准仍在制定中。

因此，适用的CEN或ISO标准发布之前，可参考以下方法：应按照使用说明在成品电子烟产品中捕集释放物。对于可填充容器中的电子烟烟液，测试应使用符合电子烟烟液使用建议的电子烟器具进行。如果器具设计有影响气溶胶性能的功能，包括功率和进气口等，则应在推荐使用范围内设置参数，应将参数设置为预计产生最高水平的待测分析物的水平。

如果使用了非挥发性成分，包括甜味剂，则这些化合物热降解的可能性应作为毒理学风险评估的一部分。

（3）电子烟烟液相关产品信息要求

TPD明确规定电子烟烟液产品标签中应标识烟碱含量以及根据CLP（化学品分类、标签和包装法规）对成分进行危害分类（包括但不限于接触性致敏）的CLP标签要求。

如果使用了表2-20中列出的任何已知会引起过敏或不耐受的特定物质或产品的成分或其衍生物，则应在外包装和产品标签上提及相关的过敏原。

表2-20　已知引起过敏或不耐受的物质或产品

已知会引起过敏或不耐受的物质或产品	过敏原
含有麸质的谷物，即：小麦、黑麦、大麦、燕麦、斯佩尔特小麦、卡姆小麦或其杂交品种以及这些谷物的产品，但以下除外： ● 基于小麦的葡萄糖浆，包括葡萄糖或这些糖浆的产品 ● 基于小麦的麦芽糊精或这些麦芽糊精的产品 ● 基于大麦的葡萄糖浆 ● 用于制作酒精蒸馏物的谷物，包括农业来源的乙醇	谷蛋白
甲壳类及其制品	甲壳纲动物
蛋及其制品	蛋
鱼类及其制品	鱼
花生及其制品	花生
大豆及其产品，但以下除外： ● 全精炼大豆油和脂肪及其产品； ● 源自大豆的天然混合生育酚（E306）、天然D-α-生育酚、天然D-α-生育酚乙酸酯和天然D-α-生育酚琥珀酸酯 ● 源自大豆的植物油衍生的植物甾醇和植物甾醇酯 ● 由源自大豆的植物油甾醇生产的植物甾烷醇酯	大豆

续表

已知会引起过敏或不耐受的物质或产品	过敏原
牛奶及其产品（包括乳糖），但以下除外： ● 用于制作酒精蒸馏物（包括农业来源的乙醇）的乳清 ● 乳糖醇	牛奶（包括乳糖）
坚果，即杏仁、榛子、核桃、腰果、山核桃、巴西坚果、开心果、澳洲坚果或昆士兰坚果及其产品，但以下除外： ● 用于制作酒精蒸馏物（包括农业来源的乙醇）的坚果	坚果
芹菜及其制品	芹菜
芥末及其制品	芥末
芝麻籽及其制品	芝麻
羽扇豆及其制品	羽扇豆
软体动物和制品	软体动物

电子烟烟液产品信息应包括建议保质期，该建议应基于产品特定的稳定性数据，并在需要时提供推荐储存条件。

用以支持成分和整体产品毒理学风险评估的假设电子烟烟液日消耗量，应在消费者要求时提供。这应以与产品如何销售给消费者的单位来表示，例如每天或每周的电子烟烟液的体积（毫升）或续液瓶/烟弹的数量。

对于含有烟碱盐而非游离烟碱的电子烟烟液，电子烟烟液中烟碱含量的标识应反映烟碱盐中的烟碱部分，而不应基于添加的总盐质量，因为后者会误导消费者对产品烟碱含量的理解。

附录A（资料性）

不应作为电子烟烟液成分使用的化合物，详见表2-21。它们可能作为杂质存在，因此其含量应根据成品电子烟烟液的毒理学风险评估进行控制。

表2-21 不应作为电子烟烟液成分使用的化合物

成分名称	CAS号	基本原理
乙醛	75-00	致癌性
3-羟基-2-丁酮	513-86-0	在储存过程中，热环境下，含烟碱的电子烟烟液中可以转化为二乙酰
桦木油	8001-88-5 85940-29-0	可能含有大量多环芳烃（致癌物）

续表

成分名称	CAS 号	基本原理
苦杏仁油	8013-76-1	可能含有氰化氢
2,3-丁二酮（也称为二乙酰）	431-03-8	接触过多可导致闭塞性毛细支气管炎
2-羟基丙烷-1,2,3-三羧酸（也称为柠檬酸）及其水合物变体[①]； (2Z)-丁-2-烯二酸（也称为马来酸）及其水合物变体[①]； 1,4-丁二酸（也称为琥珀酸）及其水合物变体[①]	77-92-9 110-16-7 110-15-6	在高温下形成相关酸酐（强效呼吸致敏剂）
杜松焦油	8013-10-03	含有酚类
2,3-戊二酮	600-14-6	接触过多可导致闭塞性细支气管炎
来自薄荷蒿（FEMA 2839）的薄荷油	8013-99-8	高含量的胡薄荷酮，具有肝毒性
黄樟树的树皮、叶子、木材或油	8006-80-2	可能含有黄樟素
三氯蔗糖	56038-13-2	在加热条件下可能形成致突变性较强的多氯化合物

[①] 对于预填充电子烟产品，可能出现例外，前提是已在正常使用条件下，针对该特定产品证明不存在相应的酸酐，且使用的检测限值是基于对所述酸酐的呼吸道致敏性的定量风险评估得出的。

附录 B（资料性）

本资料性附录旨在为各国提供建议，这些国家的法律上不比欧盟指令 2014/40/EU 更进一步，通过禁止其他成分/原料来制定详细而具体的法律。

成品电子烟烟液中的不良成分最大含量应控制在表 2-22 列出的水平范围内。

表 2-22 成品电子烟烟液中某些不良成分的最大含量

化合物	CAS 号	成品电子烟烟液中的最大含量/(mg/kg)
β-细辛脑	5273-86-9	1
1-烯丙基-4-甲氧基苯（也称为爱草脑）	140-67-0	10
氢氰酸	74-90-8	35
薄荷呋喃	494-90-6 17957-94-7 80183-38-6	200

续表

化合物	CAS号	成品电子烟烟液中的最大含量/(mg/kg)
4-烯丙基-1,2-二甲氧基苯（也称为甲基丁香油酚）	93-15-2	1
普洱酮	89-82-7	20
苦木素	76-78-8	0.5
1-烯丙基-3,4-亚甲二氧基苯（也称为黄樟脑）	94-59-7	1
石蚕苷A	12798-51-5	2
侧柏酮（包括α和β两种形式）	76231-76-0 546-80-5 471-15-8	0.5
香豆素	91-64-5	5

与危害成分分类相关的成分以及当存在某些特定水平以上具有CMR（致癌、致突变或生殖毒性）特性的不良成分时，可能会导致天然香味成分使用量的变化。例如，在玫瑰油等天然香料中，甲基丁香油酚的含量应低于1%。（甲基丁香油酚，CAS：93-15-2，被认为具有致突变性2，H341属性和致癌性2，H351属性）

基于上述要求，应在所有已知可能含有这些不良成分的香味成分规格中，设定这些不良成分的最高限量。

第三节 法国标准化协会相关标准

2015年3月，法国标准化协会（Association Franaise de Normalisation，AFNOR）发布了"电子烟和电子烟烟液实验标准"的第一部分（XP D 90-300-1 "电子烟相关要求和实验方法"）和第二部分（XP D 90-300-2 "电子烟烟液相关要求和实验方法"），2016年7月发布了第三部分（XP D 90-300-3 "释放物相关要求和实验方法"）。

该标准由"电子烟和电子烟烟液"标准化委员会组织制定，并意图转化为ISO标准。该委员会成员共有91人，来自59家机构，包括政府、研究机构、消费者协会、烟草相关公司和电子烟产品相关公司，代表了多方利益，具体见表2-23。

AFNOR是法国批准的非营利性民间机构，成立于1926年，受法国工业部监督管理；主要负责确定标准化需求、制定标准化战略、协调并指导行业标准化机构的活动，确定各标准化委员会体现各方利益，组织处理公众标准评议，批准法国标准。在法国，标准分为实验性标准和正式标准两种。

表2-23　电子烟和电子烟烟液标准化委员会组成

序号	单位类别	机构数量	成员数量
1	协会和组织，如法国标准协会、工人消费者协会、教育和消费者信息协会、法国家庭联合会、家庭联合工会、法国电子烟贸易协会、CORESTA等	10	18
2	烟草及相关公司，如菲莫、英美、帝国、日烟国际、摩迪等	6	11
3	高校、研究院所和实验室等研究机构	10	14
4	电子烟/电子烟烟液生产商和销售商	33	48

实验性标准：在确定保留或修订其内容之前，需经过一段时间的试用期，实验性标准的前缀为"XP"；

正式标准：其技术价值已经得到政府的认可，常被用来作为修订法规、认证机构认证的依据。正式标准的前缀根据其发展水平确定，前缀可以是"NF""NF EN""NF EN ISO"或"NF ISO"。

一、2015版标准的主要内容

（一）XP D 90-300-1《电子烟和电子烟液　第1部分：电子烟相关要求和实验方法》

此部分包括范围、参考标准、术语和定义、一般要求、机械风险、加热风险、化学风险、电子烟相关信息等内容，主要技术内容如下。

1. 范围

标准明确指出适用于电子烟（使用含或不含烟碱的电子烟烟液）在安全性方面的一般规定；不适用于含有烟草的装置。

2. 一般要求

使用电子烟时不允许引起电源或雾化仓过热、切伤风险、爆炸风险；涂层不允许释放致敏和有害物质；为方便使用和安全使用，说明书应提供电子烟与其组件使用的所有相关信息，尤其是使用者可更换的部件。

3. 具体技术要求

对电子烟在使用和储存过程中的机械风险和结构完整性相关的风险、密封性风险、加热风险、化学风险和电子烟相关信息等进行规定。

(1) 机械风险包括填充风险、切伤风险及与吸嘴相关的风险；

(2) 和结构完整性相关的风险要求产品的结构在使用和储存中需要保持完整；

(3) 密封性风险：储液仓应装配合适的密封垫圈，不应出现电子烟烟液漏液；

(4) 加热风险包括烫伤风险、控制器失灵、附件不兼容等；

(5) 化学风险：吸嘴和储液仓不应释放有毒或过敏原类物质；吸嘴和储液仓由下列材料构成时应做特定迁移试验：聚氯乙烯（PVC）、聚苯乙烯（PS）、ABS树脂（ABS）、聚碳酸酯（PC）、聚甲醛（POM）、苯乙烯-丙烯腈聚合物（SAN）；接触电子烟烟液部分的材料含铅量应不超过0.1%。

4. 电子烟相关信息

（1）电子烟包装上应提供产品的商品名称、产品型号、市场责任人信息、告知消费者网络查阅说明书信息的网址、提供图示标明储液仓填充口直径（针对可填充式电子烟）、预填充式电子烟应提供的信息（产品体积、产品成分列表、酒精含量、过敏原信息、丙二醇/丙三醇比例、烟碱的浓度、确认产品市场责任的产品号、产品批号和警告语）和电池特征等。

（2）说明书应提供市场责任人的信息，产品使用和不当使用的要求，电子烟及附件操作和维护的相关要求，电子烟储存的要求，电子烟清洁的相关要求，废弃物处理的相关要求，电子烟填充、充电和打开机制的相关信息，对于可填充式电子烟的填充口尺寸的图示，对于电子烟烟液误食或溅入皮肤情况的处理方案描述，对特定风险人群的警告，对电子烟消费者和其周围人群可能产生危害的提示等信息。

（二）XP D 90-300-2《电子烟和电子烟液 第2部分：电子烟烟液相关要求和实验方法》

此部分包括范围、参考标准、术语和定义和电子烟烟液相关的一般性要求和实验方法、与续液瓶或烟弹相关的一般性要求和实验方法、电子烟烟液相关信息和附录（烟碱、甲醛和丁二酮测定方法）等方面，主要技术内容如下。

1. 范围

电子烟烟液（含或不含烟碱）安全性、信息和包装方面的一般规定及电子烟烟液的分析方法。

不适用含有烟草的装置。

2. 一般要求

除烟碱外，电子烟烟液中不应含有被现行法规列为危险品的成分。

3. 电子烟烟液成分要求

标准对电子烟烟液各成分的质量安全提出如下要求：

① 主要溶剂：丙二醇和丙三醇应符合欧洲药典（European Pharmacopoeia，EP）/美国药典（US Pharmacopeia，USP）要求。

② 其他溶剂：水应符合EP/USP要求，乙醇应为食品级。

③ 烟碱：应符合EP/USP要求。

④ 香精：食品级。
⑤ 其他成分：符合欧盟食品添加剂法规。
⑥ 电子烟烟液中禁止添加的成分：具有致癌、致突变或生殖毒性（CMR 1和2）的成分，以及对呼吸道有特征毒性（STOT 1类）的成分。包括：
- 植物油和矿物油（精油除外）；
- 糖：葡萄糖、果糖、乳糖、麦芽糖、蔗糖；
- 甜味剂：乙酰磺胺酸钾、阿斯巴甜、糖精钠、甜菊糖苷；
- 食品强化剂：维生素和矿物质；
- 药用、精神类药用、激素类和麻醉类成分（除烟碱），如咖啡因和牛磺酸；
- 甲醛释放物；
- 防腐剂：三氯生、乙二醇苯醚、长链对羟基苯甲酸酯；放射性物质；其他成分如双乙酰（2,3-丁二酮）、乙二醇。

⑦ 电子烟烟液生产过程中禁止使用甲醛、乙醛、丙烯醛、丁二酮及重金属，上述污染物的最大允许浓度应满足表2-24规定。

表2-24　电子烟烟液污染物最大允许浓度

污染物成分		单位	指标
醛类	甲醛	mg/L	≤22
	乙醛	mg/L	≤200
	丙烯醛	mg/L	≤22
	2,3-丁二酮	mg/L	≤22
无机元素	铅（Pb）	mg/kg	≤10
	砷（As）	mg/kg	≤3
	镉（Cd）	mg/kg	≤1
	汞（Hg）	mg/kg	≤1
	锑（Sb）	mg/kg	≤5

4. 与续液瓶或烟弹相关的一般性要求

续液瓶或烟弹不应通过迁移或者溶解于电子烟烟液而释放有害物质进而造成人体健康风险；续液瓶和烟弹材料不应使用PVC、PS、ABS、PC、POM、SAN等材料。

5. 瓶塞的相关要求

电子烟续液瓶应满足以下要求：
① 续液瓶应该具有一个封闭型瓶盖和一个滴管型或吸管型瓶塞；
② 电子烟续液瓶应具有防儿童开启功能；
③ 滴管型瓶塞在大气压环境、温度（20±5）℃，使用丙二醇/丙三醇（80/20）垂直

滴落,流出速度不得大于20滴/min。

6. 电子烟烟液相关信息

标准明确要求产品在任何情况下都不应该向消费者传达电子烟产品关于健康、营养以及功能性相关的信息。同时,产品包装和说明书应载明如下信息:

① 续液瓶和含有电子烟烟液的烟弹的包装上应标识以下信息:产品的商品名称、标明"电子烟烟液"、产品体积(mL)、产品成分列表、酒精含量、过敏原信息、丙二醇/丙三醇比例、烟碱含量、市场责任人的身份信息、消费者用来查阅信息说明书的网站地址、产品批号、最佳使用期限和警告语。

② 预填充式电子烟包装上应标识:产品体积、产品成分列表、酒精含量、过敏原信息、丙二醇/丙三醇比例、烟碱含量、确认产品市场责任的产品号、产品批号和警告语等。

③ 说明书应标识:市场责任人信息,产品使用和不当使用的要求,与电子烟烟液操作和维护相关的要求,和电子烟烟液储存相关的要求,废弃处理相关的要求,电子烟烟液容器材料性质的相关信息,续液瓶或烟弹打开、装填和填充机理相关的信息,续液瓶指明填充口外径的示意图,电子烟烟液误食或溅入皮肤的应急处理预案描述,特定风险人群的警告,对电子烟消费者和其周围人群可能产生危害的提示等。

(三) XP D 90-300-3:2015《电子烟和电子烟液 第3部分:释放物相关要求和实验方法》

标准主要规定了范围、热风险、化学风险、烟碱释放量要求、信息标识及参比电子烟烟液等,主要技术内容如下。

1. 范围

符合标准 XP D 90-300-1 和/或 XP D 90-300-2 的产品。

2. 热风险

电子烟产生的释放物不应烧伤嘴唇或口腔,电子吸嘴端释放物最高温度不应超过60 ℃。

3. 化学风险

(1) 除烟碱外,带有电子烟烟液的电子烟不应引起含有非技术无法避免量的固体颗粒物、致癌物质、潜在毒性物质的释放。

(2) 有害物质或有害物质标志物包括:烟碱,双乙酰,甲醛、乙醛、丙烯醛,金属元素和无机物(铅、锑、砷、镍、铬、镉)。标准以附录的形式给出了除烟碱外上述指标的目标值供消费者参考其风险,目标值并不是上述指标的限量值,而是分别根据室内空气质量每天限量值(甲醛、乙醛、丙烯醛)、职业健康暴露每天限量值(双乙酰)和吸入治疗污染物每天限量值(铅、锑、砷、镍、铬、镉),按照每天抽吸200口电子烟,折算成200口电子烟释放物中有害物质的目标值。

(3) 烟碱释放量要求：电子烟烟碱释放量相对平均偏差应小于25%。

4. 信息标识

释放物中有害物质含量、目标值均应标识在产品信息单中。

5. 参比电子烟烟液

标准还规定了两种用于评价电子烟的参比电子烟烟液，具体见表2-25。

表2-25 参比电子烟烟液组成

物质	CAS号	参比电子烟烟液A （浓度和允差，g/100 g）	参比电子烟烟液B （浓度和允差，g/100 g）
丙二醇	57-55-6	63 ± 3	38 ± 2
丙三醇	56-81-5	24 ± 1	48 ± 2
水	—	1.00 ± 0.05	2.0 ± 0.1
乙醇	64-17-5	1.00 ± 0.05	1.00 ± 0.05
制备香精[①]	—	10.0 ± 0.5	10.0 ± 0.5
烟碱	54-11-5	1.00 ± 0.05	1.00 ± 0.05
总计	—	100	100

① 制备香精组成：香兰素（1.00 ± 0.05）g、异戊醇（2.0 ± 0.1）g、2-甲基丁酸（1.00 ± 0.05）g，用丙二醇定量至100 g。

二、2021版标准的主要变化

2021年法国标准化协会在2015版标准的基础上，对三个标准进行修订，下面详述标准的主要变化。

（一）XP D 90-300-2（2021版）

1. 主要成分要求

① 2021版标准明确电子烟烟液的稀释剂（丙二醇、丙三醇）要满足欧洲药典（EP）或美国药典（USP）的要求（与旧版标准一致）；

② 乙醇纯度不应低于96%（旧版：食品级，即大于95%）；

③ 烟碱纯度不应低于99%（旧版：EP/USP要求）。

2. 电子烟烟液重金属限量值

新旧标准之间的限量值对比见表2-26，由表2-26可知：新版标准要求更严苛，首先增加新的有害金属元素镍、铬；其次已有的金属元素限量值更低，如铅（Pb）由10 mg/L降低到5 mg/L、砷（As）由3 mg/L降低到2 mg/L。

表2-26 新旧标准之间的限量值对比

元素	新版限量值	旧版限量值
铅（Pb）	5 mg/L	10 mg/L
砷（As）	2 mg/L	3 mg/L
镉（Cd）	2 mg/L	1 mg/L
汞（Hg）	1 mg/L	1 mg/L
锑（Sb）	5 mg/L	5 mg/L
铬（Cr）	1 mg/L	—
镍（Ni）	5 mg/L	—

（二）XP D 90-300-3（2021版）

1. 引用标准

引用标准新增加了三个，分别为CEN/TR 17236：2018《电子烟和电子烟烟液 雾化产品中释放物成分的测定》、EN 17375：2020《电子烟和电子烟烟液 参比电子烟烟液》和ISO 20768：2018《雾化产品 常规分析吸烟机 定义和标准条件》。这几个标准都是2016年后发布的，作为新版Afnor XP D90 300-3的引用标准。

2. 释放物中烟碱的一致性

① 释放物中烟碱的一致性允许偏差控制由旧版的±25%调整为新版的±30%。
② 抽吸过程中释放物中烟碱测试方法的不确定度调整为30%。

3. 释放物中的重金属

新旧标准管控的重金属元素及其限量值对比见表2-27，由表2-27可知：新版标准新增汞元素其限量值要求为1 μg/200口；镉的限量值也由2016版的2 μg/200口调整为3 μg/200口。其他元素的限量值保持不变。测试方法（原标准附录A.6）增加了汞的测定。

表2-27 新旧标准之间的限量值对比

重金属元素	新版（μg/200口）	旧版（μg/200口）
锑（Sb）	20	20
砷（As）	2	2
镉（Cd）	3	2
铬（Cr）	3	3
汞（Hg）	1	/
镍（Ni）	5	5
铅（Pb）	5	5

4. 测试方法

释放物中烟碱的一致性测试：新版标准中关于释放物中烟碱一致性测试方法与旧版是一致的，即一般抽吸 5 轮，每轮 20 口，取第 1、3、5 共三轮的释放物中烟碱测试结果进行一致性偏差计算，如果烟具抽不到 100 口，只能抽吸 60 口，则取第 1、2、3 轮的结果计算一致性偏差。

5. 参比电子烟烟液

参比电子烟烟液的成分有较大改变，具体变化如下：

① 参比电子烟烟液减少了制备香精，旧版标准中制备香精中包括香兰素、异戊醇和 2-甲基丁酸。

② PG/VG 的配比也有很大的不同，参比电子烟烟液 A 的 PG/VG 比例为 70/30，参比电子烟烟液 B 的 PG/VG 比例为 50/50。同时规定 PG/VG 比例为 70/30 的参比电子烟烟液适用于低功率设备；PG/VG 比例为 50/50 的参比电子烟烟液适用于高功率设备。

③ 增加了参比电子烟烟液的保存条件：储藏在棕色瓶中，并储存于 2 ℃～8 ℃的恒温箱中，开封后 24 小时内使用等。

6. 电子烟检测时可接受标准偏差

标准调整了电子烟检测时烟液重量变化和烟碱含量变化的可接受标准偏差，具体如下：

① 3 支电子烟抽吸 100 口，电子烟烟液重量变化的可接受标准偏差由原来的 ≤ 25% 调整为 ≤ 20%。

② 3 支电子烟抽吸 100 口，烟碱含量变化的可接受标准偏差由原来的 ≤ 25% 调整为 ≤ 30%。

7. 电子烟的抽吸条件

① 抽吸最大速率发生变化，由原来的 18.5 mL/s ± 1.0 mL/s 调整为 18.3 mL/s ± 1.8 mL/s。

② 电子烟抽吸环境条件变化如下。

- 温度：由旧版的 (20 ± 4) ℃调整为 15 ℃～25 ℃，同时增加测试过程温度波动范围在 ± 2 ℃区间；
- 湿度：由旧版的 (60 ± 20)% 调整为 40%～70%，同时增加测试过程湿度波动范围在 ± 5% 区间。

8. 测试结果表示单位

新旧版本的电子烟释放物测试结果表示单位对比见表 2-28。由表 2-28 可知：表示单位由 mg/100 puffs 和 μg/200 puffs，调整为 mg/mg 电子烟烟液和 μg/mg 电子烟烟液。同时，增加了密度的表示单位 g/cm³。

表2-28　新旧版本的电子烟释放物测试结果表示单位对比

测试项目	新版	旧版
烟碱	mg/mg 电子烟烟液	mg/100 puffs（口）
其他有机化合物	µg/mg 电子烟烟液	µg/200 puffs（口）
重金属	µg/mg 电子烟烟液	µg/200 puffs（口）
密度	g/cm^3	—

第四节　美国相关协会产品标准

一、电子烟烟液

2012年，美国电子烟烟液制造标准协会（American E-Liquid Manufacturing Standards Association, AEMSA），制定了"电子烟烟液制造标准"，并于2014年进行了修订。

AEMSA是由电子烟烟液制造商发起成立，目前，已有23个电子烟烟液制造商加入该协会。

作为行业自律性标准，标准不仅规定原料使用，清洁、卫生、安全生产，安全包装和产品运输等电子烟烟液安全卫生生产规范方面的要求；而且还对生产电子烟烟液用烟碱、溶剂、香精等原料进行了规范。

① 烟碱质量应满足以下要求：
- 烟碱纯度 ≥ 99.0%；
- 所有其他可能的杂质 ≤ 1.0%；
- 每一种溶剂含量 ≤ 0.06%；
- 每一种烟碱氧化物含量 ≤ 1%；
- 烟碱氮氧化物含量 ≤ 1%；
- 重金属含量 ≤ 10 µg/g；
- 砷含量 ≤ 1 µg/g；
- 所用溶剂必须通过美国药典（USP）认证。

② 溶剂成分：

常见的溶剂包括丙二醇、植物丙三醇或任何其他电子烟烟液溶剂，至少符合USP标准。

③ 除溶剂外的其他成分：
- 香精香料（包括薄荷醇）的使用需至少符合食品级标准和/或公认安全（GRAS）的标准；
- 含有人工色素的香精香料需明确食用色素的信息；

- 水（若使用）需使用蒸馏水或去离子水；
- 酒精和其他添加剂（如果使用的话）需选市售最高纯度的，最低符合美国食品级标准。

④ 电子烟烟液中的禁用物质，包括但不限于以下物质：
- 双乙酰；
- WTA（全烟草生物碱）；
- 药物或处方药；
- 非法或受管制药物；
- 咖啡因；
- 维生素等膳食补充剂（防腐目的除外）；
- 2,3-戊二酮；
- 人工色素——包括人工色素和染料。

二、电子烟烟具

2017年3月，美国保险业实验室（Underwriters Laboratories Inc.，UL）推出关于电子烟产品烟具安全性标准——UL 8139《电子烟产品的电气系统》。美国保险业实验室作为全球领先的产品安全测试和认证机构，在保障公共安全、推动产品安全标准制定和市场信任建立等方面发挥着重要作用。由于UL的独立性和非营利性以及其长期的良好声誉，UL认证在市场上具有很高的信任度，消费者和采购商通常会优先选择通过UL认证的产品。UL在标准制定方面有着举足轻重的地位，它发布的安全、质量和可持续性标准在全球范围内得到广泛应用。很多UL标准被美国国家标准学会（American National Standards Institute，ANSI）宣布为美国国家标准。

UL 8139旨在确保电子烟在正常使用和潜在危险情况下的安全性，特别是在电池、充电器以及保护电路等方面的安全性能。以下是UL 8139标准的主要内容。

1. 背景与目的

电子烟作为一种模仿传统卷烟的电子产品，自问世以来在市场上引发了不少安全事故，主要集中于电池泄气或爆炸等风险。为了保障消费者的安全，UL推出了针对电子烟产品的安全标准UL 8139。

本标准从结构安全和电气安全两方面对电子烟产品进行评估，以保证在正常使用情况下的安全性。

2. 适用范围

本标准要求适用于使用含有不同成分的香味成分、丙二醇、丙三醇和其他物质的可吸入成分的电池驱动电气系统，这些可吸入成分含有或不含有烟碱，被加热成气溶胶后供用户吸入。例如：包括但不限于雾化器、电子烟笔、水烟笔、电子水烟壶、电子水烟管、电子香烟、电子烟和电子烟碱传送系统（ENDS），这些系统包括其充电系统、组件、零件和配件。

本标准不适用于可吸入成分，如电子烟烟液和其他吸入的气溶胶物质、导油棉以及使用过程中可吸入的其他颗粒物，也不包括电子烟产品使用过程中产生的释放物。

本标准制定时也未考虑与电子烟烟具一起使用的任何可吸入成分的生理效应。

3. 具体要求

（1）结构设计

烫伤风险：不应随意更换雾化器和烟杆里的电池，以防止因不当设计导致的烫伤等风险。

启动机制：为了防止消费者贴身携带电子烟时会因误启动对人体造成伤害，雾化器要求至少两重独立的启动机制，或者必须通过连续工作测试，严防电池持续高电流放电、雾化器持续发热的恶劣情况发生。

（2）电气安全

标准主要模拟在某些状况下可能出现的安全问题，如电池起火爆炸、充电器过热及短路等，并确认电池芯是否工作于额定工作区间，导致局部温度过高，从而导致电池的泄气或爆炸现象。主要的测试项目如下：

- 电子烟充电测试；
- 放电测试；
- 过压充电；
- 异常过流充电；
- 烟具短路测试；
- 温升测试；
- 防水测试；
- 跌落测试；
- 挤压测试等。

所有电气测试均应考虑常温和低温两种测试环境温度，也需相应地考虑单一故障条件。

UL 8139标准也有特殊的测试要求：采用吸烟机模拟消费者实际抽吸的情况，通过监控电池工作时的电流、电压和温度，确保用户在整个使用电子烟过程中，电池都处于安全状态下工作。同时，也会实时监控吸嘴温度，以保证吸嘴不会因温度过高而烫伤消费者。

4. 标准意义与影响

UL 8139标准的推出对于电子烟行业具有重要意义，它规范了电子烟产品的安全性能要求，为消费者提供了更安全的产品选择。

第五节　英国标准化协会相关标准

英国标准化协会（British Standard Institution，BSI）是英国的非官方学术团体，成立于1901年。2002年，英国政府授权BSI负责国家标准的研究制定、出版和销售。政府各部门不制定标准，一律采用BSI制定的BS标准。

目前BSI制定的标准主要有英国标准、公共规范和定制标准三种形式。

英国标准（British Standard，BS）：均按照BS 0标准中的程序制定，通过委员会、咨询、共识等工作流程编制而成。英国标准可完全由BSI委员会在英国国内制定，但在大多数情况下采用国际标准，如BS ISO、BS IEC、BS CEN等。

公共规范（Publicly Available Specifications，PAS）：是一种咨询性文件，其发展过程和文件格式基于英国标准的模型，任何主办方希望将关于某一特定主题的最佳实践发布为标准化文件，经BSI认可后，可授予为PAS发布，由主办方提供经费。和BS标准的主要区别：通过PAS表决的投票方式，BS标准在技术方面须经过所有委员会成员的一致同意；而PAS可征求任何有兴趣的第三方意见，且这些意见并不一定采纳，使得PAS能快速开发和发布。PAS发布两年之后，如果BSI和主办方都认为该PAS规范行之有效，则可以使其成为正式的BS。

定制标准（Published Document，PD）：是BSI为企业提供的服务，针对企业所需的规范、过程、实施规则等制定的规范化文件；这些定制标准包括标准形式的文件，但不具有英国标准的地位。

一、PAS 54115：2015《电子烟、电子烟烟液、电子水烟及直接相关产品等雾化产品的生产、进口、测试和标识　指南》

2015年7月，英国标准化协会发布PAS 54115，本指南由英国电子烟工业贸易协会（Electronic Cigarette Industry Trade Association，ECITA）委托制定，代表电子烟企业的利益。虽然本指南以电子烟企业的立场制订，但其中自律性部分内容值得参考。

PAS 54115能为雾化产品的生产、进口、标识和销售提供指导；适用于使用含或不含烟碱的电子烟烟液的雾化产品。

1. 电子烟烟液主要内容

（1）范围

本指南关于电子烟烟液规定了生产设施、个人防护装备、过程控制、可追溯性、纠正措施、原料、技术档案、毒理学风险评估、重大变动、电子烟烟液测试等内容。

（2）原料要求
- 烟碱：满足EP/USP级要求；
- 稀释剂：满足EP/USP级要求；
- 香精：除烟草提取香精外，都应满足食品级要求；
- 禁用物质：双乙酰及相关酮类，二甘醇和乙二醇，呼吸致敏性物质，致癌、致突变和/或生殖毒性物质，甲醛、乙醛、丙烯醛和丙酮，金属元素（镉、铬、铁、铅、汞和镍）。

（3）烟碱含量

瓶装电子烟烟液，烟碱含量与其标识相差不超过±10%；对于预填充式电子烟，在保质期内其烟碱含量与其标识相差不超过±20%。

2. 电子烟烟具主要内容

（1）范围

本指南关于电子烟烟具规定了总体要求、技术档案、过程控制、烟具风险评价、释放物毒理学评估、雾化过程中产生的需监管物质、重大变动以及豁免的相关内容。

（2）重点关注物质

电子烟烟具在雾化过程中产生的需关注的物质包括：甲醛、乙醛和丙烯醛，金属元素（铝、铬、铁、镍、锡），硅颗粒。

（3）参比电子烟烟液组成

78%丙二醇、18%丙三醇、2%纯净水和2%烟碱；以上组分均应是EP/USP级纯度。

（4）抽吸方法

以抽吸容量55 mL、抽吸持续时间3 s、抽吸频率30 s/口的抽吸参数对电子烟进行方波抽吸，进行分析。

3. 产品标识主要内容

（1）电子烟烟液均应清晰标识如下内容

- "注意：避免儿童和宠物接触；仅用于电子烟；若您感到不适，请寻求医疗帮助"；
- 清晰标识：只能18岁以上购买；
- 烟碱含量；
- 含电子烟烟液的雾化产品标示到期日、批号、成分列表；
- 电子烟烟液标示生产日期；
- 过敏原："可能含有痕量过敏源"，可能引起过敏的添加剂用量超过0.1%应标示；
- 用于投诉和针对不良反应反馈的联系方式；
- 操作说明：包括安全充电的信息，安全贮存与操作、清洁和保养等信息，消费者正确使用的操作以及安全使用的信息；
- 雾化产品上清楚标明不能在高氧环境下使用。

（2）说明书应标识以下信息

"如果您对使用本产品有任何健康担忧，请咨询您的医生或医疗保健人员"。但是不能标注医疗建议和健康警语。

二、PAS 8850：2020《不燃烧烟草制品 加热卷烟和电加热烟草器具 规范》

2020年7月，BSI发布了电加热卷烟的标准PAS 8850：2020。本指南由菲莫国际赞助制定，代表加热卷烟企业的利益。虽然本指南以加热卷烟企业的立场制订，鉴于菲莫国际是加热卷烟销量最好的生产企业且目前关于加热卷烟的标准较少，本指南中自律性部分内容值得参考。

PAS 8850对加热卷烟从制造商到消费者的整个生命周期中的质量、安全和性能（释放物）提供管理要求，包括加热卷烟烟支和加热卷烟器具，能为加热卷烟的生产、进口、标志和销售提供指导。本书将根据标准的主要内容，从术语和定义、加热卷烟烟支、加热卷烟器具、释放物四方面介绍。

1. 术语和定义

本标准中共涉及26个术语和定义，本书将介绍与质量安全关联度较高的术语和定义，具体如下。

① 加热卷烟（heated tobacco product）：加热烟草和经单次或多次使用消耗或耗尽的非烟草材料与烟草加热装置的特定组合。

通过上述标准对加热卷烟的定义可以明确：加热卷烟包括加热卷烟烟支和器具两部分。烟支包括烟草材料、加热卷烟组分和非烟草材料，其可以是传统烟支状，也可是其他形状；器具是通过加热烟草或烟草混合物能够产生可供吸入的气溶胶的电子装置。

② 加热卷烟气溶胶（heated tobacco aerosol）：在使用烟草加热装置加热烟草而不燃烧烟草的过程中产生的含有烟碱和其他成分的气溶胶。

③ 加热卷烟成分（heated tobacco ingredient）：在加热卷烟的生产过程中添加到烟草中的化学物质或天然提取物。

④ 非烟草材料（non-tobacco material）：在加热卷烟制品制造过程中使用的除烟草和加热烟草成分以外的材料，包括但不限于结构元素，如卷烟纸或其他封装、结构或过滤材料。

⑤ 烟草（tobacco）：茄科烟草属植物的部分，包括用于制造加热卷烟的烟草制品，如再造烟叶。

⑥ 烟草加热（tobacco heating）：通过任何形式的热传递方式对加热卷烟施加热影响，其结果是产生加热卷烟气溶胶，而不发生加热烟草的燃烧。

⑦ 烟草加热装置（tobacco heating device）：一种电气设备，提供所需的热源以直接或间接加热卷烟，而不发生加热烟草的燃烧。

注：间接加热指的是对加热卷烟进行的任何非接触式热传递，例如通过热气溶胶进行。

⑧ 烟草加热系统（tobacco heating system）：根据供应商向消费者提供的信息，加热卷烟制品和烟草加热装置的特定组合，二者配合使用。

⑨ 毒理学风险评估（toxicological risk assessment，TRA）：由向相关国家机构注册的有经验的毒理学家进行的一个过程，该过程评估加热卷烟产品和烟草加热装置的使用对消费者产生的风险，随后进行审查，并由该毒理学家对TRA的结果承担最终责任。

注：相关机构包括欧洲毒理学家联合会和欧洲毒理学学会（EUROTOX）、英国毒理学学会（BTS）或美国毒理学委员会（ABT）等。

⑩ 水分活度（water activity）：加热卷烟中水的蒸气压与在相同条件下蒸馏水的蒸气压之比。

注：水分活度是一个无量纲的量。

⑪ 香味成分（flavouring）：赋予加热卷烟香气和/或滋味的成分。

⑫ 食品级（food-grade）：符合直接添加到食品中所需的标准。

注：食品级标准包括欧盟法规（EC）第1333/2008号、欧盟法规（EC）第1334/2008号、美国的食品清单中添加物质清单（如FEMA GRAS清单或IOFI天然复杂物质或天然调味复合物全球参考清单）。

2. 加热卷烟烟支

（1）烟草材料

农药残留关乎消费者的健康，用于制造加热烟草（烟草混合物）的每批烟草中农药的残留量不能超过国际烟草科学研究合作中心（CORESTA）发布的CORESTA 1号文件规定的指导性残留限量值（GRLs）。

CORESTA的农用化学品咨询委员会（ACAC）制定该文件，并进行不断修订，最新版为2020年10月份发布的版本，该版文件中包含117种农药及其残留限量值，详见表2-29。

表2-29　CORESTA 1号文件中规定的各农药的指导性残留限量值

序号	中文通用名	英文通用名	GRL/(mg/L)	残留定义	备注
1	2,4,5-涕	2,4,5-T	0.05	2,4,5-涕	
2	2,4-滴	2,4-D	0.2	2,4-滴	
3	乙酰甲胺磷	Acephate	0.1	乙酰甲胺磷	
4	啶虫脒	Acetamiprid	3	啶虫脒	
5	阿拉酸式苯-S-甲基	Acibenzolar-S-methyl	5	阿拉酸式苯-S-甲基	
6	甲草胺	Alachlor	0.1	甲草胺	
7	涕灭威	Aldicarb (Σ)	0.5	涕灭威、涕灭威砜、涕灭威亚砜之和，以涕灭威计	
8	艾氏剂+狄氏剂	Aldrin + Dieldrin	0.02	艾氏剂+狄氏剂	
9	益棉磷	Azinphos-ethyl	0.1	益棉磷	
10	保棉磷	Azinphos-methyl	0.3	保棉磷	
11	嘧菌酯	Azoxystrobin①	16	嘧菌酯	
12	苯霜灵	Benalaxyl	2	苯霜灵	

续表

序号	中文通用名	英文通用名	GRL /(mg/L)	残留定义	备注
13	乙丁氟灵	Benfluralin	0.06	乙丁氟灵	
14	苯菌灵	Benomyl[②]	2	苯菌灵、多菌灵、甲基硫菌灵之和,以多菌灵计	见多菌灵
15	联苯菊酯	Bifenthrin	3	联苯菊酯	
16	溴硫磷	Bromophos	0.04	溴硫磷	
17	仲丁灵	Butralin	5	仲丁灵	
18	毒杀芬	Camphechlor (∑) (Toxaphene)	0.3	毒杀芬(八氯茨烯的多种异构体)	
19	克菌丹	Captan	0.7	克菌丹	
20	甲萘威	Carbaryl	0.5	甲萘威	
21	多菌灵	Carbendazim[②]	2	苯菌灵、多菌灵、甲基硫菌灵之和,以多菌灵计	
22	克百威	Carbofuran (∑)	0.5	克百威、3-羟基克百威之和,以克百威计	
23	灭螨猛	Chinomethionat	0.1	灭螨猛	
24	氯虫苯甲酰胺	Chlorantraniliprole	14	氯虫苯甲酰胺	修订的GRL
25	氯丹	Chlordane (∑)	0.1	顺-氯丹、反-氯丹之和	
26	毒虫畏	Chlorfenvinphos (∑)	0.04	E-毒虫畏、Z-毒虫畏之和	
27	百菌清	Chlorothalonil	1	百菌清	
28	毒死蜱	Chlorpyrifos	0.5	毒死蜱	
29	甲基毒死蜱	Chlorpyrifos-methyl	0.2	甲基毒死蜱	
30	氯酞酸甲酯	Chlorthal-dimethyl	0.5	氯酞酸甲酯	
31	异噁草酮	Clomazone	0.2	异噁草酮	
32	溴氰虫酰胺	Cyantraniliprole[①]	18	溴氰虫酰胺	
33	氟氯氰菊酯	Cyfluthrin (∑)	2	氟氯氰菊酯(各种异构体之和)	

续表

序号	中文通用名	英文通用名	GRL /(mg/L)	残留定义	备注
34	氯氟氰菊酯	Cyhalothrin (∑)	0.5	氯氟氰菊酯（各种异构体之和）	
35	霜脲氰	Cymoxanil	0.1	霜脲氰	
36	氯氰菊酯	Cypermethrin (∑)	1	氯氰菊酯（各种异构体之和）	
37	滴滴涕	DDT (∑)	0.2	o,p'-DDT、p,p'-DDT、o,p'-DDD、p,p'-DDD、o,p'-DDE、p,p'-DDE 之和，以 DDT 计	
38	溴氰菊酯	Deltamethrin③	1	溴氰菊酯、四溴菊酯之和，以溴氰菊酯计	
39	甲基内吸磷	Demeton-S-methyl (∑)	0.1	甲基内吸磷、甲基内吸磷砜、甲基内吸磷亚砜之和，以甲基内吸磷计	
40	二嗪农	Diazinon	0.1	二嗪农	
41	麦草畏	Dicamba	0.2	麦草畏	
42	敌敌畏	Dichlorvos④	0.1	敌敌畏、二溴磷、敌百虫之和，以敌敌畏计	
43	氯硝胺	Dicloran	0.1	氯硝胺	
44	苯醚甲环唑	Difenoconazole①	12	苯醚甲环唑	
45	除虫脲	Diflubenzuron	0.1	除虫脲	
46	乐果	Dimethoate⑤	0.5	乐果、氧乐果之和，以乐果计	
47	烯酰吗啉	Dimethomorph (∑)	2	E-烯酰吗啉、Z-烯酰吗啉之和	
48	乙拌磷	Disulfoton (∑)	0.1	乙拌磷、乙拌磷砜、乙拌磷亚砜之和，以乙拌磷计	

续表

序号	中文通用名	英文通用名	GRL/(mg/L)	残留定义	备注
49	二硫代氨基甲酸酯	Dithiocarbamates (as CS_2)⑥	5	以二硫化碳计	在青霉病等真菌病害在整个生长季节都是田间持续存在的问题的国家，使用二硫代氨基甲酸酯（DTC）杀菌剂可能是全年病害管理战略的重要组成部分，并把遵循GAP作为确保作物质量和生产者经济可行性的一种手段。在较高病害压力下，二硫代氨基甲酸酯的残留可能会超过规定的GRL。在不存在田间真菌病害问题的国家，没必要使用杀菌剂，也不应检测到其残留。遵循GAP，DTC杀菌剂必须仅根据标签说明使用，以防治苗床和大田真菌病害
50	硫丹	Endosulfan（∑）	1	α-硫丹、β-硫丹、硫丹硫酸酯之和，以硫丹计	
51	异狄氏剂	Endrin	0.05	异狄氏剂	
52	灭线磷	Ethoprophos	0.1	灭线磷	
53	噁唑菌酮	Famoxadone	5	噁唑菌酮	
54	咪唑菌酮	Fenamidone①	3	咪唑菌酮	

续表

序号	中文通用名	英文通用名	GRL /(mg/L)	残留定义	备注
55	苯线磷	Fenamiphos（∑）	0.5	苯线磷、苯线磷砜、苯线磷亚砜之和，以苯线磷计	
56	杀螟硫磷	Fenitrothion	0.1	杀螟硫磷	
57	倍硫磷	Fenthion（∑）	0.1	倍硫磷、倍硫磷砜、倍硫磷亚砜之和，以倍硫磷计	
58	氰戊菊酯	Fenvalerate（∑）	1	氰戊菊酯（各种异构体之和，含顺式氰戊菊酯）	
59	吡氟禾草灵	Fluazifop-butyl（∑）	1	吡氟禾草灵（各种异构体之和）	
60	氟虫双酰胺	Flubendiamide①	18	氟虫双酰胺	
61	氟节胺	Flumetralin	5	氟节胺	
62	氟吡菌酰胺	Fluopyram②	5	氟吡菌酰胺	
63	氟吡呋喃酮	Flupyradifurone③	21	氟吡呋喃酮	
64	灭菌丹	Folpet	0.2	灭菌丹	
65	六六六	HCH（α-，β-，δ-）	0.05	α-HCH、β-HCH、δ-HCH	
66	林丹	HCH（γ-）（Lindane）	0.05	γ-HCH	
67	七氯	Heptachlor（∑）	0.02	七氯、顺-环氧七氯、反-环氧七氯之和，以七氯计	
68	六氯苯	Hexachlorobenzene	0.02	六氯苯	
69	吡虫啉	Imidacloprid	5	吡虫啉	
70	茚虫威	Indoxacarb（∑）	6	茚虫威	修订的GRL
71	异菌脲	Iprodione（∑）	0.5	异菌脲、N-3,5-dichlorophenyl-3-isopropyl-2,4-dioxoimidazolyzin-1-carboxamide之和，以异菌脲计	
72	马拉硫磷	Malathion	0.5	马拉硫磷	

续表

序号	中文通用名	英文通用名	GRL /(mg/L)	残留定义	备注
73	抑芽丹	Maleic Hydrazide	80	抑芽丹	在某些情况下，即使是遵循了GAP，并严格按照标签推荐的施用率和使用时间，由于极端天气条件和现有的施用技术，其残留水平仍可能会超过当前的GRL 80 mg/L。然而，与所有农药一样，应尽力严格遵循标签施用率，不应超过达到预期效果的必要用量
74	甲霜灵	Metalaxyl（∑）	2	甲霜灵（各种异构体之和，含精甲霜灵）	
75	甲胺磷	Methamidophos	1	甲胺磷	
76	杀扑磷	Methidathion	0.1	杀扑磷	
77	甲硫威	Methiocarb（∑）	0.2	甲硫威、甲硫威砜、甲硫威亚砜之和，以甲硫威计	
78	灭多威	Methomyl③	1	灭多威、灭多威肟、硫双威之和，以灭多威计	
79	甲氧滴滴涕	Methoxychlor	0.05	甲氧滴滴涕	
80	速灭磷	Mevinphos（∑）	0.04	E-速灭磷、Z-速灭磷之和	
81	灭蚁灵	Mirex	0.08	灭蚁灵	
82	久效磷	Monocrotophos	0.3	久效磷	
83	二溴磷	Naled④	0.1	敌敌畏、二溴磷、敌百虫之和，以敌敌畏计	见敌敌畏

续表

序号	中文通用名	英文通用名	GRL /(mg/L)	残留定义	备注
84	除草醚	Nitrofen	0.02	除草醚	
85	氧乐果	Omethoate⑤	0.5	乐果、氧乐果之和，以乐果计	见乐果
86	噁霜灵	Oxadixyl	0.1	噁霜灵	
87	杀线威	Oxamyl	0.5	杀线威	
88	对硫磷	Parathion（-ethyl）	0.06	对硫磷	
89	甲基对硫磷	Parathion-methyl	0.1	甲基对硫磷	
90	克草敌	Pebulate	0.5	克草敌	
91	戊菌唑	Penconazole	1	戊菌唑	
92	二甲戊灵	Pendimethalin	5	二甲戊灵	
93	氯菊酯	Permethrin（∑）	0.5	氯菊酯（各种异构体之和）	
94	甲拌磷	Phorate	0.05	甲拌磷	
95	伏杀硫磷	Phosalone	0.1	伏杀硫磷	
96	磷胺	Phosphamidon（∑）	0.05	E-磷胺、Z-磷胺之和	
97	辛硫磷	Phoxim	0.5	辛硫磷	
98	增效醚	Piperonyl butoxide	3	增效醚	
99	抗蚜威	Pirimicarb	0.5	抗蚜威	
100	甲基嘧啶磷	Pirimiphos-methyl	0.1	甲基嘧啶磷	
101	丙溴磷	Profenofos	0.1	丙溴磷	
102	霜霉威	Propamocarb①	13	霜霉威	
103	残杀威	Propoxur	0.1	残杀威	
104	吡蚜酮	Pymetrozine	1	吡蚜酮	
105	除虫菊素	Pyrethrins（∑）	0.5	除虫菊素1、除虫菊素2、瓜叶菊素1、瓜叶菊素2、茉酮菊素1、茉酮菊素2之和	
106	戊唑醇	Tebuconazole①	18	戊唑醇	
107	氟苯脲	Teflubenzuron①	3	氟苯脲	

续表

序号	中文通用名	英文通用名	GRL /(mg/L)	残留定义	备注
108	七氟菊酯	Tefluthrin	0.1	七氟菊酯	
109	特丁硫磷	Terbufos（∑）	0.05	特丁硫磷、特丁硫磷砜、特丁硫磷亚砜之和，以特丁硫磷计	
110	噻虫嗪	Thiamethoxam	5	噻虫嗪	
111	硫双威	Thiodicarb⑨	1	灭多威、灭多威肟、硫双威之和，以灭多威计	见灭多威
112	虫线磷	Thionazin	0.04	虫线磷	
113	甲基硫菌灵	Thiophanate-methyl②	2	苯菌灵、多菌灵、甲基硫菌灵之和，以多菌灵计	见多菌灵
114	四溴菊酯	Tralomethrin③	1	溴氰菊酯、四溴菊酯之和，以溴氰菊酯计	见溴氰菊酯
115	敌百虫	Trichlorfon④	0.1	敌敌畏、二溴磷、敌百虫之和，以敌敌畏计	见敌敌畏
116	杀铃脲	Triflumuron①	4	杀铃脲	
117	氟乐灵	Trifluralin	0.1	氟乐灵	

① 新增农药及 GRL（2019年11月）。

② 多菌灵是苯菌灵和甲基硫菌灵的降解产物。如果同一样品同时含有多菌灵、苯菌灵和甲基硫菌灵，则这些残留物的总和不得超过 2 mg/L。

③ 溴氰菊酯是四溴菊酯的降解产物。如果同一样品同时含有溴氰菊酯和四溴菊酯的残留物，则这两个残留物的总和不得超过 1 mg/L。

④ 敌敌畏是二溴磷和敌百虫的降解产物。如果同一样品中同时含有敌敌畏、二溴磷和敌百虫的残留物，则这些残留物的总和不得超过 0.1 mg/L。

⑤ 氧乐果是乐果的降解产物。如果同一样品中同时含有乐果和氧乐果的残留物，则这两个残留物的总和不得超过 0.5 mg/L。

⑥ 二硫代氨基甲酸酯类农药包括乙撑双二硫代氨基甲酸酯（EBDCs）：代森锰锌、代森锰、代森联、代森钠、代森锌、代森铵、福美铁、聚氨基甲酸酯、丙森锌、福美双和福美锌。

⑦ 氟吡菌酰胺已于 2018 年 6 月添加到 GRL 列表中。

⑧ 氟吡呋喃酮已于 2020 年 10 月添加到 GRL 列表中。

⑨ 灭多威是硫双威的降解产物。如果同一样品中同时含有灭多威和硫双威残留物，则这两个残留物之和不得超过 1 mg/L。

(2) 加热卷烟组分

加热卷烟组分是指在生产加热卷烟过程中往烟草中添加的化学物质或天然提取物，主要包括雾化剂和添加剂。

除烟草提取物外，释放气溶胶的加热卷烟组分，无论是天然的或人工合成的，均应为食品级。加热卷烟组分禁止使用致癌性、致生殖毒性和致突变（CMR）的物质，呼吸道致敏物和呼吸道毒性物质。所有释放到加热卷烟气溶胶中的加热卷烟组分，均应进行毒理学风险评估，若发现毒理学风险，应将其从生产过程中移除。

以下5大类添加剂禁止在加热卷烟中使用：

- 使消费者产生有益健康影响印象的维生素或其他添加剂；
- 具有兴奋剂特性的咖啡因、牛磺酸或其他添加剂和混合物；
- 对释放物有着色功能的添加剂；
- 桦木焦油（birch tar oil）、杜松油（cade oil）、黄樟油（sassafras oil）、黄樟木（sassafras wood）、黄樟树皮（sassafras bark）、黄樟树叶（sassafras leaves）、甲基丁香酚（methyleugenol）、草蒿脑（estragol）和对羟基苯甲酸丙酯等9种添加剂；
- 2,3-丁二酮、2,3-戊二酮、2,3-己二酮、2,3-庚二酮和香豆素等5种香味成分和苦杏仁油、普通多足植物的提取物、薄荷植物的提取物和木耳酸等4种植物提取物。

(3) 非烟草材料

非烟草材料是指除烟草和加热卷烟组分外，用于生产加热卷烟产品的材料，包括但不限于结构材料，例如卷烟纸或其他封装材料、结构性或过滤材料。非烟草材料应经过评估，确保转移到气溶胶内的物质满足加热卷烟组分的相关要求。所有与加热卷烟产品和气溶胶接触的非烟草材料需进行毒理学风险评估，确保在加热卷烟正常使用过程中非烟草材料无毒理学风险。

(4) 产品质量要求

目前，很多国家按照加热卷烟烟支重量进行收税，加热烟草（烟草混合物）的净重按每个消费包装计算，并以精确到小数点（克）的数字表示。PAS直接规定对于质量小于100 g的应使用两位有效数字的精度。

微生物活性可能对加热卷烟的质量、使用性和保质期产生不利影响，制造商需保证加热卷烟水活度指标不超过0.7 aw；若不能排除超过0.7 aw的风险，需考虑产品的原料特性和微生物学特性、产品加工控制特性、整个供应链中加热卷烟的包装条件和保质期，进行微生物和/或毒理学评估，特别是黄曲霉毒素和赭曲霉毒素的含量。

此外，销售包装上应明确有效期限和储存条件。

3. 加热卷烟器具

加热卷烟器具是指直接或间接加热一个加热卷烟烟支并为其提供热源的电气设备，需满足电气安全、电磁兼容性、器具用材料安全和电器配件安全等。

(1) 电气安全

目前市售的加热卷烟均为电加热卷烟，器具主要由电池作为电源驱动，电池的工作电压一般在5 V以下。

调研的其他加热卷烟相关标准均将器具认定为家用电器，需满足家用电器安全的通用要求的标准，其中PAS标准规定的通用要求标准为BS EN 60335-1 "Household and similar electrical appliances – Safety – Part 1: General requirements"，该标准是等同采用IEC 60335-1，我国对应的标准为GB 4706.1—2005《家用和类似用途电器的安全　第1部分：通用要求》。IEC 60335-1主要防护电击、着火、过热、机械、辐射和毒性5类安全危害，该标准是一个涉及家用类似用途器具安全的产品族标准，具体的产品标准是以此标准为基础，依据产品的特性和使用条件对相关条款进行替换、修改或增加，IEC 60335-2-120：2024《产生可吸入气溶胶器具的电气安全的特殊要求（暂定）》就是此类标准，该标准包括加热卷烟器具和电子烟烟具。

加热卷烟器具除满足家用类似用途电器安全的通用要求外，针对器具的特点，其特有的电气安全要求如下：

- 加热卷烟烟支在使用后不应燃烧且不应点燃周围环境；
- 考虑到器具使用时有较长时间处于被使用者握持状态，不应出现电击危险，器具应属于0I类、I类、Ⅱ类、Ⅲ类的防电击保护的类别之一；
- 器具不得改装；
- 器具不得因溅水对使用者造成伤害；
- 器具不应因意外操作发热而引起火灾危险和可能伤害使用者的事件；
- 带有可充电电池的器具，其设计应满足在最大限度减少伤害的方向上降低内部压力，即排气设计应能将内部压力波引导至伤害最小的方向，尽量减少抽吸过程中对使用者的伤害。

此外，标准还规定器具在试验时的抽吸条件：标准大气压下，抽吸容量为35 mL和55 mL，抽吸时间为2 s和3 s，抽吸频率为30 s和60 s，根据试验需要选择抽吸参数。

（2）电磁兼容性

加热卷烟器具的印刷电路板布线（PCB）、内部配线等日趋复杂，所产生电磁场对环境中其他设备可能产生较为严重的电磁干扰，而环境中的电磁干扰也会对器具的电子电路产生干扰；相关标准中均要求器具符合EMC（电磁兼容性）标准要求，需满足以下标准：

- CISPR 14-1：2020《电磁兼容　家用电器、电动工具和类似器具的要求　第1部分：发射》
- CISPR 14-2：2020《电磁兼容　家用电器、电动工具和类似器具的要求　第2部分：抗扰度》

当使用外部电源时，充电组件应符合以下标准要求：

- IEC 61000-3-2：2018《电磁兼容性（EMC）.第3-2部分：限值　谐波电流发射限值（设备输入电流≤每相16A）》
- BS EN IEC 61000-3-3：2013《电磁兼容性（EMC）.第3-3部分：限值　公共低压供电系统中电压变化、电压波动和闪烁的限值（用于每相额定电流≤6 A且不受条件连接限制的设备）》

（3）器具用材料安全

加热卷烟中心加热的温度一般在350 ℃左右，加热部件和与烟支直接接触的部件中的有害物质随消费者抽吸可能进入体内，存在较大的安全风险。因此，标准规定用于吸嘴、与加热卷烟或气溶胶直接接触的器具用材料应确保无毒理学关注水平的物质迁移到气溶胶内，应优先使用食品接触材料。

为规范器具用材料及生产工艺，减少对环境的污染，标准规定器具应满足关于电气和电子设备中有害物质的使用标准要求：铅、汞、六价铬、多溴联苯、多溴二苯醚的质量分数应低于0.1%，镉的质量分数应低于0.01%。

（4）电器配件安全

电器配件是指能够连接到器具或者从器具中移除的具有特定电气功能的辅助物品，例如外部电源。标准对电器配件提出的一般要求如下：

- 所有电器配件应符合BS EN 60950-1《信息技术设备 安全性 第1部分：通用要求》或BS EN 62368-1《音频/视频、信息和通信技术设备 第1部分：安全要求》的要求（或等同的地方标准）；

针对外部电源提出的特定要求为：

- 除符合电器配件的一般要求外，外部电源应符合BS EN IEC 61558-1：2017《变压器、电抗器、电源装置及其组合的安全 第一部分：通用安全和测试要求》和BS EN IEC 61558-2：2022《变压器、电抗器、电源装置及其组合的安全》的相关部分要求。

4. 释放物

（1）释放物中重点关注成分

为确保烟支在加热过程中不出现燃烧现象，标准对释放物中一氧化碳（CO）和氮氧化物（NO，NO_x）的含量进行限量，详见表2-30。

PAS标准规定3种化合物释放量的最大偏差为25%。

表2-30 释放物中的最大释放量

化合物名称	单位	最大释放量
CO	$mg/100\ cm^3$	0.3
NO	$mg/100\ cm^3$	4.0
NO_x	$mg/100\ cm^3$	5.0

此外，PAS标准还要求关注释放物中的重金属含量，但未给出具体种类和限值；该标准规定在表征释放物时，除上述物质外，还需分析释放物的总释放量（ACM）和烟碱含量，单位$mg/100\ cm^3$。

为了强化与传统卷烟燃烧不同，也应分析加热卷烟释放物中的乙醛、丙烯醛、甲醛、NNK、NNN、苯并[a]芘、1,3-丁二烯和苯，单位为$ng/100\ cm^3$或$μg/100\ cm^3$。（选择这些化合物是基于卷烟烟气中这些化合物有ISO分析方法。）

表征加热卷烟释放物，还需分析气溶胶总释放量（ACM）和烟碱含量，单位

mg/100 cm^3。

(2) 释放物的捕集条件

根据 BS ISO 20778：2018《卷烟 常规分析吸烟机 强烈吸烟习惯的定义和标准条件》的相关部分，采用加热卷烟系统捕集气溶胶；若加热卷烟烟具是根据一口的气流速度或压降来触发开始产生气溶胶的，根据 BS ISO 20768：2018《雾化产品 常规分析用吸烟机 定义和标准条件》的相关部分捕集气溶胶。

根据生产商提供的说明书来准备待测烟具。根据生产商提供的说明书来充电和使用。若产品的使用条件可调节（例如可变的功率和外部气流供应），应在全部范围的条件下进行测试。

在一系列的使用条件下，加热卷烟系统不应超过释放物的最大释放量，满足表 2-30 的要求，其他分析物应该测试至少 1 种更深度的抽吸模式，使用比生产商规定的更大的抽吸容量，和/或更长的抽吸时间。

待加热卷烟烟具工作结束或不再产生气溶胶时，评价释放物。

5. 生产过程控制

(1) 一般要求

加热卷烟烟支和加热卷烟烟具应在适当的质量管理体系下生产，建议生产设施通过 BS EN ISO 9001：2015《质量管理体系 要求》认证。

生产过程应被定义、控制、记录和定期内部审核，生产过程中的主要步骤应进行毒理学风险评估，确保生产过程无毒理学风险。

需明确生产过程中的毒理学风险评估，例如，可能的交叉污染（源于生产设备的重金属、有利于微生物生存的生产工艺步骤）。

用于批次放行或检测产品规格、测试方法和验收标准以及其他任何产品测试要求，均应该被定义、控制、记录和根据生产商明确的日程表进行内部审核。

(2) 来料检验

生产商应确保供应商供应的加热卷烟的任何部分的每一批次材料或部件符合其各自的要求和规格。通过以下两种方法实现：

- 接收供应商处的合格证书，并对供应商进行例行审核；
- 制造商对每一批次来料进行测试。

(3) 成品合格评定

制造商应使用基于风险的产品符合性方法来明确批次合格测试的频率和范围，确保加热卷烟系统满足本规范要求。

(4) 可追溯性

供应商应确保每一批次的加热卷烟烟支和加热卷烟烟具的可追溯性。

每一批成品均应分配一个唯一的识别号。半成品、原材料使用同一个识别号，供应商应确保每一批最早至原料的可追溯性。

所有加热卷烟烟支、加热卷烟烟具或者它们的组合的销售包装均应包括识别码，通过这个识别码供应商可明确标识唯一的生产批号、生产时间和生产设施。

6. 附录

本规范还包括4个附录，具体内容如下：
- 附录A（规范性附录）：加热卷烟组分和非烟草材料的毒理学风险评估；
- 附录B（资料性附录）：取样和测试；
- 附录C（资料性附录）：加热卷烟释放物气相中一氧化碳的分析方法；
- 附录D（资料性附录）：加热卷烟释放物气相中氮氧化合物的分析方法。

第六节 新型烟草制品中主要成分的质量安全要求

新型烟草制品中常用的成分包括烟碱、丙三醇、丙二醇。上述法规和技术标准中均规定应符合欧盟和美国药典要求，现具体介绍欧盟和美国药典关于上述物质的具体要求，详见表2-31。

表2-31 欧盟和美国药典对烟碱、丙三醇、丙二醇的具体要求

物质名称	美国药典（USP-35）	欧洲药典（EUP-52）
烟碱	1.烟碱含量不低于99.0%、不高于101.0%； 2.水含量不高于0.5%； 3.重金属含量不高于0.002%	1.烟碱含量不低于99.0%、不高于101.0%； 2.水含量不高于0.5%。
丙三醇	1.丙三醇含量不低于99.0%、不高于101.0%； 2.氯化物含量不高于10 μg/mL； 3.硫化物含量不高于20 μg/mL； 4.重金属含量不高于5 μg/mL； 5.灼烧残渣不超过0.01%； 6.有机物杂质：单个杂质含量不超过0.1%；有机物杂质总量不超过1.0%	1.无水状态下，丙三醇含量不低于98.0%、不高于101.0%； 2.卤代化合物含量最大不超过35 μg/mL； 3.糖类：向10 mL的溶液S（用无二氧化碳的水将117.6 g丙三醇稀释至200.0 mL）中加入1 mL的稀硫酸，并在水浴中加热5 min。然后加入3 mL的无碳酸稀氢氧化钠溶液，混合后逐滴加入1 mL新制备的硫酸铜溶液。此时溶液应清澈且呈蓝色。继续在水浴中加热5 min。溶液保持蓝色，且没有沉淀物形成； 4.氯化物含量不高于10 μg/mL； 5.重金属含量不高于5 μg/mL； 6.水含量不超过2%； 7.硫酸灰分不超过0.01%
丙二醇	1.丙二醇含量不低于99.5%； 2.灼烧残渣不超过70 μg/mL； 3.RESIDUE ON IGNITION NMT 70 μg/mL； 4.氯化物不超过70 μg/mL； 5.硫化物不超过60 μg/mL； 6.重金属不超过5 μg/mL； 7.水分含量不超过0.2%	1.重金属不超过5 μg/mL； 2.水分含量不超过0.2%； 3.硫酸灰分不超过0.01%

第三章 世界主要国家和地区对新型烟草制品的申请备案要求

第一节 欧盟

一、申请资料具体要求

电子烟在欧盟上市前，生产商和进口商需向成员国主管机构提供一份关于拟投放市场的申请资料，便于成员国主管机构对拟投放市场产品进行审查。为便于生产商和进口商提报申请资料，2015年欧盟委员会发布"欧盟委员会第（EU）2015/2183号执行决定电子烟和续液瓶申请资料通用格式"（COMMISSION IMPLEMENTING DECISION（EU）2015/2183 of 24 November 2015 establishing a common format for the notification of electronic cigarettes and refill containers），本决定的主要内容如下：

1. 相关背景

欧盟委员会考虑到《欧洲议会及欧盟理事会第2014/40/EU号指令：2014年4月3日关于统一各成员国有关制造、展示和销售烟草制品及相关产品的法律、法规和行政规定以及撤销第2001/37/EC号指令》，特别是第20条（13）款，

鉴于：

① 指令2014/40/EU要求电子烟和续液瓶的生产商和进口商向成员国主管机构提供一份关于拟投放市场或者在2016年5月20日已经上市销售的所有产品的申请资料。新产品投放市场前的6个月或者产品发生实质性改变均需提交信息。应该制定申请资料的格式。

② 在制定申请资料格式时，应考虑从相关的现有烟草成分报告格式中获得的经验和知识。

③ 用于提交电子烟和续液瓶信息的通用电子申请资料的格式应允许成员国和委员会对收到的信息进行处理、比较、分析，并得出结论。这些数据还将为评估与这些产品相关的健康影响提供基础。

④ 为统一执行2014/40/EU指令规定的备案责任，一个通用的用于提交数据的平台系统至关重要。特别是，一个共同的平台系统有助于协调制造商或进口商向成员国提交数

据。高效率的提交过程可以减轻制造商、进口商和国家监管机构的管理负担，便于数据对比。为便于多次上传，可以在共同的平台系统上建立一个数据存储库，以允许非机密文件的引用。

共同的平台系统应包括可预见的用于提交信息的工具，这些工具既适用于拥有全面的IT方案（系统对接提交）的公司，也适用于无此类IT方案的公司，特别是中小型公司。公司将获得一个提交者识别码，该公司的所有申请材料的提交均应使用该识别码。

⑤ 成员国应免费提供本决定规定的用于提交信息的工具，以提交2014/40/EU指令第20（7）条要求的信息。这些工具还有助于根据第20条提交有关电子烟和续液瓶的其他信息。应鼓励制造商和进口商向成员国提供最新的数据。为便于在欧盟内部比较，成员国应鼓励制造商和进口商在下一个自然年的上半年提交更新的数据。当以这种格式报告销售数据时，销售数据应与自然年挂钩。

⑥ 重新提交数据时，包括之前提交数据的补正信息，应通过共同的平台系统提交。

⑦ 为了确保所提交数据的质量和可比性，若适用，成员国应鼓励制造商和进口商使用已批准的标准或测试方法。在无欧盟或国际发布的标准或测试方法时，制造商和进口商应在申请材料中清楚地描述所用的测试方法，并应确保方法的再现性。

⑧ 为减轻管理负担和增加报告数据间的可比性，当测试投放市场的电子烟和续液瓶的组件时，成员国应鼓励制造商和进口商选择可共用的项目作为独立测试项目。

⑨ 虽然成员国对根据本决定收集的数据负全部责任，包括数据的收集、验证、适当分析、存储和传播，提交给成员国的数据有存储在委员会设施中的可能性。

委员会提供的服务应包括为成员国提供技术工具，以便于成员国履行指令2014/40/EU第20条规定的责任。委员会将以此为目的制定标准服务协议。为实施指令2014/40/EU，委员会应保存通过共同平台系统提交数据的离线副本。

⑩ 在提交具有相同成分和设计的产品信息时，制造商和进口商应尽可能使用相同的产品标识码，无论其品牌和子类型（subtype），也无论它们是否在一个或多个成员国投放市场。

⑪ 为确保产品信息对公众的最大可能透明度，同时考虑商业秘密，委员会制定机密数据的处理规则。消费者获得打算购买产品的有关信息充分性的合法期望应与制造商保护其产品配方的利益相权衡。考虑到这些利益竞争，原则上，特定产品中使用量少的成分的数据应保密。

⑫ 根据欧洲议会和理事会颁布的指令95/46/EC《欧洲议会和理事会95/46/EC号指令 关于个人数据处理的保护和此类数据的自由流动》和欧洲议会和理事会颁布的法规（EC）No 45/2001《欧洲议会和理事会（EC）No 45/2001法规，2000年12月18日对欧盟机构和团体进行的个人数据处理中涉及的个人保护与数据自由流通条例》中规定的规则和保障措施处理个人资料。

⑬ 该决定中规定的措施与2014/40/EU号指令的第25条委员会提到的意见一致。

2. 适用范围

① 成员国应确保电子烟和续液瓶的制造商和进口商按照附录提供的格式提交

2014/40/EU号指令第20（2）条涉及的信息，包括产品发生改变和退出市场。

② 成员国应确保电子烟和续液瓶的制造商和进口商通过共同的平台系统提交第1段中涉及的数据信息。

3. 相关内容

① 成员国为履行2014/40/EU号指令中第20（2）条的规定责任，在与委员会签署了服务协议的前提下，有权使用委员会提供的数据存储服务。

② 根据本决定首次向成员国提交信息前，制造商或进口商应申请由共同的平台系统生成的识别码（提交者识别码）。制造商或进口商应根据公司成立地的国家法律，提交公司基本信息和认证文件。提交者识别码将用于所有后续的信息提交和通信联系。

③ 基于上一条中提到的提交者识别码，制造商或进口商应为每个产品分配一个电子烟产品识别码（EC-ID）。

- 在提交具有相同成分和设计的产品的信息时，特别是当数据由集团公司的不同成员提交时，制造商和进口商应尽可能使用相同的电子烟产品识别码（EC-ID）。无论品牌、子类型和投放市场的产品数量，均应尽可能使用相同的电子烟产品识别码（EC-ID）。
- 若制造商或进口商无法确保具有相同成分和设计的产品使用了同一个电子烟产品识别码（EC-ID），应至少提供分配给这些产品的电子烟产品识别码（EC-ID）。

④ 在提交数据时，制造商和进口商应标记认为是商业秘密或其他机密的所有信息，并应要求证明其主张的正当性。

⑤ 为履行欧洲议会和理事会颁布的2014/40/EU号指令和（EC）45/2001号法规中关于传送数据的使用，原则上，委员会不将以下信息视为机密或相当于商业秘密：

- 电子烟烟液的最终配方中质量分数高于0.1%的成分；
- 根据2014/40/EU号指令中第20（2）条提交的研究和数据，特别是毒理学和成瘾性数据。当研究与特定品牌相关时，应删除涉及识别品牌的信息（明示或暗示产品品牌的信息），并且隐去品牌信息的版本应为可阅读的。

4. 申请材料中提交者的填报要求

提交者是对提交数据负责的制造商或进口商，应按照表3-1填写相关内容。

表3-1 提交者特征

项目	内容	描述	填写类型①	申请人认为信息的保密性
1	提交者_识别码	提交者_识别码是根据第4条确定的识别码	M	
2	提交者_姓名	提交者在成员国与税号关联的官方名称	M	

续表

项目	内容	描述	填写类型①	申请人认为信息的保密性
3	提交者_中小型企业	说明提交者或者其母公司（若存在）是否为2003/361/EC②定义的中小型企业	M	
4	提交者_税号	提交者的税号	M	
5	提交者_类型	说明提交者是制造商还是进口商	M	
6	提交者_地址	提交者的地址	M	
7	提交者_国家	提交者所在地/住所的国家	M	
8	提交者_电话	提交者的工作电话	M	
9	提交者_邮箱	提交者的功能性商业电子邮箱地址	M	
10	提交者_有母公司	若提交者有母公司，请勾选此框	M	
11	提交者_有分公司	若提交者有分公司，请勾选此框	M	
12	提交者_指定提交数据者（指定提交数据者）	若提交者已指定第三方代表为其提交数据，请勾选此框（指定提交数据者）	M	

① 通用格式中标记（M）的所有表格均为必填项。如果从先前变量中选择特定选项，则相关选填项（F）变为必填项。软件系统自动生成表格。对于要从列表中选择内容的表格，委员会网站上将提供、维护和发布相应的参考表。

② 2003年5月6日第2003/361/EC号委员会建议关于微型、小型和中型企业定义的（OJ L 124，2003年5月20日，第36页）。

(1) 生产商/进口商母公司特征

对于母公司应提供如下信息：提交者识别码（ID）（若有）、官方名称、地址、国家、工作电话和功能性商业电子邮箱地址。

(2) 生产商/进口商分公司特征

对于每一个分公司均应提供如下信息：提交者识别码（ID）（若有）、官方名称、地址、国家、工作电话和功能性商业电子邮箱地址。

(3) 代表提交者的第三方

对于第三方，应提供如下信息：提交者识别码（ID）（若有）、官方名称、地址、国家、工作电话和功能性商业电子邮箱地址。

5. 申请材料中产品信息要求

提交者应通过表3-2和表3-3如实填写产品信息，包括A部分和B部分。

(1) A部分

表3-2 产品信息描述—A部分

项目	内容	描述	填写类型①	申请人认为信息的保密性
1	提交：类型	提交备案的类型	M	
2	提交：起始日期	当提交产品信息时，提交日期将由系统自动填写	AUTO	
3	产品识别码（EC-ID）	EC-ID是系统中使用的产品识别码，以"提交者ID-年份-产品号"的格式表示（NNNNN-NN-NNNN），其中提交者ID是提交者的识别码（见上述），年份是指产品数据首次提交的年份（2位），产品号是指提交者首次提交数据时赋予的产品编号	M	
4	其他存在的产品识别码	说明提交者是否了解具有相同的设计和组成的已经投放在欧盟市场的其他产品，使用不同的电子烟产品识别码		
5	其他产品识别码	列出具有相同的设计和组成产品的电子烟产品识别码。若提交者无法提供电子烟产品识别码，至少应提供品牌全称、类型名称、产品投放市场所在的成员国	F	
6	其他存在的具有相同组成的产品	说明提交者是否了解具有相同组成（配方原料清单相同）但设计不同的电子烟烟液	M	
7	其他的具有相同组成的产品	列出具有相同组成但设计不同的电子烟烟液的电子烟产品识别码。若提交者无法提供电子烟产品识别码，至少应提供品牌、类型名称、产品投放市场所在的成员国	F	
8	产品：类型	关于产品的类型	M	
9	产品：电子烟烟液的质量	一个产品（包装）单元内电子烟烟液的总质量，单位用"mg"表示	F	
10	产品：电子烟烟液的体积	一个产品（包装）单元的电子烟烟液的总体积，单位用"mL"表示		
11	产品：生产商身份证明	若提交者不是生产商，生产商的公司名称，包括其联系方式②		

续表

项目	内容	描述	填写类型①	申请人认为信息的保密性
12	产品：制造商地址	对于每一个生产商，产品生产完成的地址		
13	产品：CLP分类	基于欧洲议会和理事会颁布的法规（EC）No 1272/2008③和"CLP标准应用指南"④中的规定，产品作为混合物的整体分类（包括标签要素）		

① 通用格式中标记（M）的所有表格均为必填项。如果从先前变量中选择特定选项，则相关选填项（F）变为必填项。软件系统自动生成（AUTO）表格。对于要从列表中选择内容的表格，委员会网站上将提供、维护和发布相应的参考表。

② 对于每一个生产商应提供如下信息：ID码（若有）、官方名称、地址、国家、工作电话和功能性商业电子邮箱地址。

③ 2008年12月16日欧洲议会和理事会颁布的第（EC）No 1272/2008号法规"关于物质和混合物分类，标签和包装，修订和废除指令67/548/EEC和1999/45/EC，修订法规（EC）No 1907/2006（OJ L 353, 31.12.2008, p. 1）"。

④《CLP标准应用指南》。

(2) B部分

当产品以不同的形式销售，或者相同的产品在不同的成员国销售，对于每一种销售形式和在每一个成员国销售，必须提交表3-3所示内容。

表3-3 产品信息描述—B部分

项目	内容	描述	填写类型①	申请人认为信息的保密性
1	产品品牌名称	产品在提交信息的成员国销售时使用的品牌名称	M	
2	产品品牌型号名称	在提交产品信息的成员国销售的产品的"产品型号"（如有）	M	
3	产品上市日期	提交者计划在市场上推出产品的日期或推出产品的日期	M	
4	产品退出市场通知	提交者计划从市场上撤回产品，或者从市场上撤回产品的通知	M	
5	产品退出市场时间	提交者计划从市场上撤回产品，或者从市场上撤回产品的日期	F	

续表

项目	内容	描述	填写类型①	申请人认为信息的保密性
6	产品提交者识别码	提交者内部使用的识别码	M 对于单个提交者提交的所有文件中，必须至少一直使用其中的一个编码	
7	产品通用商品代码	产品的通用商品代码（由12位数组成，一般在美国和加拿大使用）		
8	产品欧洲商品编码	产品的 EAN-13 或 EAN-8（欧洲商品编号）		
9	产品全球贸易项目代码	产品的 GTIN（全球贸易标识号）		
10	产品库存编码	产品的 SKU（库存单位）编号		
11	产品国家市场	向其提供产品信息的成员国	M	
12	产品包装单元	每个包装单元内的产品数量	M	

① 通用格式中标记（M）的所有表格均为必填项。如果从先前变量中选择特定选项，则相关选填项（F）变为必填项。软件系统自动生成表格。对于要从列表中选择内容的表格，委员会网站上将提供、维护和发布相应的参考表。

6. 产品中所包含原料成分的描述

对于产品中使用的每种成分，应填写以下章节中的内容。就产品而言，产品包含多种原料成分，每一种原料成分均应按照表3-4项目进行填写。

表3-4　产品中所包含原料成分的描述

项目	内容	描述	填写类型①	申请人认为信息的保密性
1	原料成分：名称	原料成分的化学名称	M	
2	原料成分：CAS号	CAS（化学文摘社）号	M	
3	原料成分：其他CAS号	其他的CAS号（如适用）	F	
4	原料成分：美国香料和香精制造者协会编码	FEMA "美国香料和香精制造者协会" 编码（如适用）	F 如果使用的原料成分无CAS号，至少提供左侧4个编码中的一个。如果原料成分有多个编码，这些编码应按照以下重要次序进行提供：美国香料和香精制造者协会编码>添加剂编码>欧洲香料编号>欧盟编号	
5	原料成分：添加剂编码	如果使用的原料成分是食品添加剂，欧洲议会和理事会颁布的法规第（EC）1333/2008号中附件II和III规定的食品添加剂"E号"①		
6	原料成分：欧洲香料编号	FL编号 "欧洲议会和理事会颁布的法规第（EC）1334/2008号附件I中规定的欧洲香料编号"②		
7	原料成分：欧盟编号	欧盟（EC）编号③（如适用）		

续表

项目	内容	描述	填写类型①	申请人认为信息的保密性
8	原料成分：用途	原料成分的用途	M	
9	原料成分：其他用途	原料成分的其他用途（如适用）	F	
10	原料成分：配方原料清单和用量	根据配方原料清单，产品中所含成分的重量，单位为"mg"	M	
11	原料成分：非雾化状态	关于原料成分在非雾化状态下是否具有已知类型的毒性，或具有致癌、致突变性或生殖毒性的说明	M	
12	原料成分：REACH 注册	根据欧洲议会和理事会颁布的条例第（EC）1907/2006号规定的注册号（如有）④	M	
13	原料成分：CLP 是否分类	关于原料成分是否已根据欧洲议会和理事会颁布的法规第（EC）1272/2008号进行了分类⑤，并且在分类和标签清单中的说明	M	
14	原料成分：CLP 分类	关于原料成分根据法规第（EC）1272/2008号的分类	F	
15	原料成分：毒理学数据	原料成分（无论是纯品，还是作为混合物的一部分）的毒理学数据。在每种情况下，该物质在加热和非加热情况下的毒理学数据的详细说明	M	
16	原料成分：毒理学_释放物	关于释放物的化学和/或毒理学的现有研究	F/M	
17	原料成分：毒理学 CMR（致癌的、致突变的或生殖毒性的）	关于原料成分的致癌、致突变或生殖毒性的现有相关研究	F/M	
18	原料成分：毒理学心肺功能	关于原料成分的体外和体内试验现有相关研究，以评估该原料成分对心脏、血管或呼吸道的毒理学影响	F/M	
19	原料成分：毒理学致瘾性	关于该原料成分可能成瘾特性分析的现有相关研究	F/M	

续表

项目	内容	描述	填写类型①	申请人认为信息的保密性
20	原料成分：毒理学其他	关于上述未提到的其他毒理学数据的现有相关研究	F/M	
21	原料成分：毒理学/致瘾性文件	上传以上六个方面的现有相关研究（原料成分：毒性数据、释放物、CMR、心肺、成瘾、其他）	F/M	

① 通用格式中标记（M）的所有表格均为必填项。如果从先前变量中选择特定选项，则相关选填项（F）变为必填项。软件系统自动生成表格。对于要从列表中选择内容的表格，委员会网站上将提供、维护和发布相应的参考表。

② 2008年12月16日欧洲议会和理事会关于调味品和某些食品成分的法规第（EC）1334/2008号具有食品中使用的调味特性，并修订了理事会条例第（EEC）1601/91号、法规第（EC）2232/96号和第（EC）110/2008号及指令第2000/13/EC号（OJ L 354 2008年12月31日，第34页）。

③ 根据欧洲共同体委员会1981年5月11日制定的第81/437/EEC号决定，该决定规定了成员国向委员会提供化学物质清单相关信息的标准（OJ L 167 1981年6月24日，第31页）。

④ 2006年12月18日欧洲议会和理事会关于登记、评估化学品的授权和限制（REACH），成立欧洲化学品管理局，修订指令1999/45/EC并废除理事会条例第793/93/EEC号和委员会条例第1488/94/EC号以及理事会指令第76/769/EEC号和委员会指令91/155/EEC、93/67/EEC、93/105/EC和2000/21/EC（OJ L 396 2006年12月30日，第1页）。

⑤ 欧洲议会和理事会2008年12月16日关于物质和混合物，修订和废除指令67/548/EEC和1999/45/EC以及修订法规第（EC）1907/2006号（OJ L 353，2008年12月31日，第1页）。

7. 释放物信息描述

在分析测试多种释放物的情况下，每一种释放物均应按照以下的要求进行信息填写。在一个包装单元内包括多个产品，或者电子烟和续液瓶有多种组合时，每一个产品或组合均应按表3-5要求的信息进行填写。

表3-5　释放物信息描述

序号	内容	描述	填写类型①	申请人认为信息的保密性
1	释放物：测试产品电子烟的产品识别码	如果产品需要其他的产品配合一起使用，则必须提供用于测试的其他产品的EC-ID。如果提交者无法提供其他产品的EC-ID，应至少提供其品牌和型号名称以及投放市场的成员国	F	

续表

序号	内容	描述	填写类型①	申请人认为信息的保密性
2	释放物：产品组合	如果一个包装单元内包括多个产品，或者电子烟和续液瓶的多种组合时，说明测试释放物的产品或组合	F	
3	释放物：方法文件	用于评估释放物测量方法的描述，包括参考相关发布的标准（如可用）	M	
4	释放物：名称	产品测试过程中产生释放物的名称	M	
5	释放物：CAS号	释放物的CAS（化学文摘社）号	F	
6	释放物：IUPAC	释放物的CAS号不存在时，应提供释放物的IUPAC（国际纯粹与应用化学联合会）编号	F	
7	释放物：释放量	基于所使用的测试方法，产品使用过程中产生释放物的释放量	M	
8	释放物：单位	测试释放物的单位	F	

① 通用格式中标记（M）的所有表格均为必填项。如果从先前变量中选择特定选项，则相关选填项（F）变为必填项。软件系统自动生成（AUTO）表格。对于要从列表中选择内容的表格，委员会网站上将提供、维护和发布相应的参考表。

8. 产品设计

表3-6 产品设计

序号	内容	描述	电子烟填写类型①	申请人认为信息的保密性	续液瓶填写类型①	申请人认为信息的保密性
1	电子烟描述	为便于识别产品，对其进行描述，包括对所有部件和单个部件（组件/电子烟烟液）的描述	M		M	
2	电子烟烟液体积/容量	以mL表示体积/容量（电子烟烟具应说明储液仓的尺寸；烟弹/雾化器、续液瓶应说明投放市场后的实际体积）	M		M	

续表

序号	内容	描述	电子烟填写类型①	申请人认为信息的保密性	续液瓶填写类型①	申请人认为信息的保密性
3	电子烟烟碱浓度	烟碱浓度，以 mg/mL 表示	F		M	
4	电子烟电池类型	电池类型的描述	F		N/A	
5	电子烟电池类型容量	说明电池的容量，单位以"mA·h"表示	F		N/A	
6	电子烟电压/功率是否可调节	说明电子烟的电压/功率是否可调节	M		N/A	
7	电子烟电压	若不可调节，说明电子烟的额定电压；若可调节，说明推荐的电压值	F		N/A	
8	电子烟电压下限	可获得的最低电压	F		N/A	
9	电子烟电压上限	可获得的最高电压	F		N/A	
10	电子烟功率	若不可调节，说明电子烟的额定输出功率；若可调节，说明推荐的输出功率	F		N/A	
11	电子烟功率下限	可获得的最低功率	F		N/A	
12	电子烟功率上限	可获得的最高功率	F		N/A	
13	电子烟进气量是否可调节	说明电子烟的进气量是否可调节	F		N/A	
14	电子烟导油材料是否可调节	说明消费者是否可以调节/改变/更换导油材料	M		N/A	
15	电子烟微处理器	说明电子烟是否包括一个微处理器	M		N/A	
16	电子烟加热丝材质	雾化器中加热丝的材质组成	M		N/A	
17	电子烟烟碱的剂量/摄入量文件	描述用于评价烟碱释放量和摄入量一致性的测量方法；若有，还应包括参考相关已发布的标准。并描述评估结果	M		M	
18	电子烟生产文件	最终生产过程的描述，包括批量生产	M		M	

续表

序号	内容	描述	电子烟填写类型①	申请人认为信息的保密性	续液瓶填写类型①	申请人认为信息的保密性
19	电子烟生产符合性	确保生产过程一致性的声明（包括但不限于批量生产的信息）	M		M	
20	电子烟质量安全	产品投放市场后，在正常及合理预期使用条件下，生产商和进口商对产品质量安全承担全部法律责任的声明	M		M	
21	电子烟打开/续液文件	若适用，打开和续液装置的描述	F		M	

① 通用格式中标记（M）的所有表格均为必填项。如果从先前变量中选择特定选项，则相关选填项（F）变为必填项。软件系统自动生成表格。对于要从列表中选择内容的表格，委员会网站上将提供、维护和发布相应的参考表。

二、备案材料提交指南

根据《烟草产品指令》（2014/40/EU），烟草产品、电子烟和续液瓶的制造商和进口商必须向其目的成员国主管当局提交关键信息。为确保制造商和进口商提供的信息能够形成统一的格式，便于数据比较分析，进而减轻制造商、进口商以及监管机构的行政负担，欧盟委员会与成员国和行业利益攸关方密切合作开发平台系统（EU-CEG），于2016年5月投入运营，并发布使用者使用指南（EU-CEG USER GUIDE THE EU COMMON ENTRY GATE）。制造商和进口商可参考使用指南，通过平台系统（EU-CEG）提交信息。

（一）提交者识别码的注册

只有获得提交者识别码（ID）的公司才能访问EU-CEG。因此，在提交任何申请材料前，提交者必须获得ID。

1. 是否需要识别码（ID）?

由图3-1可知：电子烟和续液瓶的生产商和进口商必须通过注册获得提交者识别码，每次提交产品信息时，使用该提交者识别码进行登录。关于提交产品信息的回复中都需要引用该识别码。

如果是代替生产商和进口商提交材料的第三方，例如生产商和进口商聘用的顾问或公司等，不需要提交者识别码。但是应使用生产商和进口商的公司信息填写注册表格，获得识别码。

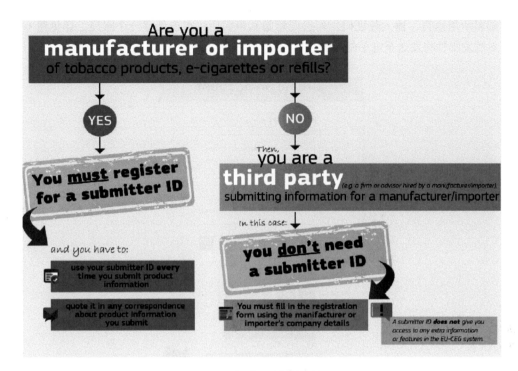

图3-1 判定是否需要识别码（ID）

2. 注册提交者识别码

注册提交者识别码的步骤如下：

第一步，首先需要创建一个EU账户（前身为ECAS）。

（1）打开EU登录网页（https://webgate.ec.europa.eu/cas/），点击创建账户，详见图3-2。

图3-2 创建账户第一步

（2）填写创建账户所需的基本信息，具体包括：名、姓、电子邮箱、确认邮箱、选择邮箱所用语言、输入验证码、勾选同意隐私声明后，点击创建一个账户，详见图3-3。一封触发邮件将发送至电子邮箱内。

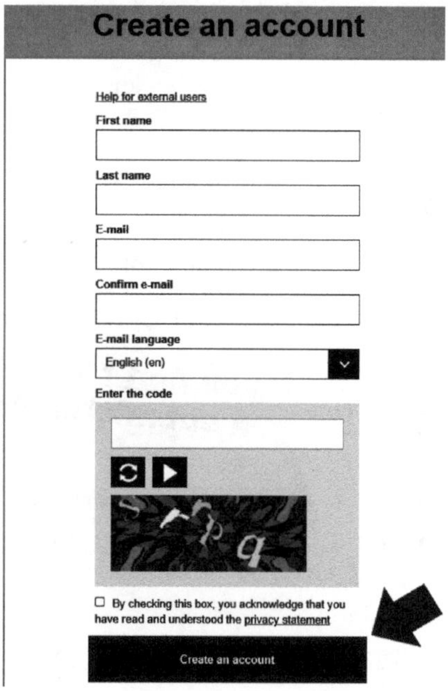

图3-3 填写创建账户基本信息

（3）登录邮箱后，点击已发送至邮箱内的链接，确认注册。

（4）该链接将引导进入密码设置页面，需输入并确认新密码。密码设置不能包括用户名，必须包括从以下4种字符中选择3种，4种字符分别为：大写A～Z；小写a～z；数字0～9；特殊字符：！"#￥%&'+,-/:;<=>?@[\]^_、{I}～

（5）点击"提交"。

（6）再点击"继续"以登录账号。完成后，将显示一条消息，确认可以访问该平台系统（EU），详见图3-4。

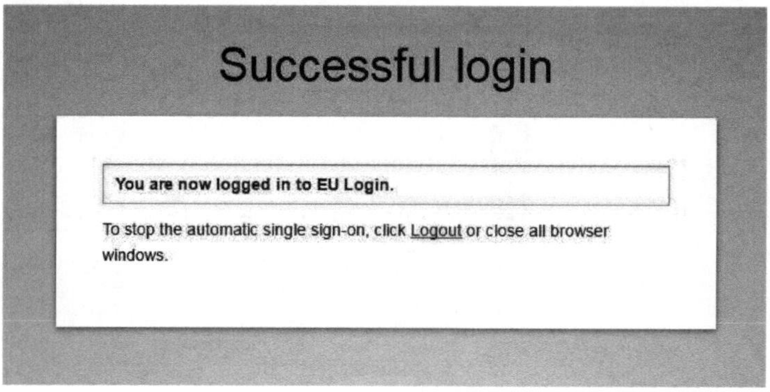

图3-4 登录账户

第二步，PDF注册表。

（1）通过"分步指南"第2.2节（https://health.ec.europa.eu/eu-common-entry-gate-eu-ceg/step-step-guide_en）或者通过访问网址（https://health.ec.europa.eu/system/files/2021-06/submitterid_registrationform_en_0.pdf）下载PDF注册表，并将PDF注册表下载到电脑上，详见图3-5。

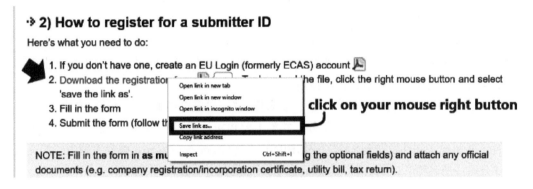

图3-5　下载PDF注册表

（2）使用Adobe Reader软件从保存的位置打开PDF注册表，并填写公司的相关信息。具体包括如下信息：公司注册名称（必填）、公司其他名称/简称（如有）、公司地址（街道、邮政编码、城市）（必填）、公司所在国家/地区（强制性）、公司网址、公司电子邮件地址（必填）、重新输入公司电子邮件地址（必填）、公司传真号码、公司电话号码（包括国际前缀）（必填）、公司增值税编号（欧盟增值税注册公司的必填项）、公司税务登记号。

（3）选择产品类型，包括烟草制品、电子烟/续液瓶、草本烟草制品。

（4）选择提交者是否为中小企业（必填）。

（5）选择拟使用的提交工具（必填）。可用的提交工具有两种，分别为"独立选项"（Standalone option）和"系统对接"（System to system）。公司根据IT基础架构和拟提交电子烟和续液瓶的数量确定提交工具：如果公司具有小型IT基础架构和/或打算提交电子烟和续液瓶的数量较少建议使用"独立选项"（Standalone option），反之建议使用"系统对接"（System to system），详见图3-6。

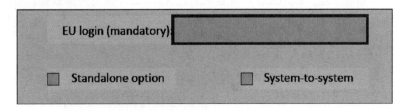

图3-6　选择拟使用的提交工具

（6）填写行业协会会员（如有）和协会的电子邮件地址（如有）。

（7）上传附件：需上传任何有助于核查的文件（如相关登记处的摘录），强烈建议提交此类文件，以便于核查。

技术备注：① 当附件超过10 MB时，某些邮箱无法发送；

② 附件只能是以下格式上传：jpg、jpeg、tiff、tif、xls、xlsx、doc、docx、ppt、pptx、bmp、png、pdf、txt；

③ 附件的名称中只允许使用A–Z中的字母和1–10中的数字。

（8）PDF注册表验证。PDF注册表完成填写后，将其保存在计算机上。在提交表格之前，必须单击"验证表格"，确保所有必填字段都已填写；如果验证报告显示出现错误，需要按照给出的说明更正PDF注册表。

确保互联网连接正常，然后单击"要求提交"。如果电子邮件客户端没有自动打开，可手动打开，创建一封新的电子邮件，并附上此PDF注册表，将PDF注册表发送到电子邮件，并将电子邮件发送到SANTE-SUBID-EU-CEG@ec.europa.eu。邮件主题为"提交者ID-[公司注册名称]（Request for submitter ID - [company registered name]）"。

第三步，提交者ID和参与方标识符（Party Identifier）。

（1）提交者ID

PDF注册表发送至SANTE-SUBID-EU-CEG@ec.europa.eu后，开始提交者ID分配的验证过程。委员会有权让申请人提供其他额外信息，在进一步核实之前，委员会可保留提交者ID；必要时，可撤回之前已分配的提交者ID。委员会将在尽可能短的时间内完成分配过程。请注意，提交者ID的分配并不是在收到PDF注册表后立即进行的，在申请高峰期，可能需要长达几天的处理时间。流程结束时，将收到一封电子邮件，确认提交者ID、解释未分配的原因或撤回该ID的决定。

（2）参与方标识符（Party Identifier）

在收到提交者ID几天后，还将收到参与方标识符。参与方标识符的分配过程可能需要几天时间，尤其是在繁忙时期。

在等待参与方标识符的同时，可以开始创建XML文件。一旦收到参与方标识符，将收到一封包含进一步信息确认的电子邮件，例如eTrustEx链接，必须通过eTrustEx链接上传XML文件。

（二）XML创建者工具

如前所述，EU-CEG系统要求通过XML文件提交产品数据。强烈建议使用欧盟委员会提供的XML Creator工具，针对提交者的方法/工具不提供任何支持。

1. 运行XML Creator工具

进入CIRCAB公共网站下载最新版本的XML Creator。在库中，将鼠标悬停在"tpd-xml-creator-toool-1.4.0.zip"上，然后单击出现在文件名下方的"下载"，如图3-7所示。

运行此JavaFX应用程序，需要在计算机上安装Java SE Runtime Environment 8（JRE 1.8），也可以下载最新版本的JRE。

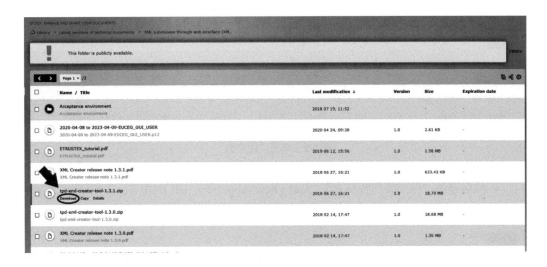

图3-7　下载XML Creator工具

按照以下步骤提取（解压缩）应用程序zip包并将其保存到选择的位置：

第一步，根据操作系统双击"run.bat"（Windows）或"run.sh"（MacO）：

第二步，EU-CEG XML Creator将在另一个窗口中打开，如图3-8所示。

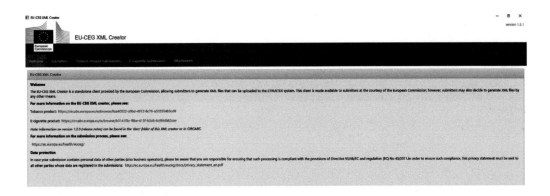

图3-8　打开EU-CEG XML Creator

注意：文件夹结构和/或其内容的任何更改都可能产生重大后果，包括数据丢失。因此，不要移动或重命名任何文件夹或文件，也不要手动更改XML文件的内容。

2. XML Creator工具的使用

原则上，初始信息应与提交者ID申请中的信息一致。XML文件可以更新以反映随着时间的推移发生的修改。XML文件的创建步骤如下：

- 在EU-CEG XML Creator的顶部导航菜单中，单击"提交者"（Submitters）（图3-9）。

图3-9　单击"提交者"

- 然后点击"添加新的提交者"（Add a new submitter）（图3-10）。

图3-10　点击"添加新的提交者"

- 在不同的空格中填写公司的有关信息（图3-11），相关成员国将通过这些信息识别产品。

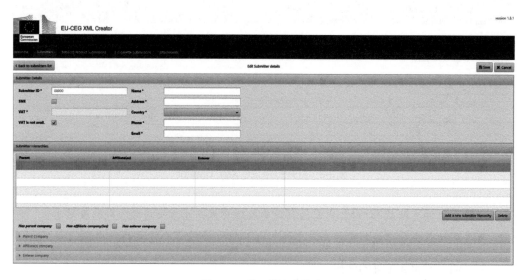

图3-11　填写提交者信息

- 提供所需数据后，单击窗口右上角的"保存"。然后单击"＜返回提交者列表＞"返回上一页（图3-12）。

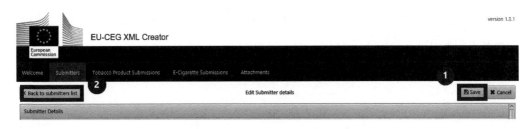

图3-12 "保存"后返回上一页

- 返回主页,点击"导出"生成文件(图3-13)。

图3-13 "导出"生成文件

- 如果公司的联系方式发生变化,可以点击"提交者列表"页面中的"编辑"来更新公司信息(图3-14)。

图3-14 通过"编辑"来更新公司信息

- "提交者详细信息"页面(图3-15)将再次打开。

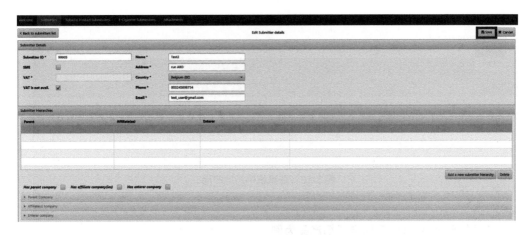

图3-15 填写提交者信息

- 更新信息并单击"保存"。

一个对话框将发出警告（图3-16），如果更改信息涉及提交者ID或提交者层次结构，则需要手动更新链接到相关产品中。

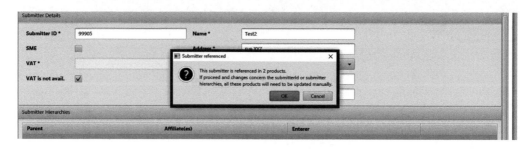

图3-16　弹出警告对话框

- 返回主页，单击"导出"以重新生成文件（图3-17）。

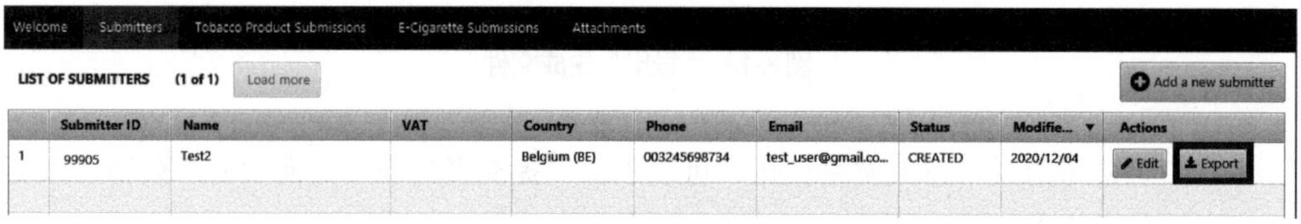

图3-17　重新生成文件

- 现在，可以在系统中添加产品（图3-18）。根据产品类型，选择选项卡中的"烟草产品提交"或"电子烟产品提交"。选择了正确的选项卡，可以开始创建产品文件。方法是单击"添加新烟草产品"或"添加新电子烟产品"，并填写相关的产品信息。

图3-18　在系统中添加产品

3. 举例：以添加一个新电子烟产品为例

单击"添加一个新电子烟产品"（Add a new tobacco product），打开的表单包括7个方面：提交信息、提交者、产品详细信息、产品介绍、原料成分、释放物和产品设计。

(1) 提交信息

每一部分都填写产品信息。通过单击相关选项卡的方法，从一个部分移动到另一个部分。所有标有星号（*）的空格均为必填项。每一部分完成后，点击"保存"。

如果有充分的理由对提交的信息保密，选中相应项目旁边的"保密"框。

(2) 提交者

填写提交者信息相关信息。

(3) 产品详细信息

每个产品ID由12个数字组成，产品ID结构包括3个字段，分别为提交者ID（5位数字）—产品申请提交年份（2位）—提交者选择的五位数字（5位），详见图3-19。

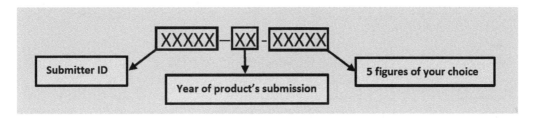

图3-19 产品ID构成

(4) 产品介绍

按照图3-20所示，填写产品相关信息。

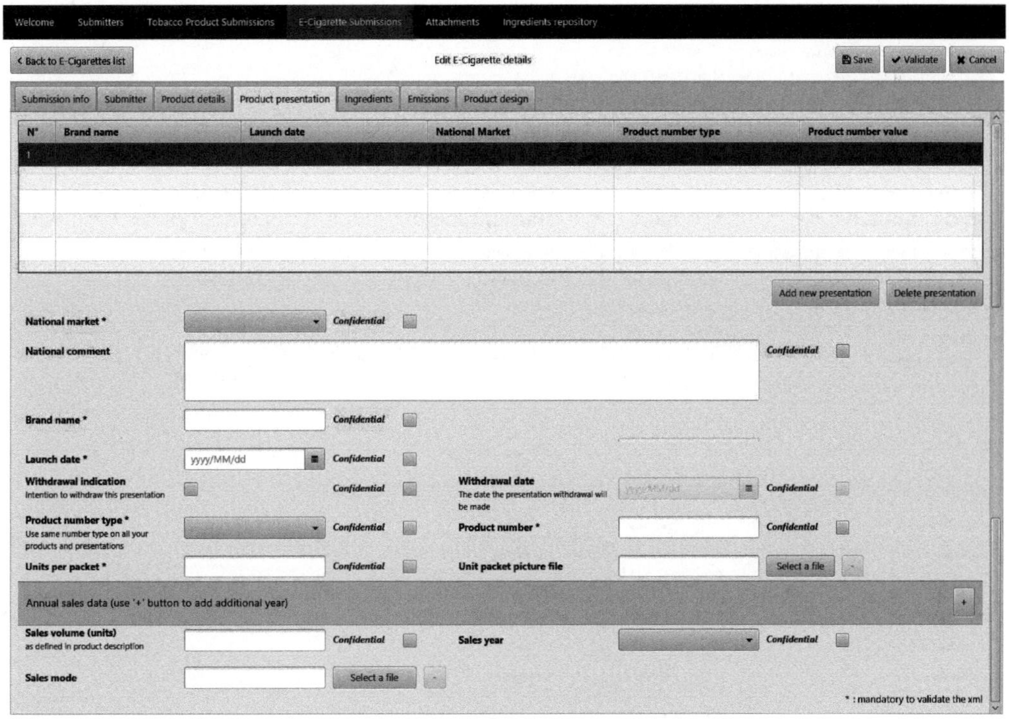

图3-20 填写产品介绍

(5) 原料成分

按照图3-21所示，填写产品所用原料成分。

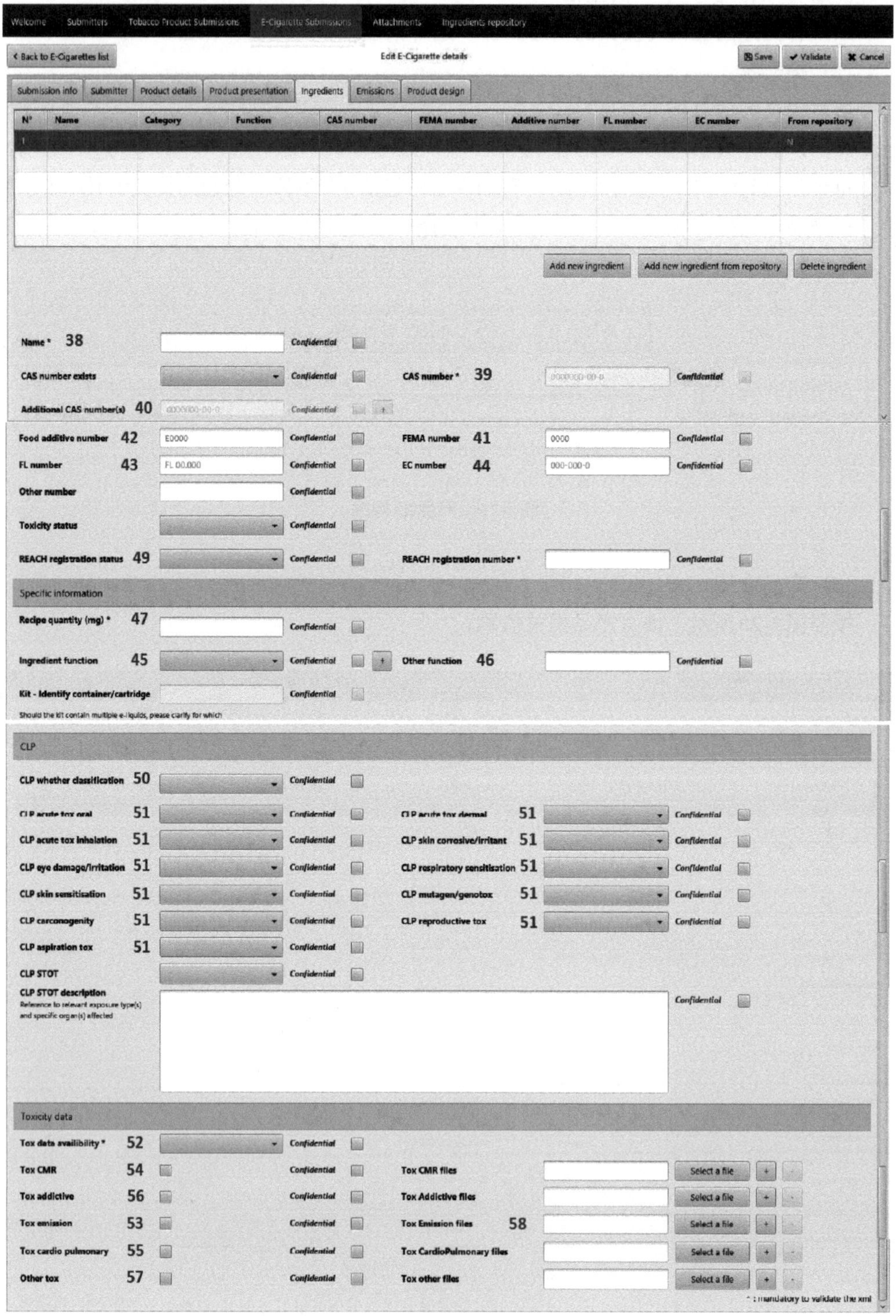

图3-21 填写原料成分

(6) 释放物

按照图3-22所示，填写产品的释放物相关信息。

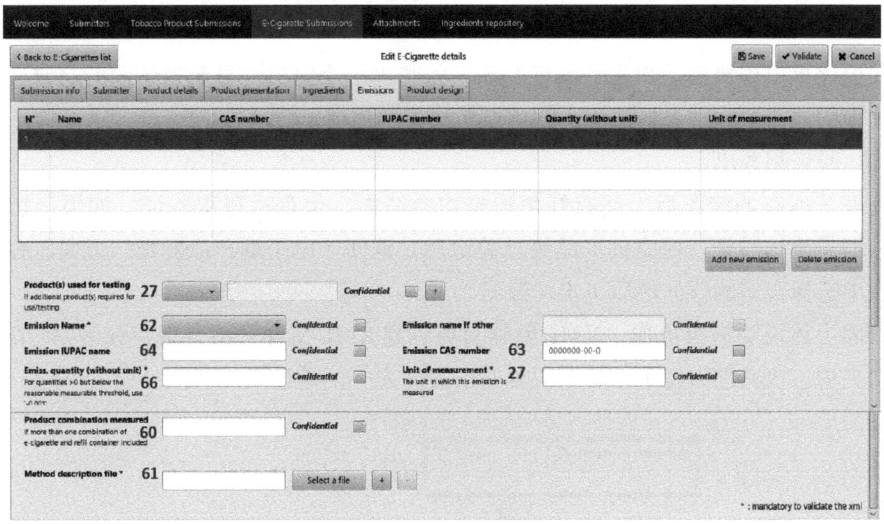

图3-22 填写释放物

(7) 产品设计

按照图3-23所示，填写产品设计的相关信息。

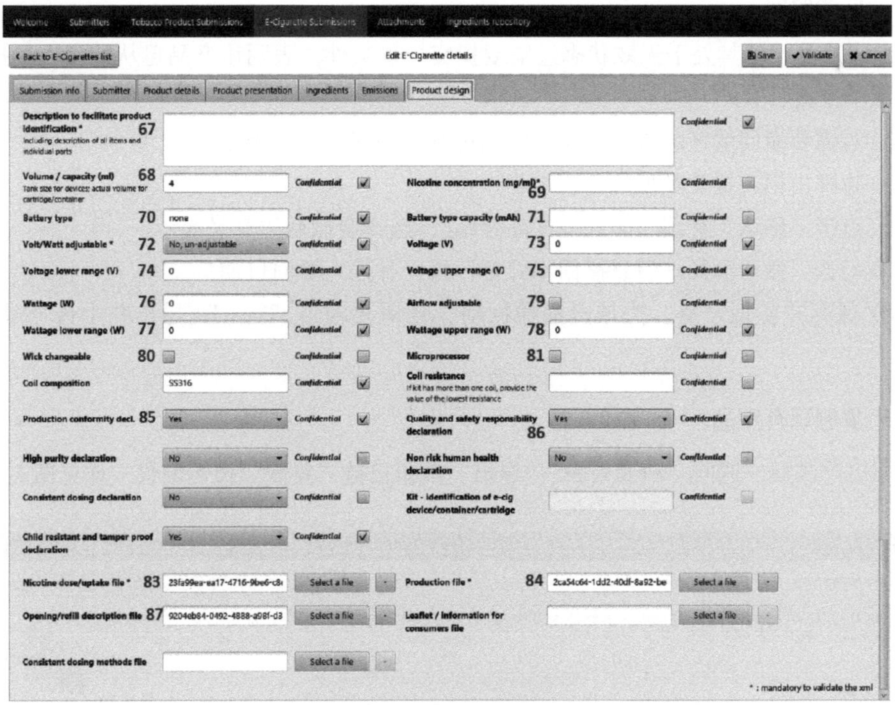

图3-23 填写产品设计

(8) 保存和验证

填写完成上述（1）～（7）七个方面的内容后，单击"保存"，然后单击"验证"。在导出 XML 文件前，验证是一个必要步骤，目的是验证是否以正确的格式提供了所有的必需信息。

如果表单出现错误，单击"验证"后，将弹出一个窗口，显示遇到的所有错误列表。提交信息中的错误或缺失的数据，将用红色边框突出显示。

(9) 验证和导出

处理了所有的错误后，所有红色边框均会消失，保存后再次验证。如果一切正确，则弹出消息确认验证。提交的产品经过验证后，返回"电子烟产品提交"页面。在这里，从列表中选择合适的行，然后单击"导出"。

按照上述说明进行操作，XML 创建者将创建 XML 文件并将其保存在名为"Export"的文件夹中，该文件夹位于创建者工具的根文件夹中，详见图 3-24。

图 3-24　文件保存途径

4. 产品撤回

撤回产品"使其处于无效状态"需要提交一份文件，表明该产品已从特定市场撤回，具体操作步骤如下：

① 对需要撤回的产品进行编辑，然后选择"提交类型 4–删除展示"。

② 将弹出相关提交类型的免责声明。

③ 点击"确认"继续；转到"产品介绍"，选择要撤回的产品展示。

④ 勾选"撤回通知—有意撤回本介绍"框，并插入撤回日期。

⑤ 保存并验证产品。完成产品撤回前，还需要通过 eTrustEx 导出并上传产品撤回文件。

5. 复制现有产品

导出产品后，返回"产品列表""导出"按钮已被"复制"按钮取代，详见图 3-25。

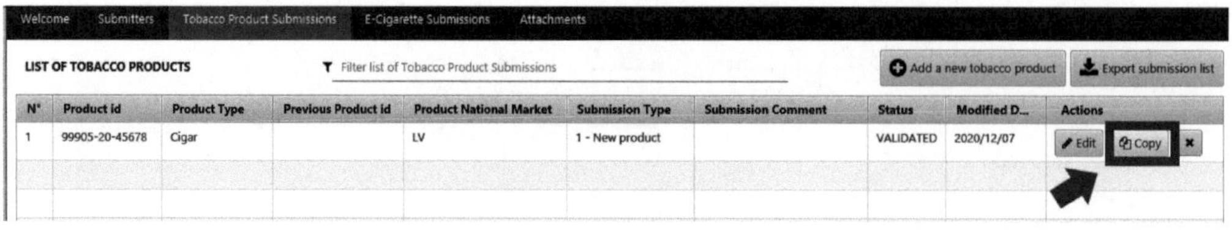

图 3-25　复制现有产品

可以使用此选项将具有相似特性的产品添加到产品列表中（例如，成分相同但风味不同），而无须再次填写每项内容。但是，必须确保在提交产品之前检查所有信息。具体复制步骤如下：

① 点击"复制"：一个对话框将告知正在复制已提交产品的申请材料，必须在"产品详细信息"下设置一个新的产品 ID，然后单击"保存"以完成新产品提交申请材料。

② 单击"确定"继续。进入复制产品的"提交信息"选项卡。

③ 转到"产品详细信息"，插入新的产品 ID 并保存。

④ 更改有关新产品的信息（如果需要），见"举例：以添加一个新电子烟产品为例"并填写相关内容。

6. 将产品列表导出到 Excel 表

添加所有产品后，可以将提交的产品列表导出为 Excel 格式。

① 进入产品列表（烟草制品或电子烟产品）。

② 点击"导出提交列表"。

③ 系统将显示一条确认消息，通知产品提交列表已成功导出：

④ 将在 XML 创建器工具导出文件夹中找到该文件（csv 格式），详见图 3-26。

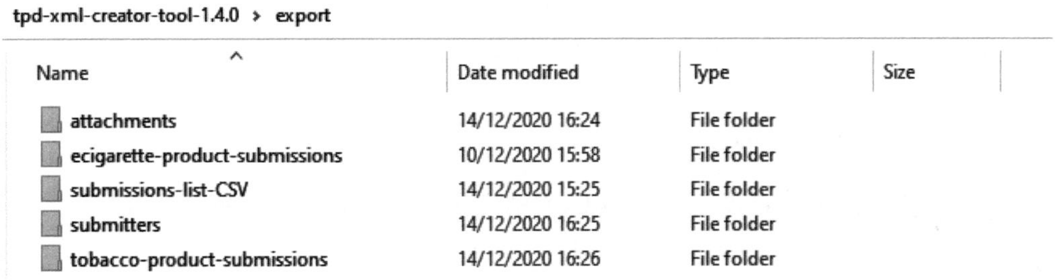

图 3-26　导出文件夹位置

7. 还原已删除的材料

删除已提交的材料后，XML 文件将被移至"数据＞回收＞烟草产品提交"（data＞recycled＞tobacco-product-submissions）或"数据＞回收＞电子烟产品提交"（data＞recycled＞ecigarette-product-submissions）。具体还原步骤如下：

① 关闭工具。

② 在"数据＞烟草制品提交材料"（data＞tobacco-product-submissions）或者在"数据＞电子烟产品提交材料"文件夹里复制备份文件。

③ 还原文件后，需要通过删除"数据文件夹"（data folder）里方框内的 4 个文件，以重新建立本地数据库，详见图 3-27。

④ 重启工具：还原的文件将重新出现在产品列表中。

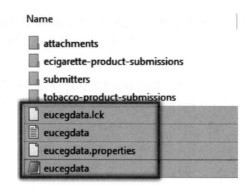

图 3-27　删除所选文件夹

8. XML 创建工具添加附件

在"附件"页面，可以创建附件并将其加载到 XML 创建器工具中。"附件"是指提交者希望在产品提交信息中添加的有关产品的一些特定信息相关文件，例如用于评估释放物测量方法的描述等，具体操作步骤如下：

① 单击顶部导航菜单中的"附件"选项卡，然后单击"添加新附件"。

② 选择要从计算机添加的文件，然后单击"保存"：

文件将被添加到附件列表中，能够在产品提交信息时使用这些附件。

（三）eTrustEx 网站

创建 XML 文件后，必须使用 eTrustEx 网站将其提交给 EU-CEG 系统。

首先通过网址登录进入 eTrustEx 网站。

一旦连接到欧盟登录页面，将被自动跳转到 eTrustEx 网站。

eTrustEx 的第一页是提交者的收件箱，将在此处收到每次文件上传尝试的反馈。

可以在页面右上角看到参与方标识符和使用的用户名。

1. 提交产品信息

成功提交产品后，数据通过不同的 XML 文件发送，这些文件应按特定顺序上传，并通过 eTrustEx 单独发送消息，具体步骤详见图 3-28。

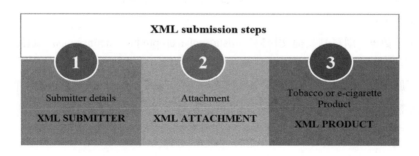

图 3-28　XML 提交步骤

① 发送"提交者详细信息（Submitter details）"XML文件。将在系统中"注册"公司详细信息，只需要发送一次，除非需要更新公司信息（如地址、电话等）的情况除外。

② 如果已将附件文件添加到产品提交中，发送附件XML文件。

③ 发送产品XML文件（烟草产品或电子烟）。

注意：不遵守此工作流将反馈一个错误，可在eTrustEx收件箱中看到该错误。

2. 如何上传和发送XML文档？

① 从eTrustEx的"收件箱"中，单击"新建"，将会打开一个新的网页，具体见图3-29。

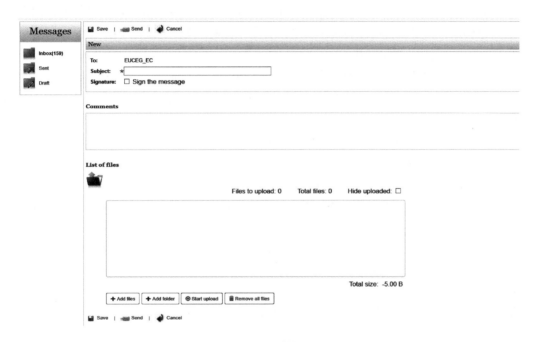

图3-29　打开的新网页

② 点击"添加文件"（Add files）或"添加文件夹"（Add folder）：选择"添加文件"时逐个添加XML文件；选择"添加文件夹"时，添加包含几个XML文件的整个文件夹，选择一个文件/文件夹，点击"打开"（Open）。文件将添加到文件列表（但是还没有上传）。

③ 点击"开始上传"（Start upload）。文件上传完成后，可以添加其他的文件或文件夹。

④ 一旦XML文件上传到邮箱中，点击网页底部的"发送"（Send）按钮，直接将XML文件发送到EU-CEG系统：

发送的每个文件，均能在收件箱中收到包含提交申请详细信息的回复。

⑤ 在收件箱中检查EU-CEG系统发送的回复。

如果回复是"成功"（SUCCESS），代表文件已上传成功。并基于产品提交申请材料中的展示（presentations），将文件送达相关成员国。

如果回复是"错误"（ERROR），文件未送达相关成员国。如果发生这种情况，需要检查错误消息，对提交申请材料做出相应的调整后，重新上传文件。如果在理解错误消息和/或如何解决时遇到困难，可通过电子邮件寻求帮助，邮箱地址为：SANTE-EU-CEG-ITSUPPORT@ec.europa.eu。

注意：在eTrustEx网站中上传附件，成员国是不可见的。新上传的附件必须在产品提交申请材料中引用（referenced），然后再次上传。

3. 一些常见错误及解决方法

常见的错误包括：必填项未填写，或者一些项未按照既定规则填写［如产品编号（product ID）］，以及当通过eTrustEx平台上传（有效）文件的过程中出现的一些错误。以下是常见的错误及解决方法：

（1）错误消息：XSD验证失败（<Message>XSD validation failed.</Message>）

当上传的文件来自XML创建者工具的"数据"文件夹，该文件夹的结构不正确，会出现该错误。

解决办法：必须上传位于XML创建者工具的"导出"文件夹中的XML文件，而不是位于"数据"文件夹中的XML文件，详见图3-30。按照以下说明进行操作：

- XML文件经XML创建者工具验证后，点击"导出"（export）。
- 在XML创建者工具根文件夹里，一个被命名为"导出"（export）的文件夹将被创建。
- 在"导出"（export）的文件夹里，可以找到具有正确XSD结构的XML文件，然后可以上传到eTrustEx。

图3-30　正确XSD结构的XML文件保存路径

（2）错误消息：无效的XML文档（<Message>Invalid XML document.</Message>）

在以下几种情况，可能出现该错误：

- XML文件不是真正的XML文件（例如，扩展名为doc、jpeg等的文件更改为XML）。
- 在无XML创建者工具的情况下，提交者自己创建了XML文件，并且缺少一些标记。
- 手动编辑XML创建者工具创建的XML文件，并留下错误。

平台系统仅接收 XML 文件，XML 的有效性由 EU-CEG 系统设置的 XSD 结构决定。可以在 CIRCAC 线上库中找到相关 XSD 结构。

（3）错误消息："提交类型"项的值不能为"1"，因为此产品已经提交（重复提交）〔<Message>The value of the 'SubmissionType' element cannot be '1' because a submission already exists for this product.</Message>（duplicate submissions）〕

该错误表明 EUEG 系统中已经存在该产品，系统不接受重复提交。换句话说，不能将提交类型为 1（已注册）的产品重复提交。

因此，如果该产品是一个新产品，需要更改产品 ID，并使用相同的提交类型再次提交。如果对现有产品进行变更，则必须重新提交该产品并选择合适的提交类型（表3-7）。

表3-7 提交类型

值（value）	提交类型（name）
1	关于新产品（新EC-ID）信息的备案
2	已告知产品的信息发生实质性变化，将会生成新的电子烟编号（EC-ID），新的电子烟编号可以链接到已备案的电子烟编号
3	已提交的产品申请材料中增加产品展示（如，目的国市场）（product presentation）
4	从已提交产品的申请材料中删除产品展示，包括产品撤回
5	已备案产品提交申请材料中的产品或产品展示需要更新信息，但又未到使用新的EC-ID的程度
6	定期（每年）更新备案产品所需提交的信息，例如销售数据或配料原料用量
7	更正已提交的产品申请材料中的文书/编辑错误

（4）错误消息：提交者使用的提交者 ID"XXXXX"尚未在 EU-CEG 系统中注册。（<Message>The Submitter with the submitter ID 'XXXXX' is not registered yet in the EU-CEG system.</Message>）

该错误与提交流程有关：发生此错误是因为在生成提交者 ID 或提交附件 XML 文件前，提交了产品 XML 文件。

正确的提交流程如下：

- 提交者 ID XML 文件（该文件仅上传一次，除非需要修改公司相关信息）。
- XML 文件附件：若有（一旦上传该附件，不需要再次上传、在产品文件中可以使用；除非在 XML 创建者工具中更新了附件）。
- 产品 XML 文件。

提交者在 eTrustEx 网站中按照上述顺序每种类型的文档都通过单独的消息进行发送。（在进入下一步前，应确保每一步回复均为"成功"[SUCCESS]）。

（5）错误消息：包含附件 ID '35981765-3431-43ae-b733-f8df06a53f6a' 的"方法文件"不存在。<Message>The 'MethodsFile' element with attachment ID' 35981765-3431-43ae-b733-f8df06a53f6a' does not exist.</Message>

在本例中，它是"方法文件"，但也可以是任何附件。就像错误消息（4）一样，同样在这种情况下，该错误也是"与提交流程相关"。这意味着未按照规定流程上传特定附件（在本例中为方法文件）。要修复此错误，需按照正确的顺序上传XML文件，并重复提交过程。

如果需要一些额外的帮助，可随时通过电子邮件联系EU-CEG支持：SANTE-EU-CEG-ITSUPPORT@ec.europa.eu（请确保提供提交者ID，同时发送错误消息的屏幕截图）。

（四）在组织中添加新用户

站在公司组织的立场，由本公司的管理员（local party administrator）来管理用户。公司的第一位管理员是由欧盟委员会设立的。一旦第一位管理员获得访问权限，将能够独立于委员会的服务来独立管理用户。

注意：建议设置一名备选管理员。

1. 添加新用户

当添加新用户时，一位管理员应该给新用户分配"角色"，"角色"将定义他们在平台系统中拥有的使用权限。有两种类型的角色：

① 操作者：该角色拥有上传文件并查看回复消息的权限。

② 管理员：除"操作者"的权限外，还有将系统中的"操作者"和"本公司管理员"角色授权给公司其他用户的能力。

注意：新用户需要一个EU登录账号，才能够被添加到公司中（organization）。

添加新用户的具体步骤如下：

第一步，在eTrustEx网页的右上角，点击"退出登录"旁边的"管理"（Administration）按钮。

网页将自动跳转到"管理"页面。在这里，可以看到组织的配置用户。

注意：公司的管理员可以访问多个公司。如果是这种情况，请打开下拉列表以显示所有公司列表。否则，将只看到已经显示的公司，详见图3-31。

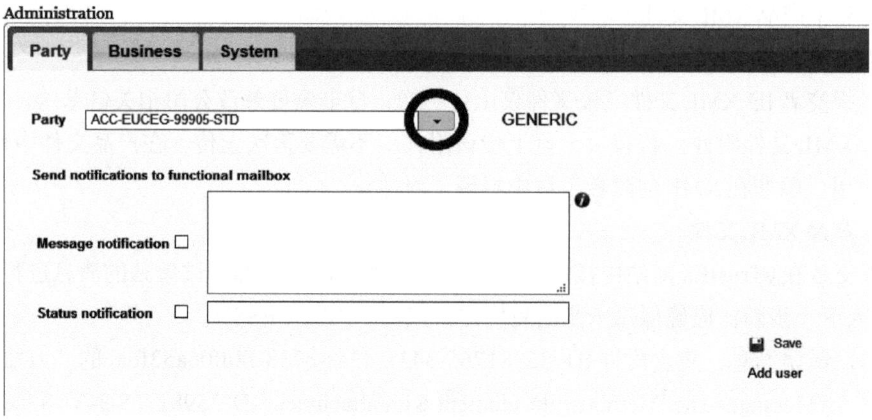

图3-31　显示公司列表

如果有其他功能邮箱，可以将其添加到下面标红的区域内，当收到新消息时，会向该邮件地址发送通知。

可以选择仅在提交完成（消息）或配置文件（状态）更改时接收通知，也可以同时选择这两个选项，需要激活该选项。

第二步，在组织中添加新用户，需单击"添加用户"（Add user），将有一个窗口弹出，按照提示，输入以下信息：

① 用户的全名。

② 用户提供的ECAS（EU login）唯一ID（委员会的唯一标识码，UID：Unique identifier at the Commission）。

注意：用户应提供UID，而不是登录用户名，UID可以在其欧盟登录账户详细信息页面中找到，通常以字母"n******"开头。

③ 可以选择输入电子邮件地址。当希望在产品已提交或状态已更改时收到电子邮件时通知，可以选择输入电子邮件地址。

④ 输入新用户角色。

操作者：该角色可查看所选组织的邮件。

管理员：该角色可查看消息并管理所选组织的用户。

第三步，单击"保存"（Save）以确认新用户的添加。该用户将被添加到组织中，对角色的任何更改都将在该用户下次登录时被激活。

2. 其他功能

① 编辑用户：单击姓名，弹出窗口将打开表单，可以在表单中修改所选用户的值（values）。

② 删除用户：单击用户右侧的图标，将弹出一个窗口以确认删除。点击"删除"（Remove）确认删除用户。

注意：在删除用户时，应确保至少保留一名"管理员"，否则将无法访问eTrustEx网站。若需访问eTrustEx网站，还需联系支持团队，支持团队将恢复注册表中使用的管理员。

第二节 美国

一、申请资料具体要求

申请人需按照"电子烟碱传送系统上市前申请导则"（Premarket Tobacco Product Applications for Electronic Nicotine Delivery Systems）向FDA提交申请材料。

（一）PMTA申请材料格式要求

根据《联邦法规21章》1105.10的规定，申请必须符合该申请导则要求，否则FDA可拒绝其提交的材料。

申请材料必须是英文的，或包含《联邦法规21章》1105.10（a）（2）中要求的"任何提交信息必须附带完整英文翻译"。对于英语外的语言编写的任何文件，建议提供原始文件、英文译本以及翻译成英语的准确证明。FDA建议PMTA申请材料要清晰易读，组织有序。

如果以电子方式提交申请，则必须根据《联邦法规21章》1105.10（a）（3），采用FDA可处理、阅读、审查或存档的格式。为便于审查，建议遵循FDA网站上提供的技术规范文件、文件格式和规范中的信息，具体如下：

- 静态的，即每次访问文档时，页面不重新格式化、重新编号或重新标注日期；
- 需要参考其他章节时，提供准确的链接；
- 使用户能够按纸张提供的方式如字体、方向、表格格式和页码逐页打印每个文档；
- 允许用户以电子方式将文本、图像和数据复制到其他通用软件格式。

为提高提交和审查流程效率，FDA建议按以下顺序组织PMTA申请材料的内容：

- 一般信息；
- 目录；
- 描述性信息；
- 产品样品；
- 标识；
- 环境评价；
- 所有研究结果摘要；
- 科学研究和分析。

（二）PMTA申请材料的具体内容

根据FD&C法案第910（b）（1）节要求，PMTA申请必须包含以下内容：

- 已公布或申请人已知的或申请人应合理知悉的所有信息的完整报告。这些信息包括已开展的研究，以显示该烟草制品的健康风险以及该烟草制品是否比其他烟草制品具有更低风险。
- 该烟草制品的组成、成分、添加剂和特性以及操作的完整说明。
- 该烟草制品的生产、加工、包装和安装（如相关）所用方法、设施和控制措施的完整说明。
- 第907节下适用于该烟草制品任何方面的任何标准的识别参考以及证明完全符合标准的充分信息，或证明任何偏离的充分信息。
- 委员会可能需要的烟草制品及部件的样品。
- 拟用于该烟草制品的标志样本。
- 委员会可能需要的与申请相关的其他资料。

具体内容如下：

1. 一般信息

FDA建议附上一封信,包含基本信息,包括申请人以及正在申请销售许可的具体产品。这封信应在提交材料上注明"上市前烟草制品申请(PMTA)",并包括以下信息:

- 《联邦法规21章》1105.10(a)(4)要求的公司名称和地址。
- 《联邦法规21章》1105.10(a)(4)和(5)要求的美国法定机构或代理人姓名和地址。FDA还建议提供公司名称、电话号码、电子邮件和传真号码。
- 《联邦法规21章》1105.10(a)(7)要求的申请产品的基本信息。
- 申请产品之前提交上市前申请资料的信息,例如实质性等同报告或之前的PMTA申请。
- 与FDA就新烟草制品召开会议的日期和目的。
- 关于PMTA如何满足FD&C法案第910(b)(1)节内容要求的简要说明,如哪些申请内容满足法定要求。
- 与PMTA一起提交的所有附件和标识的清单。
- 《联邦法规21章》1105.10(a)(9)要求的授权代表申请人、居住在美国或在美国有营业地的负责官员的签名。

2. 目录

FDA建议包括一个完整的目录,指定每一部分章节和页码,包括申请的相关网页的链接。PMTA和任何修改也应包含一个综合索引(即文件和数据列表)。

3. 描述性信息

FD&C法案第910(b)(1)节要求提供描述申请产品的主要信息。建议包括以下内容:

(1) 申请产品的独特标识。

FDA建议产品的唯一标识按照以下几类分别介绍。

① 电子烟烟液 应包括以下信息:
- 产品名称;
- 类别:电子烟;
- 子类别:电子烟烟液;
- 包装类型;
- 包装数量(例如,1瓶,5盒);
- 特征风味(对于无特征风味的产品,唯一性标识应明确说明不存在特征风味;例如:"特征风味:无");
- 每个包装中电子烟烟液体积(mL);
- 烟碱浓度(mg/mL);
- 丙二醇(PG)/丙三醇(VG)的比值。

② 封闭式电子烟或预填充式开放式电子烟 应包括以下信息:
- 产品名称;

- 类别：电子烟；
- 子类别：封闭式电子烟或预填充开放式电子烟；
- 包装类型；
- 包装数量（如1支，5支）；
- 特征风味（对于无特征风味的产品，唯一性标识应明确说明不存在特征风味；例如，"特征风味：无"）；
- 尺寸，如长度等；
- 丙二醇（PG）/丙三醇（VG）的比值；
- 烟液体积（mL）；
- 功率；
- 电池容量（毫安时）。

③ 非预填充的开放式电子烟（例如，不含烟液的可填充电子烟）应包括以下信息：

- 产品名称；
- 类别：电子烟；
- 子类别：开放式电子烟；
- 包装类型；
- 包装数量（如1支、5支）；
- 对于无特征风味的产品，唯一性标识应明确说明不存在特征风味；例如，"特征风味：无"；
- 尺寸，如长度等；
- 长度；
- 功率；
- 电池容量（mA）。

④ 组合包装的电子烟应包括以下信息：

- 类别：电子烟；
- 子类别：组合包装电子烟；
- 包装类型；
- 包装数量（如1支电子烟、5支电子烟）；
- 对于无特征风味的产品，唯一性标识应明确说明不存在特征风味；例如，"特征风味：无"；
- 尺寸，如长度等；
- 烟碱浓度（mg/mL）；
- 丙二醇（PG）/丙三醇（VG）的比值；
- 烟液体积（mL）；
- 功率；
- 电池容量（mA）。

(2) 申请产品的简明而完整的描述。

(3) 根据FD&C法案第907节的规定，任何适用于申请产品的相关烟草标准的参考资料以及表明申请产品符合标准的信息或证明任何偏离该标准的充分信息。

(4) 产品配方和设计概述。

(5) 产品使用的任何风味物质的名称和说明。

(6) 烟碱浓度。

(7) 产品使用条件或使用说明。

(8) 产品销售限制。

4. 产品样品

FD&C法案第910（b）(1)（E）节要求，PMTA应包含FDA合理要求的申请产品样品及其组件样品。FDA将对PMTA进行备案审查，初步确定是否需要样品，如需要，还需要申请人提交用于检测分析的一定数量的样品。FDA预计，在大多数情况下都需要样品，如果申请文件不需要样品，通常会通知申请人。

FDA将采用邮件形式告知申请人，告知内容包括要求提交样品的数量以及申请人提交样品的说明。样品应按照邮件内容进行提交，并直接寄送至邮件指定地址。

5. 标识要求

根据FD&C法案第910（b）(1)（F）节要求，PMTA申请材料中必须包括申请产品的所有标识样稿。标识应包括标志、插页、说明以及其他随附信息或材料。提交的标识样稿应清晰易读，并反映出作为PMTA一部分的新烟草制品使用的实际尺寸和颜色。提交的标识样稿还应包括适用于产品类别的警语（如所需成瘾警语和烟碱接触警语），并且必须遵守《食品、药品和化妆品法》规定的所有其他适用标识要求。

为确保申请产品无虚假标识，并且确保"允许产品上市有利于保护公众健康"，FDA建议产品标识包括文字或图表（除关于烟碱成瘾性的警语和推荐的烟碱暴露警语外），尽量减少由文字或图表引起的使用产品风险。标识应针对烟草产品的使用者和非使用者，并应包括使用、储存和充电的说明（如可能）。

6. 环境影响评估

环境评估资料必须包含在电子烟PMTA申请材料中，以供FDA审查。根据《联邦法规21章》25.15的规定，除非符合明确豁免条件，申请人必须根据《联邦法规21章》25.40要求内容开展环境评估。有关环境评估的更多信息，请参见《联邦法规21章》第25部分。

7. 研究信息总结

FD&C法案第910（b）(1)（A）节要求PMTA申请材料中应提供包含所有已发布、已知悉或应合理知悉的文献总结报告，这些文献可证明申请产品的健康风险以及它是否比其他烟草制品的风险更低。同时，为确保FDA充分了解研究信息总结中的数据和信息，建议包含一份结构清晰的摘要和数据定量结果，这将有助于加快FDA的审查。

FDA建议"摘要"应包括对申请产品的使用描述以及对PMTA申请材料中所有研究信息的总结，包括产品的健康风险（如毒理学测试结果）、产品对当前消费者烟草使用行为的影响、对非吸烟者开始使用烟草制品的影响以及该产品对整个人群的影响。具体包括以下内容：

- 相关的非临床和临床研究摘要，无论这些结果对申请产品是否有利。如果作为某个产品的替代或补充，提供与这些产品相似的特性（类似的材料、组件、设计、成分、热源或其他特性）。若无相关健康研究信息，建议在本部分说明。
- 与市场上其他烟草制品（如其他电子烟，燃烧类烟草制品如卷烟）相比，申请产品对消费者和非使用者的相对健康风险，包括同一类产品的比较（因为现有产品消费者可能会转而使用新销售的同类产品类别）以及与从不使用烟草制品的健康风险比较。
- 在消费者可能使用的操作条件下（例如，各种温度、电压、功率设置）和使用模式下（例如密集和非密集使用条件），释放物中相关成分的释放量和物理特性。
- 根据申请材料中的研究信息，当前非烟草制品消费者开始使用申请产品的可能性或戒烟者重新使用烟草制品的可能性。
- 根据申请材料中的研究信息，消费者可能会使用申请产品，继而使用其他风险更高的烟草制品（如卷烟等）的可能性。
- 根据申请材料中的研究信息，消费者同时使用申请产品和其他类型烟草制品的可能性。
- 根据申请材料中的研究信息，当前烟草制品消费者转抽该烟草制品而非戒烟或使用FDA批准的戒烟产品的可能性。
- 滥用性评估（即新产品的成瘾性、滥用性，错误使用的可能性以及在产品使用过程中烟碱暴露情况）。
- 关于消费者抽吸参数的评估（如抽吸容量、抽吸持续时间、抽吸强度、使用持续时间）、消费者使用产品的频率以及随时间推移消费产品的趋势。
- 相关讨论，说明申请材料中包含的数据和信息可证实申请产品上市可能带来较低风险。

FDA建议开展申请产品可能对整个人群的健康产生的影响全面评估。评估应包括所有有关产品及其对健康、烟草使用行为和开始使用烟草的潜在影响的所有信息，以推断申请产品销售对烟草相关发病率和死亡率的潜在影响。比如，申请人可通过综合考虑申请产品与其他烟草制品相比的疾病风险降低的可能性、当前烟草消费者改用申请产品的可能性、与非吸烟者使用烟草制品产生的疾病风险的可能性等多方面进行权衡以及对整个人群的健康影响进行全面评估。

8. 科学研究和分析

第901（b）(1)（A）、(B)和（C）节要求申请材料包括"所有已发布、已知悉或应合理知悉的文献总结报告，这些文献可显示申请产品的健康风险以及它是否比其他烟草制品具有更低风险"，本节提供了FDA关于这些要求的建议。

FDA建议将引用的所有科学研究和分析的完整报告、完整声明和完整描述组织成一个单独部分。对于每项研究，应说明所研究的产品是否与新烟草、新烟草制品的不同版本（例如，早期原型）或与另一个产品是否完全相同，具体包括以下几方面：

（1）产品生产分析

FDA建议包含FD&C法案第910（b）（1）（B）和（C）节要求的有关申请产品及其制造的详细技术信息和分析。

电子烟产品应开展产品分析测试，应提供所有测试的完整报告，包括以下信息（如适用）：

- 能够可靠反映产品制造的数据。如依据方法变异，FDA建议数据涵盖3个或更多不同批次，每个批次至少有7个重复。
- 检测实验室的资质信息。
- 实验方法的选择依据、信息确认以及相关试验标准。
- 关于释放物产生方式的详细描述。

（2）组件、成分和添加剂

申请产品的化学成分是消费者暴露有害成分的主要指标。FD&C法案第910（b）（1）（B）节要求，对烟草制品的组件、成分、添加剂、特性以及使用方法进行全面描述。申请人应提供一份完整的申请产品组件、成分和添加剂的清单以及使用说明和相关功能。

FDA建议列出有关该产品包装系统的信息。包装系统是指烟草制品的组成部分或任何组成部分的包装材料。对于电子烟烟液来说，是盛装电子烟烟液的容器（例如，玻璃瓶、塑料瓶）。包装系统经常会影响或改变烟草制品的性能、组成、成分或特性。比如，包装系统可能有意或无意地将包装材料中的成分转移到产品中。

该清单还应规定各部分的功能、等级或纯度。特有组件、成分和添加剂及其含量，请参考FDA的行业指南《烟草制品成分清单》（详见本书第一章第三节二"烟草制品成分清单"的相关内容）。

（3）产品特性

申请产品特性会影响消费者的健康风险。FD&C法案第910（b）（1）（B）节要求PMTA申请材料中应包括申请产品特性的完整声明。以下信息将有助于满足FD&C法案的法定要求，并帮助FDA确定"允许产品上市有利于保护公众健康"。

① 产品尺寸和产品整体结构的描述（需使用图表或示意图，清楚地描述产品及其组件的尺寸、操作参数和材料）。

② 产品所有设计特征的描述，说明设计特征的明确范围或标称值以及设计偏差（如适用）。

③ 性能的定量描述。

④ 产品包装的描述。应包括包装如何保护和放置产品的信息，如运输过程中的损坏、环境污染、包装材料中的成分迁移到产品中的信息（FDA希望该文件由申请人、包装材料供应商，或与申请人或生产商签订合同的实验室提供）。

⑤ 产品与市场上同类产品的差异描述（如产品设计参数、组成等）。例如，如果申请产品是针对电子烟烟液的，建议与其他具有相近烟碱含量、风味和其他成分的电子烟烟液在相同的方式、相似的使用条件下进行比较。由于预计同一类别的现有产品消费者可能会转而使用新上市的产品，因此FDA必须能够评估这种转抽是否会导致更低或更高的

公共健康风险。应描述申请产品与同类产品的相似性和差异性。

⑥ 申请产品的稳定性。应提供以下几方面的资料：
- 申请产品的保质期；
- 在保质期内pH值和成分的变化（包括HPHCs和其他有害物质）；
- 决定保质期的因素（如电子烟烟液体积、电源、雾化方式、加热丝等）；
- 稳定性如何受储存条件的影响，如湿度和温度，并提供所有稳定性试验的完整报告；
- 在产品保质期内，产品性能下降的表现形式（例如气溶胶流速降低或气溶胶成分变化）。

⑦ 开展因正常使用和可预见的错误使用而可能导致的疾病或伤害的产品设计危害评估，包括采取的行动或计划，以减少、减轻或消除设计可能产生的危害。

⑧ FDA还建议提供一份完整清单，列出确定的成分或化学物质以及产品中包含或产品可能产生的其他有害成分，如有害成分迁移或老化产生的反应产物。这类信息可通过测试产品的成分或释放物来提供。

FDA建议测试反映消费者可能使用产品的操作条件范围（如加热温度、电压、功率设置）和使用模式（例如密集和非密集使用条件）以及消费者可能同时使用的产品类型。例如：
- 对可续液式电子烟（即包括消费者可重新填充电子烟烟液的电子烟）应在各种条件下特别是不同烟碱浓度下进行测试；
- 烟弹式电子烟（含可更换烟弹）应对可能使用的不同烟弹进行测试；
- 不可续液的封闭式电子烟（包括不可再填充的贮存器），应与一起包装和销售的电子烟烟液一起进行测试；
- 组件或零部件应使用可与之一起合理使用的产品进行测试。

FDA建议电子烟烟液生产商对低递送气溶胶的电子烟（如开放式可重复填充的烟弹式电子烟）以及不同温度和电压下高递送气溶胶的电子烟（如tank和MOD系统）进行成分转移测试。测试条件包括非深度抽吸模式（例如较低的暴露水平和较低的气溶胶释放量）和深度抽吸模式（例如较高的暴露水平和较高的气溶胶释放量），通过测试确保FDA能够了解气溶胶可能的释放量水平。

为便于FDA评估申请产品潜在的健康风险，并做出"允许上市可降低人群健康风险"的结论，FDA建议在电子烟烟液或/和释放物中考虑以下成分或化学物质：
- 乙醛、乙酰丙酰基（也称为2,3-戊二酮）、丙烯醛、丙烯腈、苯、乙酸苄酯、丁醛、镉、铬、巴豆醛、丁二酮、二甘醇、乙酸乙酯、乙酰乙酸酯、乙二醇、甲醛、糠醛、丙三醇、缩水甘油、乙酸异戊酯、乙酸异丁酯、薄荷醇、醋酸甲酯、正丁醇、镍、任何来源的烟碱（包括总烟碱、游离烟碱和烟碱盐）、NNK"[4-(甲基亚硝胺)-1-(3-吡啶基)-1-丁酮]"、NNN（N-硝基降烟碱）、丙酸、丙二醇、环氧丙烷、甲苯。

其他成分视具体产品而定。例如，应考虑是否测试可能是呼吸刺激物的香味成分，如苯甲醛、香兰素和肉桂醛。

上面列出的一些成分或化学物质可能是电子烟烟液中的成分（例如薄荷醇、丙三醇、二甘醇、缩水甘油）。在这种情况下，可以使用电子烟烟液中的使用量来代替电子烟释放物中的释放量，这种情况下需明确说明该物质是添加量，而非产品测试值量。FDA还建议申请人说明原因（如产品中的化学反应不会改变化学物质的量）。除成分外，还建议说明电子烟烟液pH值。

FDA还建议提交产品符合相关标准信息，选择该标准的原因以及证明符合该标准的测试数据。

（4）使用方法

FD&C法案第910（b）（1）（B）节要求提交一份完整的申请产品"使用方法"。FDA将完整的原则声明或使用方法解释为包括对消费者使用申请产品的方式的完整叙述性描述，包括消费者如何使用产品的描述，生产商认为消费者可以改变的产品特性、调整性能、添加或减少成分等。

（5）生产制造

根据FD&C法案第910（b）（1）（C）节的要求，必须提供申请产品制造、加工、包装和安装（如相关）所用方法、设施和关键点控制的完整说明。

FDA建议提供申请产品所有生产、包装和控制场所的清单，包括工厂名称和地址、工厂标识号（如有）以及每个工厂的联系人姓名和电话号码。此外，建议提供叙述性说明，并附上所有标准操作程序（SOP）列表和摘要以及相关表格和记录的示例，需提供以下类别的信息：

- 每个工厂的制造和生产活动，包括设施和所有生产步骤的说明；
- 管理监督和员工培训；
- 产品设计的制造过程和控制，包括详细说明产品设计属性与公共健康风险的相关性危害分析以及应急处理措施；
- 与识别和监控供应商和供应产品有关的活动（例如，包括采购控制和材料验收活动）；
- 用于确保申请产品符合要求的产品检验记录，包括产品符合的任何标准。

如果需要的话，FDA可以要求提交所选标准操作规程的副本，以使FDA能够更全面了解申请产品的制造和加工过程中使用的方法、设施和控制措施。

9. 非临床和人群研究

申请人需提供非临床和临床研究信息，包括但不限于成分、释放物、毒理学、消费者暴露、消费者使用概况和消费者风险认知的任何研究。此外，还需提供具有与申请产品相似或相关的组件、成分、添加剂或设计特征的产品调查信息以及申请产品的设计特征，以便FDA能够充分评估产品的健康风险。在信息可用的范围内，应说明所有研究的资金来源，并提供一份关于研究者方面任何潜在财务或其他利益冲突的声明。

由于电子烟出现时间较短，FDA承认对电子烟产品进行的非临床或临床研究可能有限。因此，申请人很可能会自己进行某些研究，并提交自己的研究结果作为其PMTA申请材料的一部分。然而，一般来说，FDA并不要求申请人必须进行长期研究来支持申请。

根据FD&C法案第910（b）（1）（A）节要求申请人提供"所有信息的完整报告，已发表或申请人已知，或理应知悉的"，FDA解释为所有信息包括美国境内和境外进行的研究。申请人必须提交与相关临床研究有关的所有信息的完整报告。

对于已发表的有关申请产品健康风险调查的研究，为便于审查，应提供研究目录和每项研究的所有文章的完整副本。还应说明为检索相关研究而进行的文献综述范围，包括如何确定、收集和综述这些研究。此外，对于申请人开展的或代表申请人开展的研究，应提交完整的研究报告和数据。具体内容如下。

（1）研究摘要

摘要应包括：

- 研究目标的描述；
- 对研究设计（或假设检验）的描述；
- 任何统计分析计划的说明，包括如何收集和分析数据；
- 对调查结果和结论的简要描述（肯定的、否定的或不确定的）。

（2）研究报告

对于每项关于申报烟草制品的健康风险的研究，FDA建议在可获得或合理获得的范围内包括以下信息：

- 研究方案以及相关修正的副本；
- 所有研究要求的副本；
- 统计分析计划，包括所用统计分析的详细说明（即所有变量、混杂因素、亚组分析和任何修正）；
- 研究地点清单，包括联系方式和实际地址；
- 研究数据，由每个研究参与者（或实验动物或试验复制品）的个体水平观察的可分析数据集组成；
- 数据的位置；
- 记录和数据的格式；
- 参与研究的所有参与方的名单、每个参与方的角色以及每个参与方参与的开始和结束日期；
- 一份带签名的完整调查结果报告。

对于非临床研究，建议包括为确保研究可靠性而采取的所有措施的文件，如《联邦法规21章》第58部分中的良好实验室规范。

对于临床研究，提出如下建议：

- 保护受试者的文件（例如，根据《联邦法规21章》第56部分中正式成立并运行的研究审查委员会的研究监督文件；《联邦法规21章》第50部分中的知情同意程序的说明等）；
- 所有版本的调查问卷；
- 使用的病历报告表的所有版本；
- 所有版本的知情同意书。

（3）非临床健康风险资料

尽管单凭非临床研究通常不足以证明"允许产品上市有利于保护公众健康"，但这些非临床研究提供的信息有助于深入了解烟草制品致病机制，为从人类研究中获得的、健康风险（包括成瘾）提供基础数据。为帮助了解烟草制品的健康风险，FDA推荐提供完整的与新型烟草制品相关的毒理学和药理学概况评估，包括（若有）：

- 源自文献中的毒理学数据（即所有相关的出版物）；
- 密集和非密集的使用条件下的化学成分分析（包括潜在有害成分和其他有害成分）；
- 体外毒理学研究（如遗传毒性、细胞毒性研究）；
- 产品中有害物的计算模型（用于估计产品的毒性）；
- 体内毒理学研究（处理替代方法无法解决的特殊毒理学问题）。

根据预期的暴露途径和暴露水平，包含公开的毒理学数据库的全面文献综述，可以提供有关电子烟烟液和释放物中有害成分的有价值资料。建议内容包括：

- 检索方法的描述；
- 与每种成分（如烟碱、丙三醇、丙二醇、香味成分、金属）以及电子烟烟液和气溶胶中混合成分的毒理学评价相关的所有出版物；
- 特别注意有关口腔、吸入、皮肤和眼部暴露途径的资料；
- 与电子烟烟液接触时，包装材料溶解或迁移到电子烟烟液中的化学成分的相关资料（如包装材料中存在的有害物质是否能够向电子烟烟液或释放物中迁移）；
- 毒理学终点，如细胞毒性、遗传毒性、致癌性以及呼吸、心脏、生殖和发育毒性；
- 主要成分的暴露动力学、代谢、沉积和消除曲线（如有）；
- 在气溶胶中传送的成分、组分、香味成分、保润剂和保润剂混合物（丙三醇、丙二醇和其他成分）是否存在毒性的结论；
- 由于温度、功率和/或电压变化（如有）导致产品中成分混合物发生物理化学变化的信息（如有）。

如果全面的文献综述未涉及该问题，申请人需单独说明相关研究。

申请产品信息可为了解产品的毒性提供有价值信息。这些信息可能包括气溶胶成分和其他有害成分的分析，也可以包括电子烟的体外研究、体内研究，或两者都有。如果申请人无法获得特定气溶胶成分的公开毒理学信息，则可以开展这些研究。对于任何前瞻性的毒性研究，应考虑以下几点：

- 研究应基于产品的潜在人体暴露。
- 如果用户可以改变加热元件的电压和/或温度，建议提供有关气溶胶成分随之变化的使用可用数据，还包括与这些变化有关的任何毒性信息。
- 建议提供每种组成（如成分、保湿剂、金属、香味成分等）的雾化特性、产品中这些成分的粒径以及通过吸入这些颗粒的沉积，还建议讨论这些特性如何影响产品的毒性。
- 与其他烟草制品相比，体外试验可用于评估电子烟的潜在遗传毒性。建议使用《国际人用药品注册技术要求协调会发布的人用药物遗传毒性试验和结果分析指导原则》（ICHS2（R1））和《经济合作与发展组织（OECD）指导原则》作为遗传毒性评估指南；
- 还建议使用多种浓度的申请产品进行这些分析，以验证结果。为了进行适当的危害识别比较，应在体外试验中加入对照样品（如同类产品）。

FDA支持减少、可充分、有效替代和/或改进动物试验在研究中的应用。

除可获得的文献和特定产品获得的所有数据外，还应包括一个强有力的科学数据，判断使用者电子烟气溶胶每天的暴露量。气溶胶暴露水平应该可以反映消费者主动使用电子烟的暴露情况。此外，建议提供任何其他烟草制品的消费者暴露水平（作对照）。

FDA建议确定申请产品中影响气溶胶中有害物质含量的关键因素，并提供证据证明产品中的关键参数在批测试中是稳定的。

在缺乏特定毒物的毒理学数据的情况下，FDA建议考虑使用替代化学结构进行计算建模，此时应提供详细的建模信息，包括方程、假设、参数、输出和参考以及模型验证。使用该模型评估新烟草制品的风险时，建议使用适合产品特征和所选产品用户群体的假设、方程式和参数。

（4）人体健康影响信息

申请人提供的证据需充分说明申请产品对烟草制品使用者和非使用者健康的潜在影响，以支持"允许产品上市有利于保护公众健康"。为评估与该产品相关的急性和慢性健康影响，FDA建议包括暴露生物标志物、风险生物标志物和健康结果测量或终点的研究、其他科学证据等。例如，暴露生物标记物可包括可替宁、NNAL和NNN等化合物。

考虑申请产品对人类健康影响时，应提供以下几方面的资料，包括但不限于以下几个方面：
- 吸烟者从其他烟草制品转抽申请产品；
- 吸烟者和非吸烟者在抽吸申请产品后，改用或者复抽其他对人体健康风险影响较大的烟草制品；
- 吸烟者抽吸申请产品而不是戒断；
- 吸烟者抽吸申请产品而不使用FDA批准的戒烟药物；
- 吸烟者抽吸申请产品，同时抽吸其他烟草制品；
- 非吸烟者，如可能开始或重新使用申请产品的青少年、从未使用过烟草制品者、戒烟者等；
- 抽吸申请产品对健康的影响；
- 抽吸申请产品对非吸烟者的不良健康影响。

全面评估电子烟制品相关的健康效应时，应考虑以下因素：
- 消费者的认知和意愿；
- 吸烟者和非吸烟者初始使用和戒断烟草制品的可能性；
- 产品使用模式；
- 标识理解与实际应用；
- 人为因素；
- 滥用倾向；

- 风险生物标志物和暴露生物标志物；
- 健康指标。

二、PMTA申请材料提交指南

（一）PMTA申请材料格式要求

根据21 CFR 1114.7（b）的要求，为了便于审查，申请材料必须符合PMTA格式要求，并使用规定的表格提交信息：

① 应按照FDA 4057表格提交PMTA申请材料，详见附录2。

② PMTA申请材料中申请产品各组分应按照FDA 4057b表格提交，在FDA官网该表格包括一个Excel表格，包括两个工作表，第一个工作表是"介绍"（introduction），主要内容见表3-8，第二个工作表是"产品"（product）的基础信息，具体见表3-9。

表3-8 FDA 4057b表格第一个工作表"介绍"的主要内容

申请产品的唯一识别信息		保存步骤
产品信息		确保已完成所有操作，保存数据。 但如果需要重新打开文件，将无法使用下拉菜单功能。继续忽略错误，并将文件保存为"Tobacco_Product_list.xls"或"Tobacco_Product_list.xlsx"。 如果存在多个产品文件，请将文件保存为"Tobacco_Product_list_n.xls"或"Tobacco_Product_list_n.xlsx"（其中 n=1，2，3等，依此类推）。 如果所有其他唯一产品属性完全相同，请使用"附加属性"来区分产品。
申请人名称		
产品类别		
产品子类别		
其他产品类别（如果有）		
其他产品子类别（如果有）		
申请类型	PMTA （烟草上市前申请）	

关于表3-8需要注意以下几点：

① 首先，根据21 CFR 1114.7（c）（3）的要求，输入申请人名称、产品类别和子类别。

② 点击"Enter Unique Product Properties"（输入产品特有属性）按钮，然后在"Product Tab"（产品标签）下，根据21 CFR 1114.7（c）（3）（iii）及表3-9中的规定，输入适用的产品信息。

③ 完成所有信息的填写后，进行验证以确保无误。随后，将文件保存为.XLS或.XLSX格式，并为其命名。请注意，文件必须为.XLS或.XLSX格式，以便能够附加到eSubmitter文件中进行提交。

表3-9　FDA 4057b表格第二个工作表"产品"的主要内容

序号	条目	
1	产品名称（Product Name）	
2	烟草制品编号（TP Number）	
3	包装类型（Package Type）	
4	其他包装类型（如有）（Package Type, if Other）	
5	产品数量（Product Quantity Numeric Value）	
6	产品数量单位（Units (Product Quantity)）	
7	其他产品数量单位（如有）（Units, if Other (Product Quantity)）	
8	产品质量数值（Product Quantity Mass Numeric Value）	
9	产品质量单位（Units (Product Quantity Mass)）	
10	其他产品质量单位（如有）（Units, if Other (Product Quantity Mass)）	
11	特征风味（Characterizing Flavor）	
12	若具有特征风味，请列出具体风味（Characterizing Flavor, If Flavored）	
13	烟草切割/颗粒大小描述（Tobacco Cut/Particle Size Description）	
14	烟草切割样式（Tobacco Cut Style）	
15	烟草切割/颗粒大小数值（Tobacco Cut/Particle Size Numeric Value）	
16	烟草切割/颗粒大小单位（Units (Tobacco Cut/Particle Size)）	
17	份数数值（Portion Count Numeric Value）	
18	份数单位（Units (Portion Count)）	
19	其他份数单位（如有）（Units, if Other (Portion Count)）	
20	长度描述（Length Description）	
21	其他长度描述（如有）（Length Description, if Other）	
22	长度数值（Length Numeric Value）	
23	长度单位（Units (Length)）	
24	宽度数值（Width Numeric Value）	
25	宽度单位（Units (Width)）	
26	直径描述（Diameter Description）	
27	直径格式（Diameter Format）	
28	直径数值（Diameter Numeric Value）	
29	直径单位（Units (Diameter)）	

续表

序号	条目	
30	份数厚度数值（Portion Thickness Numeric Value）	
31	份数厚度单位（Units（Portion Thickness））	
32	滤嘴通风性（Filter Ventilation）	
33	电子烟烟液体积（E-liquid Volume）	
34	电子烟烟液体积单位（E-liquid Volume Units）	
35	烟碱浓度（Nicotine Concentration）	
36	烟碱浓度单位（Nicotine Concentration Units）	
37	如果以mg/单位计，请指定单位（烟碱浓度）（If mg/unit specify Unit（Nicotine Concentration））	
38	烟碱来源（Nicotine Source）	
39	丙二醇数值（PG Numeric Value）	
40	丙三醇数值（VG Numeric Value）	
41	功率瓦数数值（Wattage Numeric Value）	
42	瓦数单位（Units（Wattage））	
43	电池容量数值（Battery Capacity Numeric Value）	
44	电池容量单位（Units（Battery Capacity））	
45	吸嘴类型（Tip Type）	
46	其他吸嘴类型（如有）（Tip Type, if Other）	
47	包装材料（Wrapper Material）	
48	其他包装材料（如有）（Wrapper Material, if Other）	
49	软管数量（Number of Hoses）	
50	能源来源（Source of Energy）	
51	其他能源来源（如有）（Source of Energy, if Other）	
52	高度数值（Height Numeric Value）	
53	高度单位（Units（Height））	
54	附加属性（如适用）（Additional Properties (if Applicable)）	

（二）PMTA申请材料的资料补充和重新提交

在某些情况下，申请人可能需要提交PMTA补充资料或重新提交PMTA材料。

根据《上市前烟草产品申请和记录保存要求》，提交PMTA补充资料时，应注意以下事项：

① 可以在申请人寻求授权新烟草产品且该产品是先前已授权烟草产品的修改版本时提交；

② 可以为先前已授权的烟草产品的修改提交，以证明符合《FD&C法案》第907条下的烟草产品标准；

③ 允许申请人交叉引用先前提交的并已获得市场授权令的PMTA申请材料中的适用内容；

④ 必须包括全面描述新产品的每项修改的数据和信息、与原始产品版本的比较以及新产品如何满足获得市场授权令要求的总结。

根据PMTA的规则，重新提交PMTA申请应注意以下事项：

① 可以在市场拒绝令发布后，为解决申请中的不足而提交；

② 可以针对FDA已发布市场拒绝令的同一烟草产品，或者是为了解决市场拒绝令概述中的不足而对产品进行必要修改后，形成的新的烟草产品；

③ 允许申请人交叉引用先前提交的并已获得市场授权令的PMTA申请材料中的内容；

④ 必须列出并针对每个不足提供单独的回应，包括完成每个回应所需的所有数据和信息。

无论是资料补正，还是重新提交PMTA申请，必须包含FDA 4057表格和FDA 4057b表格中规定的内容。

（三）PMTA申请材料的补充材料

在提交PMTA申请材料时，申请人应按照《FD&C法案》第910（b）（1）节和21 CFR第1114部分的要求提交所有必要信息，以便FDA确定是否应授权新烟草产品的上市。然而，FDA在完成对PMTA的审查时可能需要其他额外信息，因此允许申请人对申请材料提交补充材料。

FDA可以在收到申请后的任何时间且在其做出最终决定之前，要求申请人提交补充材料，以便完成对申请产品的审查。同样，申请人也可以选择自行提交补充材料。补充材料可以包括与申请产品相关的新研究、澄清相关问题的信息。

（四）提交PMTA申请材料和补充PMTA申请材料的途径

首先，申请人应申请一个行业账户经理（Industry Account Manager，IAM）账户；其次，根据申请的IAM账户，申请烟草制品中心（Center for Tobacco Products，CTP）用户名，登录路径为https: //ctpportal.fda.gov/ctpportal/login.jsp，详见图3-32。

按照本章准备的申请材料，使用FDA的eSubmitter软件，通过CTP的网址在线提交。但需注意以下事项：

① CTP网址比电子提交平台系统（FDA electronic submissions gateway，ESG）提供更多功能，CTP建议使用CTP网址提交材料。但是，如果已经拥有ESG WebTrader账号，也可以使用ESG WebTrader账号向CTP提交文件。

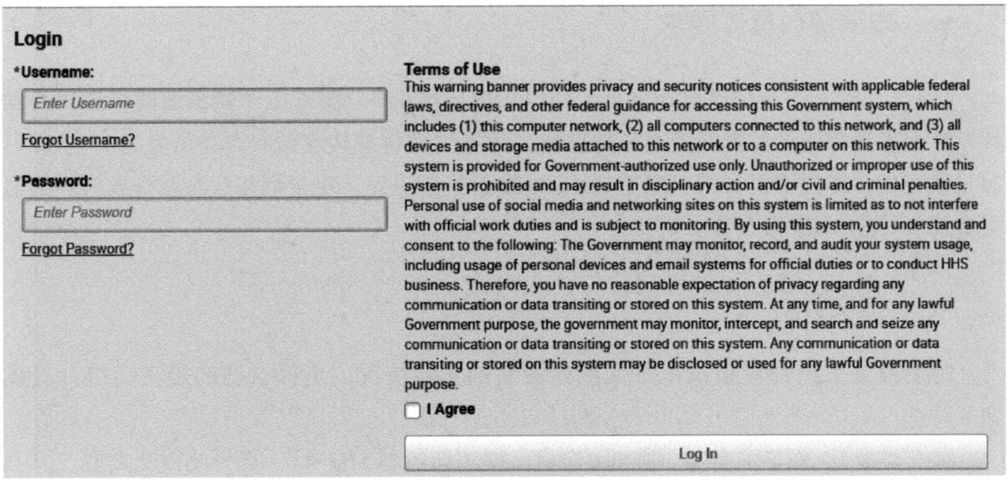

图 3-32　CTP 网站的登录页面

② 为获得最佳性能，建议使用 Internet Explorer（IE）11，或 Mozilla Firefox 或 Google Chrome 的最新版本。若使用的是 Internet Explorer（IE）10，或 Firefox 和 Chrome 的早期版本，可能会遇到一些轻微的视觉偏差和限制。请注意，Safari5 及以下版本、IE9 及以下版本以及 Linux/Unix 特定浏览器（如 Konqueror、Camino）均不受支持。

第三节　英国

英国药品和保健产品监管局（Medicines and healthcare products regulatory agency, MHRA）是大不列颠及北爱尔兰电子烟和续液瓶上市前备案的主管部门，负责执行《烟草和相关制品法规》（Tobacco and related Products Regulations，TRPR）第 6 部分和《烟草制品和烟碱吸入制品（修正）（脱欧）条例（2020 年）》（Tobacco Products and Nicotine Inhaling Products（Amendment）（EU Exit）Regulations 2020）的大部分规定。

《烟草制品和烟碱吸入制品（修正）（脱欧）条例（2020 年）》规定了从 2021 年 1 月 1 日起上市前备案的要求：①将产品投放到北爱尔兰市场的生产商，应使用欧盟的共同入口（EU-CEG）系统进行烟草制品和电子烟产品的备案；②将产品投放到大不列颠市场的生产商，应使用英国国内系统（MHRA）进行备案。

为了在英国范围内销售电子烟和续液瓶，生产商必须通过 MHRA 系统和欧洲共同入口（EU-CEG）进行备案，并提交备案材料。从 8 月 23 日起，通过 MHRA 提交材料、备案成功的产品将直接在 MHRA 上公示。

出口北爱尔兰的电子烟和续液瓶的生产商请参见本书第三章第一节。本节主要介绍在大不列颠备案所需材料及备案流程。

一、申请资料具体要求

《烟草及相关产品法规（2016年）》（TRPR）第6部分要求电子烟制造商和进口商就其打算上市销售的产品提交备案申请材料。大不列颠将继续遵循欧洲委员会2015年11月24日发布的"欧盟委员会第（EU）2015/2183号执行决定 电子烟和续液瓶备案材料的通用格式"，详见本章第一节。

（一）提交类型

制造商或进口商应根据电子烟或续液瓶的实际情况，选择合适的提交类型，具体如下。

提交类型1：新产品备案（提前6个月，使用新的EC-ID号），选择此提交类型。

提交类型2：已备案通过的产品，发生重大改变（提前6个月，使用带有与先前EC-ID链接的新EC-ID号），选择此提交类型。

重大改变是指可能对人体产生影响的改变。此类改变包括以下一个或多个方面：
- 组成电子烟烟液（含烟碱液体）的各组分质量或用量发生的任何变化；
- 续液瓶、储液仓或一次性烟弹的体积发生的变化；
- 因电子烟烟具的组成、设计或输出功率发生的变化，可能对释放物产生影响。

提交类型3：现有产品更新 在已备案通过产品的格式部分（第3.B节）添加信息（新的EC-ID版本），其中3.B是指"按产品的品牌名称和型号列出所有的成分清单以及使用该产品产生的释放物的成分清单，包括含量。"

提交类型4：现有产品更新 撤回已备案通过产品（第3.B节）（新的EC-ID版本）。

提交类型5：现有产品更新 其他信息（新的EC-ID版本），这涉及除第3.B节中添加信息以外的其他部分的信息更新。当需要更新除第3.B节外的部分，但改变不是重大变化时（见上述提交类型2），选择此提交类型。

提交类型6：根据TRPR第32条每年提交信息更新（新的EC-ID版本），这些信息包括按品牌名称和产品类型以及产品销售模式划分的年销售量报告。如果可能，此报告还应包括以下信息：
- 当前用户的主要类型以及包括年轻人和非吸烟者在内的各消费群体的偏好的信息；
- 关于上一条信息进行的任何市场调查的执行摘要。

提交类型7：更正（新的EC-ID版本），选择此提交类型以纠正之前提交信息中的错误，如拼写错误等。

（二）产品类型

TRPR仅适用于"含有烟碱或可与含烟碱的电子烟烟液一起使用的电子烟"和"含烟碱的电子烟烟液的再填充容器"，制造商或进口商应根据电子烟或续液瓶的实际情况，选择合适的产品类型，具体如下。

① 电子烟：一次性。

② 可充电电子烟：与一种类型电子烟烟液一起上市（固定组合），任何也可用作可再填充的可充电电子烟应归类为可再填充类别。

③ 可充电电子烟（仅适用于烟具）：任何也可用作可再填充的可充电电子烟应归类为可再填充类别。

④ 可填充电子烟：与一种类型电子烟烟液一起上市（固定组合）。

⑤ 可再填充电子烟：仅适用于烟具。

⑥ 套装：包含超过一种不同类型的电子烟烟具和/或超过一种不同类型的再填充容器/烟弹。

⑦ 包含电子烟烟液的再填充容器/烟弹。

⑧ 包含电子烟烟液的电子烟单独组件。

⑨ 其他：此类型适用于不属于上述类型的电子烟和再填充容器。在备案材料中，如果选择此"产品类型"，则应提供产品和/或部件的名称，并进行清晰描述。

（三）释放物

在提交释放物信息时，格式应遵照（EU）2015/2183号规定的要求，具体内容要求如下：

TRPR要求申请材料中应包括所有备案产品的释放物信息。释放物测试应根据产品的预期用途及产品说明书中提供的使用说明进行，或者使用标准化抽吸模式下进行（申请材料中应包括使用模式的标准）。

申请材料中释放物应包括以下关键成分，具体见表3-10。

表3-10 申请人必须提交的关键成分

化合物	CAS编号
乙醛	75-07-0
丙烯醛	107-02-8
甲醛	50-00-0

申请人根据特定电子烟烟具/电子烟烟液组合和毒理学评估结果，还应提交其他认为必要的成分，包括二甘醇、乙二醇、二乙酰、2,3-戊二酮和烟草特有的亚硝胺。

根据电子烟烟具材料成分，还应提供表3-11提交金属释放量的信息。若电子烟烟具材料中含有铅和汞等其他金属，还应提供铅、汞等的相关信息。

若测试多种释放物成分，必须提供每种释放物成分的以下信息：
- 释放物成分的名称；
- 使用的测试方法，在测试过程中的释放量；
- 所用测试方法的描述，包括参考的批准标准。

表3-11 申请人应提交的金属释放量的信息

金属	CAS 编号
铝	7429-90-5
铬	7440-47-3
铁	7439-89-6
镍	7440-02-0
锡	7440-31-5

对于每种已确定的释放物名称，必须提供以下任一项信息：
- 化合物的CAS编号（若存在）；
- 国际纯粹与应用化学联合会（International Union of Pure and Applied Chemistry, IUPAC）命名的化学名称（若CAS编号不存在）。

（四）烟碱剂量

TRPR要求申请人提交在正常和可合理预期使用条件下烟碱的摄入量水平，并描述用于评估此摄入量的分析方法。

所使用的方法应根据产品的预期用途、产品说明书载明的使用说明以及标准抽吸模式进行，适用的标准为BS ISO 20768: 2018（参见本书第二章第一节ISO 20768: 2018相关内容）。在无标准方法的情况下，为便于监管机构理解实验内容，申请人应提供充足的信息，必要时监管机构会重复测试。

TRPR还要求申请人提供烟碱剂量的一致性的证明。申请人可通过每口（在准确描述抽吸模式的情况下）或每个单独包装中的烟碱含量来测量和表示，应视情况而定。所提供的数据应基于一定的抽吸口数（例如10次）来确定。

(1) 电子烟

若电子烟产品具备改变输出功率的功能，申请人应使用电子烟烟具的最高功率水平进行测试，并提供该输出功率下的测试数据。

(2) 电子烟烟液

由于烟碱的传递在很大程度上取决于所使用的电子烟烟具，因此可能无须测试所有电子烟烟液产品。

除非产品配方成分表明烟碱含量在电子烟烟液中分布不均，否则可以提交该系列中一种风味产品的结果以供后续其他风味产品使用，或者对每毫升电子烟烟液中的烟碱含量进行简单分析即可。如果烟碱含量分布不均的可能性合理，则应使用与电子烟烟液一起配套的电子烟烟具进行上述部分的测试。

（五）电子烟烟液的配方成分清单

1. 总体要求

TRPR要求生产商应确保电子烟和续液瓶中的含烟碱的电子烟烟液中不应包含TRPR第16条中列出的添加剂。除烟碱外，仅包含加热和非加热情况下对人类健康不构成风险的成分。

TRPR要求提交的备案材料应包括备案产品中每种成分的信息。信息应包括成分的名称、用量和用途以及关于其分类和毒性方面的信息。申请人应提交该成分在加热、非加热状态及释放物状态下的毒理学研究。若申请人不确定如何满足该要求应寻求专业建议或使用毒理学委员会发布的《电子烟烟碱（及不含烟碱）传送系统"E(N)NDS—电子烟"中香味成分风险评估框架》(Framework for risk assessment of flavouring compounds in electronic nicotine (and non-nicotine) delivery systems 'E(N)NDS–e-cigarettes') 来审查和评估待备案产品。

2. 禁止使用物质

以下列出了一些不应在电子烟和续液瓶中使用的物质。此列表并非详尽无遗，未来可能会随着更多信息的出现而增加。为避免疑义，某成分未出现在此列表中，并不意味着其在电子烟烟液中使用是安全的。

TRPR禁止使用的物质：
- 任何在加热或非加热状态下对人类健康构成风险的成分；
- 维生素或其他给人带来烟草产品具有健康益处或降低健康风险印象的添加剂；
- 咖啡因、牛磺酸或其他与能量和活力相关的添加剂和兴奋剂化合物；
- 对释放物具有着色功能的添加剂；
- 在非燃烧状态下具有致癌、致突变或生殖毒性（CMR）特性的添加剂；

根据其他标准禁止使用的物质：
- 被归类为致癌、致突变或生殖毒性（CMR 1类和2类）的物质；
- 被归类为对呼吸道具有特定靶器官毒性的物质（STOT 1类）；
- 呼吸道致敏物；
- 用作食品补充剂的维生素；
- 兴奋剂添加剂，如咖啡因或牛磺酸；
- 二乙酰；
- 2,3-戊二酮；
- 二乙二醇；
- 乙二醇；
- 甲醛；
- 乙醛；
- 丙烯醛；
- 金属，包括镉、铬、铁、铅、汞和镍；

- 可能释放甲醛的防腐剂。

3. 香味成分

在最终产品中含量低于0.1%的成分，在备案材料中可归为机密成分。因此，现在可以在备案材料中以"草莓香精"等总括术语描述在最终配方中含量低于0.1%的成分。

在这些情况下，申请人必须从供应商处获得以下信息：

① 足够的质量和安全保证，以便申请人能够根据《烟草及相关产品法规》第31（3）（g）条对其产品承担全部责任；

② 在产品出现安全问题时，供应商保证会向主管当局披露保密成分。

申请人必须自我承诺其产品的质量安全，可通过以下途径来实现上述目标：

- 成分符合适用的欧盟食品香味成分法规（EC 1334/2008号法规）；
- 香精中所含的物质应是被欧盟（EU）872/2012号法规中许可清单中的物质；
- 配方原料清单中的物质不应包含TRPR第16条禁止的任何物质。

此外，申请人和香精供应商应充分考虑香精成分在电子烟使用条件下的安全性。

（六）年度报告

1. 报告信息

申请人应在每年5月20日之前提交报告。报告应涵盖前一个日历年度的全部情况，年度报告应包含的信息：

- 产品EC-ID或GB-ID：每个备案产品的ID（如果产品已修改并产生新的ID应选择在当前ID条目下添加之前型号的报告，而不是分别报告）；
- 产品类型；
- 品牌：每个品牌型号应分别列出；
- 销售方式：指明零售渠道的类型，例如仅互联网销售、零售店销售；
- 销售量：如果可能，请为每个品牌型号分别提供销售量（如果电子烟产品以不同包装尺寸销售，例如单件包装或三件包装，请计算并报告售出的产品总单位数）；
- 对于续液瓶，应提供以毫升（mL）为单位的总销售量；
- 市场调查：市场调查结果的摘要；
- 附加信息：包括关于当前主要用户类型和各类消费者群体偏好的任何信息；
- 提交公司信息和联系方式详情：如果与MHRA平台系统上记录的公司联系详情一致，则无须提供。

2. 年度报告提交方式

申请人可通过MHRA平台系统的第三个标签页（产品展示页）提交英国的销售数据（http://www.gov.uk）。此外，还可以选择使用简化的Excel模板，通过电子邮件直接将年度销售数据发送给TPD团队，该模板允许备案多种产品的数据。

如需附加信息，如市场调查摘要或消费者偏好，可以将其作为PDF文件附加到电子邮件中。如果需要此年度销售模板的副本，请向 TPDnotifications@mhra.gov.uk 发送请求。这也是完成报告后应返回报告的电子邮件地址。

如已完成 MHRA 电子表格以涵盖所有产品，则可以在不进行修改的情况下为每个 EC-ID 提交此电子表格。或者可以为每个产品制作单独表单，并将其与所需的任何其他信息一起上传 MHRA 平台系统。

3. 保密性

MHRA 受《信息自由法》的约束，但其观点是：根据第 32 条提交的所有年度报告均属商业机密。我们不会发布单个报告，但未来可能会以无法识别单个产品和公司销售情况的格式，为以研究为目的提供汇总信息。

（七）电子烟烟液标识要求

1. 定义

英国将继续遵循 TPD 第 20（4）（b）条的规定，要求电子烟和续液瓶的"单位包装"和任何"外包装"上显示的特定信息。

就烟草产品或相关产品而言，"单位包装"是指该产品用于或打算用于零售销售的最小单个包装（无论其是否装在包装容器内），但不包括任何透明包装纸。

就烟草产品或相关产品而言，"容器包装"是指任何包装：

① 该产品用于或打算用于零售销售；

② 包含（无论是完全还是部分封闭）。

- 该产品的一个单位包装；
- 此类单位包装的集合。

2. 标识位置要求

如果有多层此类包装，则每层都应视为单独的包装容器，但单独的透明包装纸不是包装容器。

① 除了通过标签或其他方式附在瓶子上的信息说明书外，电子烟续液瓶无其他包装。标识要求必须通过标签、拉出式标签或其他方式应用于瓶子上。

② 电子烟续液瓶和说明书放在纸盒/套筒中：纸盒/套筒被视为最小的单个包装。TRPR 标识必须应用于纸盒/套筒上，瓶子无须携带此信息。生产商可能希望在瓶子上提供信息以识别产品并确保其使用安全。

③ 如果单个瓶子放在纸盒/套筒中（如第 2 点所述），则 TRPR 标识必须同时应用于单个纸盒/套筒和后续每一层包装（容器包装）。

如果单个瓶子未包装且以多包装或展示盒的形式组合，则多包装或展示盒将被视为单位包装。在这种情况下，只有多包装或展示盒需要 TRPR 标识。

生产商可能希望在瓶子上提供信息以识别产品并确保其使用安全。

3. 说明

关于健康警语，生产商必须遵守TRPR第37条中关于格式和位置的规定。

本指南仅涉及TRPR的标签要求，不涉及其他法定要求，如化学物质分类、标签和包装（CLP）。

上述所有示例同样适用于其他形式的烟碱补充容器，如含烟碱的烟弹。

（八）电子烟烟具和续液瓶（电子烟产品）的尽职调查 [due diligence: electronic cigarette devices and refill containers (vaping products)]

为了证明申请人在产品质量方面已尽到应有义务，仅仅根据第31条规定向英国药品和保健品管理局（MHRA）提交申请材料中的具体信息是不充分的。还应将提交给MHRA的信息作为技术档案的一部分进行保留，并在监管机构要求时提供。

为了证明备案产品的安全性和质量，申请人需要证明维护和监控了每批产品的生产并符合相关标准。应提供证据证明已建立系统来记录和监控生产和安全情况。

为了证明产品在整个保质期内都具有可接受的质量和安全性，应提供代表性批次稳定性的数据。

在适用的情况下，技术档案应包含以下信息：
- 每种产品的规格，附带常规批次测试报告、产品开发和稳定性数据；
- 产品配方/制造中使用的成分/组件清单，包括产品制造中使用的所有成分和组件的信息，如香精公司/第三方供应商提供的基础成分/组件的文件、适用的CAS号披露以及合格证书和/或分析报告的副本以及产品所需的安全数据表和毒理学风险评估；
- 制造工艺的描述和验证，包括制造设施的认证和生产设施相关的安全检查记录。

为了持续监控产品，以下信息是记录的有用补充：
- 批次数据和批次记录，包括任何必要的纠正措施；
- 风险评估，包括任何必要的纠正措施；
- 客户投诉和处理结果记录，包括任何必要的纠正措施；
- ADR（不良药物反应）报告、跟踪和结果记录，包括任何必要的纠正措施；
- 安全报告/持续筛查记录，包括任何必要的纠正措施；
- 持续进行市场合规性的测试记录。

申请人应确保产品和流程符合《烟草及相关产品法规（2016）》（TRPR）及相关生产行业立法的规定标准。未能遵守与生产行业相关的法律、指导和公认/已发布的商业惯例可能导致犯罪。

（九）潜在风险的防范（vigilance）

1. 具体要求

TRPR第39条规定了电子烟和电子烟续液瓶的生产商应建立潜在风险的防范措施，生产商必须建立并维护一个系统，以收集有关产品对人类健康可能产生的所有疑似不良影响的信息。如果生产商有理由认为其打算供应或已供应的电子烟和电子烟续液瓶不安全、质量不佳或不符合第6部分的规定，则必须（视情况而定）：

- 立即采取必要的纠正措施，使产品符合第6部分的规定；
- 撤回产品；
- 召回产品。

生产商必须立即通知MHRA，以及产品已供应或打算供应的任何其他成员国的主管当局，并提供以下详细信息：

- 对人类健康和安全构成的风险；
- 已采取的任何纠正措施；
- 已采取的任何纠正措施的结果。

TRPR第37条要求电子烟和电子烟续液瓶的每个包装单元必须包含一份包括生产商联系方式的小册子，如果生产商不在英国，则应提供一个在英国的联系人。

2. 合规实务建议

可能影响产品安全性、质量或合规性的信息可能以多种形式出现，包括：

- 用户报告的不良影响；
- 零售商或客户的产品投诉；
- 内部质量检测结果。

申请人必须提供一个英国境内的地址，负责接收这些信息，并在每个售出产品的说明书上（或若无说明书，则在标签上）包含联系方式。

收到信息后，应迅速进行审查，以考虑是否表明产品存在任何问题，以及是否需要采取任何行动来保护公众健康。

申请人应保留以下记录：

- 客户投诉和结果，包括任何必要的纠正措施；
- 不良事件报告、跟踪和结果，包括任何必要的纠正措施；
- 安全报告/持续筛查，包括任何必要的纠正措施。

尽管申请人希望永远不需要以上防范措施，但申请人仍需要制定并测试隔离产品的程序，联系客户和用户，寻求撤回或召回已供应的产品。

如需采取行动，必须迅速执行，并通过电子邮件（TPDsafety@mhra.gov.uk）告知MHRA。邮件应详细阐明问题和已采取的管理措施。

3. MHRA行动

MHRA会对供应商提交的每份安全报告进行审查，并评估纠正措施，以评估该措施是否合适。之后，可能会要求提供有关安全关注或进一步行动的更多信息，以最大限度地降低对公共健康的风险。

MHRA通过"黄卡计划"（Yellow Card Scheme）收集疑似不良事件报告，持续审查这些报告，以发现潜在的安全问题。如果报告针对的是可识别的产品或制造商，将向供应商提供报告的匿名副本。申请人必须在建立的潜在风险防范系统中记录此报告。

MHRA将对所有与电子烟相关的不良事件报告进行跟进，以获取更多信息（在报告者授权的情况下）；并将收到的信息与其他安全数据（可能包括已发表的文献和其他信息来源）一起审查，以确定是否存在对人类健康的风险以及该风险的严重性。

如果已使用既定的潜在风险防范程序确定并验证了安全风险，MHRA将通知供应商该风险，并且必须根据MHRA的要求和《烟草及相关产品法规（2016）》（TRPR）第39条的规定立即采取纠正措施。

二、备案材料提交指南

2022年，MHRA发布《User Reference Guide – MHRA E-cigarette Submissions 2022》，该指南是一份分步指南，供希望通过（MHRA）提交电子烟备案材料的用户使用。该系统的开发旨在允许提交的备案材料作为未来产品备案提供基准模板，使申请人能够迅速高效地提交一系列产品。

如何提交电子烟备案材料？

为了提交与电子烟相关的申请，需导航至MHRA提交平台的"电子烟"板块。如果在提交电子烟时遇到问题，应返回首页（图3-33），并在"支持板块"下联系支持团队。

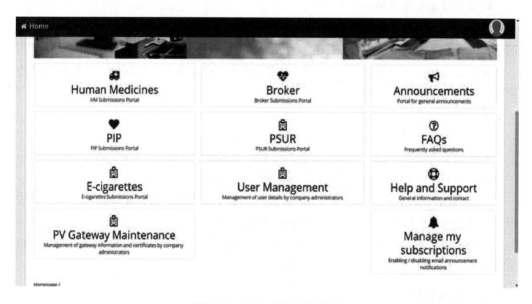

图3-33　MHRA平台系统首页

1. 如何手动提交备案材料

在提交过程中，申请人可能遇到需要上传几份文件的情况。为方便访问，设置了一个"引用文档系统"，可以上传原始文件，然后在将来只需引用这些文件，而无须再次上传。有关文档上传和引用文档的指导，请参阅本指南的"引用文档指导"。

要开始手动提交电子烟备案材料，请从电子烟板块主页选择"提交"，详见图3-34。

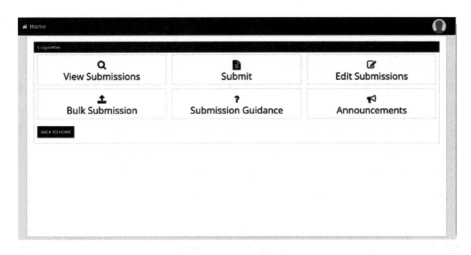

图3-34　电子烟主页板块

（1）提交类型/提交者信息

从下拉菜单中选择"提交类型"。

注意：每个提交者ID和产品ID只允许有一个类型1的提交。这包括已提交或保存为草稿的备案材料。

从下拉菜单中选择公司。

输入"提交者ID/生成新的提交者ID"，如果之前有提交过，则"提交者ID"将自动填充。详见图3-35。

提交类型*：选择一种提交类型
公司名称*：选择一个公司
提交者ID*：　　　　　　　　产品先前ID(EC ID)：　　　　　　　　产品ID(EC ID)：
一旦提交者ID通过点击"保存提交者"按钮生成，系统将自动填充提交者ID。
如果产品ID不存在，则无法编辑提交。

图3-35　填写提交者信息

输入"产品ID（EC-ID）"格式：提交者ID-年份的最后两位数字（22）-五位数的产品编号（XXXXXX-XX-XXXXX）。

从下拉菜单中选择"提交者类型"。

如果"提交者是专家"或"提交者增值税号"，请勾选相应的复选框（并输入提交者的增值税号）。

输入提交者的详细信息，并勾选"提交者是否有母公司""是否有关联公司"或"提交者指定录入人员"，并提供后续详情。然后选择"保存提交者详情"。

保存提交者详情后，请继续前往"产品详情"标签页。详见图3-36。

注意："关联公司"是指在法规要求下的在英国的负责人/实体。

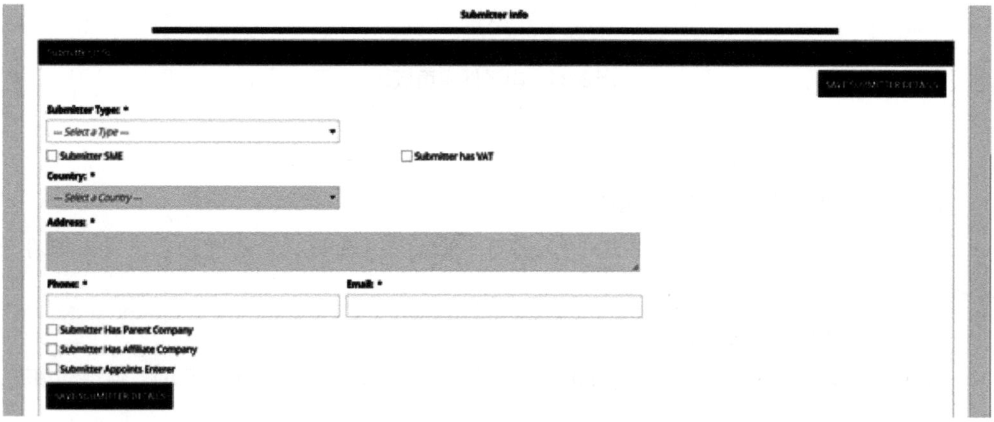

图3-36 填写提交产品类型信息

（2）产品详情

从下拉菜单中选择"产品类型"（Product Type），如果"电子烟烟液重量"（Weight E-liquid）和"电子烟烟液体积"（Volume E-liquid）旁边出现星号，请填写这些字段（图3-37）。

图3-37 填写产品详情

如有必要，可以上传"市场研究"（Market Research File）或"研究摘要"（Studies Summaries File）（请参阅此处的参考文件指南）。然后，如果星号出现，请输入"CLP分类"（图3-38）。

然后选择"保存产品详情"。

（3）产品展示

在"产品展示"标签页下，选择"添加"以输入详细信息。

输入"品牌名称"（图3-39）。

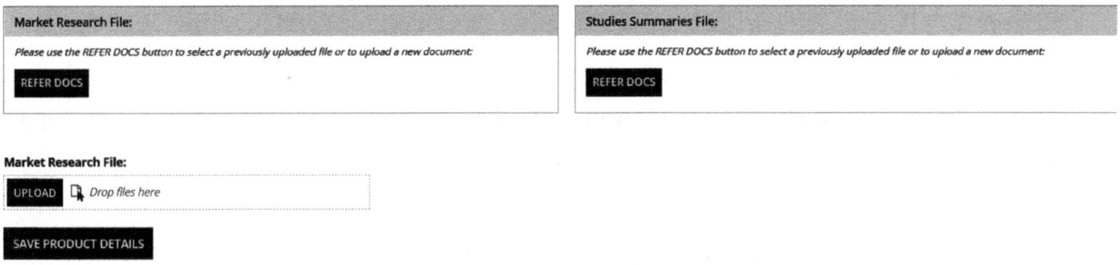

图3-38　产品研究摘要

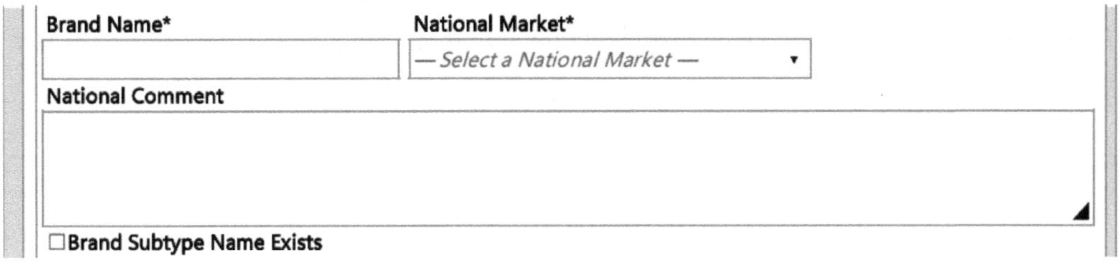

图3-39　输入"品牌名称"和"国家市场"

从"国家市场"下拉菜单中选择"大不列颠",并提供任何额外的信息。如果存在"品牌子类型名称",请勾选该框并提供"品牌子类型"名称。

输入电子烟的上市日期和退市日期(如果通过"电子烟退市指示"标明)(图3-40)。

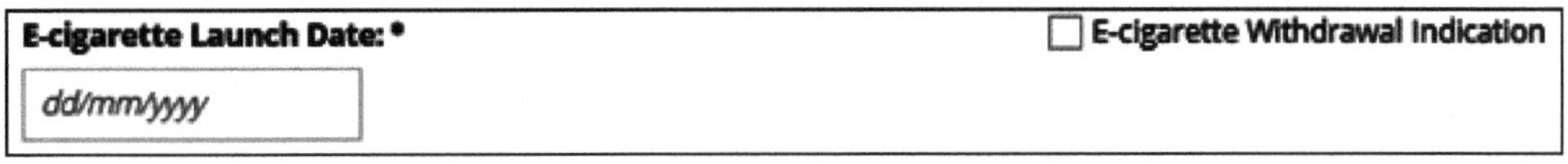

图3-40　输入电子烟的上市日期和退市日期

输入"产品提交者编号""UPC编号""EAN编号""GTIN编号""SKU编号"以及"包装单位"(标有星号的为必填项)(图3-41)。如果需要上传文件,请参阅下面(10)参考文件指南。

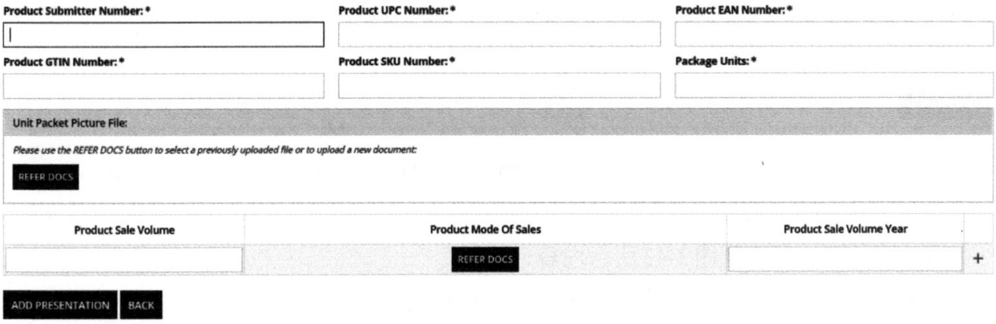

图3-41　输入产品识别编号

然后提供与提交相关的任何进一步细节。

注意：根据法规要求，若产品类型为6的申请将需要包括年度销售数据（更多信息请参阅 https：//www.gov.uk/guidance/e-cigarettes-regulations-for-consumer-products 上的"年度报告指南"）。

然后选择"添加展示"再继续。通过重复本节步骤，可以添加更多的展示。

注意：在为每个添加的展示输入详细信息后，记得点击"保存展示详情"。

请继续到成分标签页。

（4）成分

在"成分"标签页下，选择"添加"，然后输入"名称"，勾选"CAS号（若存在）"，并输入CAS号（图3-42）。完成所有标有星号的必填字段。要上传必需的文件，请参阅下面（10）参考文件指南。

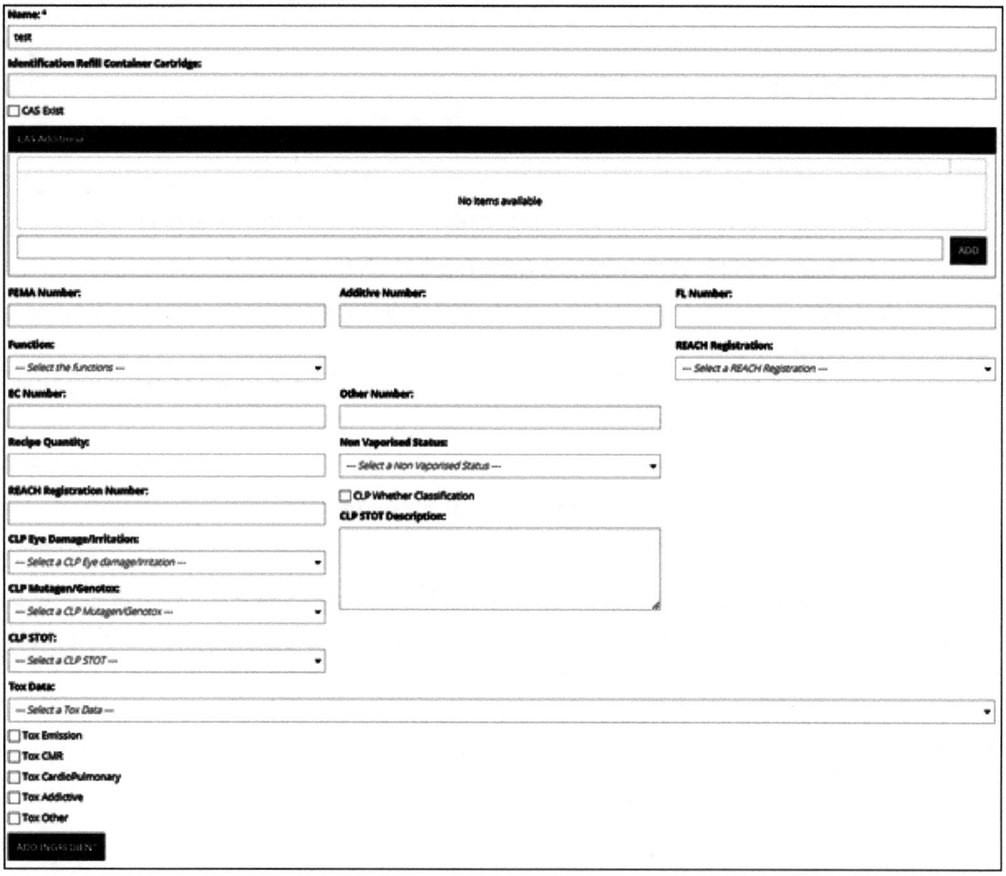

图3-42　输入产品成分

若填写成功，可看到图3-43所示内容:

如果在任何必需方面均无法找到毒性研究或信息，应质疑该成分在产品中的适用性。生产商必须确保其产品可以被认为是安全的，并且在缺乏可用数据的情况下不能假定安全。在没有信息的情况下，生产商应进行自行开展安全性评估。若上传关于缺乏毒理学数据/研究的模糊声明将不被接受，占位符文件也不被接受。

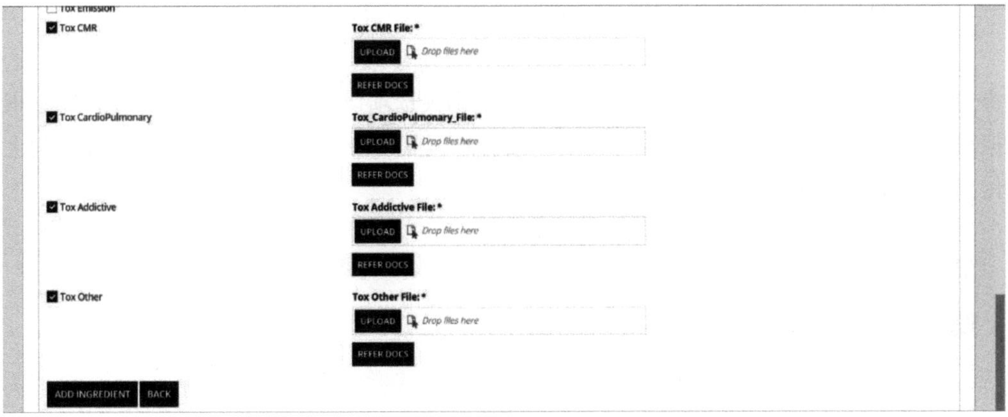

图3-43　安全性评估

选择"添加成分"后,将按以下方式出现在列表中。在继续之前,请选择"保存成分详情"。可以通过重复本节步骤来添加更多成分。通过选择红色的"×"可以删除某个"成分"(图3-44)。

图3-44　删除某个"成分"

请继续前往"释放物"标签页。
（5）释放物

在"释放物"标签页下,选择"添加",然后提供以下必填字段的详细信息,并通过选择"上传"来上传"方法文件"(图3-45)。有关文件上传,请参阅下面（10）参考文件指南。选择"添加释放物成分",可以通过重复本节来添加更多的释放物成分。在继续之前,请选择"保存释放物详情"。

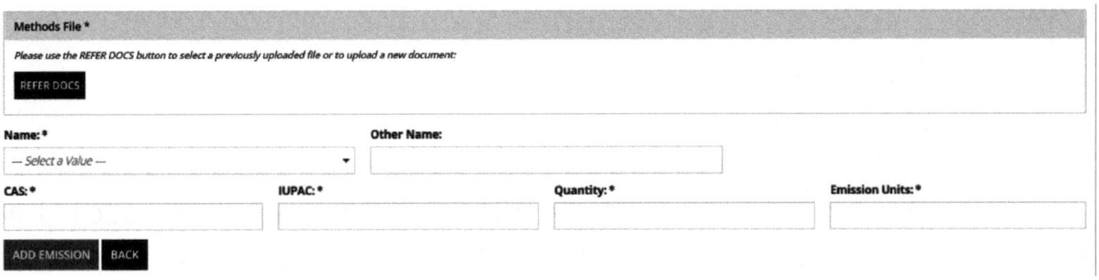

图3-45　上传释放物有关文件

请继续前往"设计"标签页。

(6) 设计

在"设计"标签页下（图3-46），请在自由文本字段中输入必填的"描述"，通过选择"上传"来上传必填的"生产文件"，并勾选相关选项以指示提交所需的合规声明。根据提交内容的相关情况提供其他字段的详细信息（其中一些将根据产品类型需要强制上传文件）。请参阅下面（10）参考文件指南。

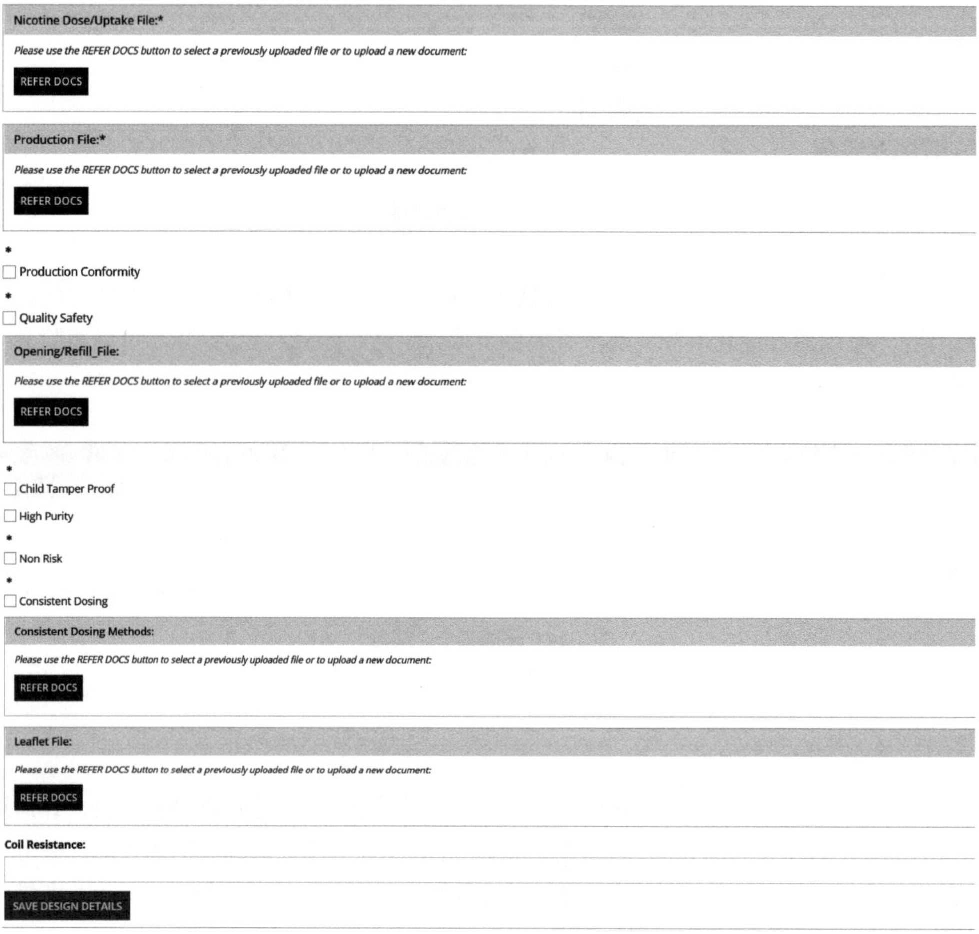

图3-46　填写设计详情

选择"保存设计详情"以继续。

请前往"验证"标签页。

(7) 验证

计划向北爱尔兰市场供应产品的提交者必须通过欧洲通用入口网关（EU-CEG）上传备案材料。请参阅本章第一节获取有关EU-CEG备案材料提交的指导。在此之下，已完成的部分将显示为绿色勾（√），未完成的部分将显示为红色叉（×）。在所有部分都完成后，"提交"按钮才会可用（图3-47）。

注意：如果某个标签页未被保存，它将显示为未完成。

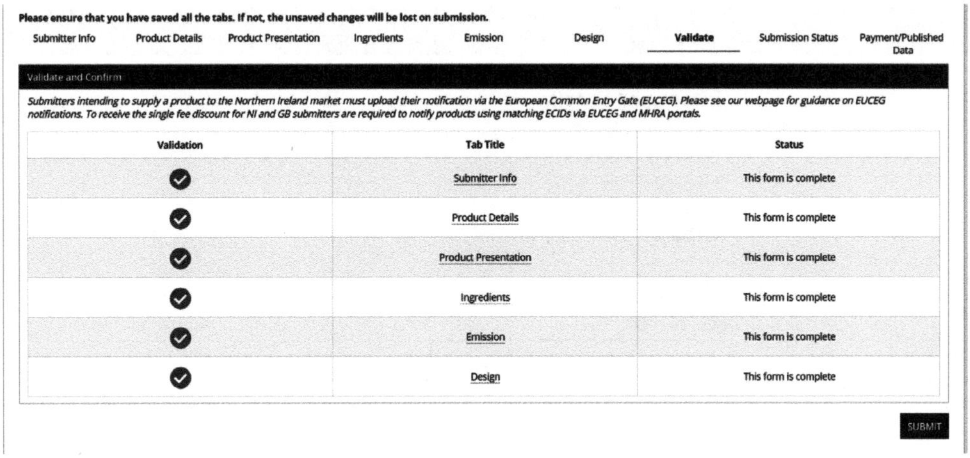

图 3-47 验证

选择"提交"以确认提交。

(8) 支付费用

请检查所提供的信息以确保其正确性。如果信息不正确，请返回主页并在"支持"板块下联系支持团队。

通过选择"提交"来确认信息正确（图 3-48），此时将能够付款和下载发票（图 3-49～图 3-51）。

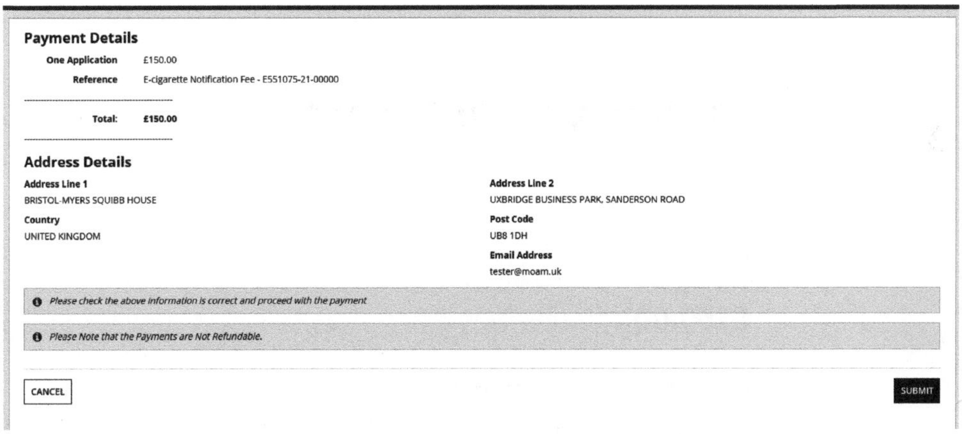

图 3-48 确认支付信息

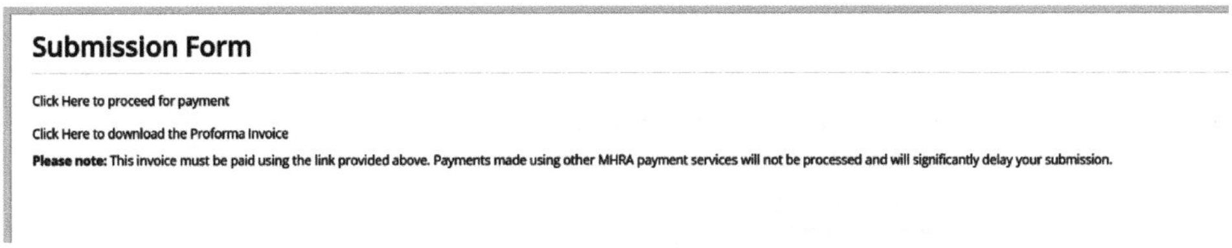

图 3-49 下载发票

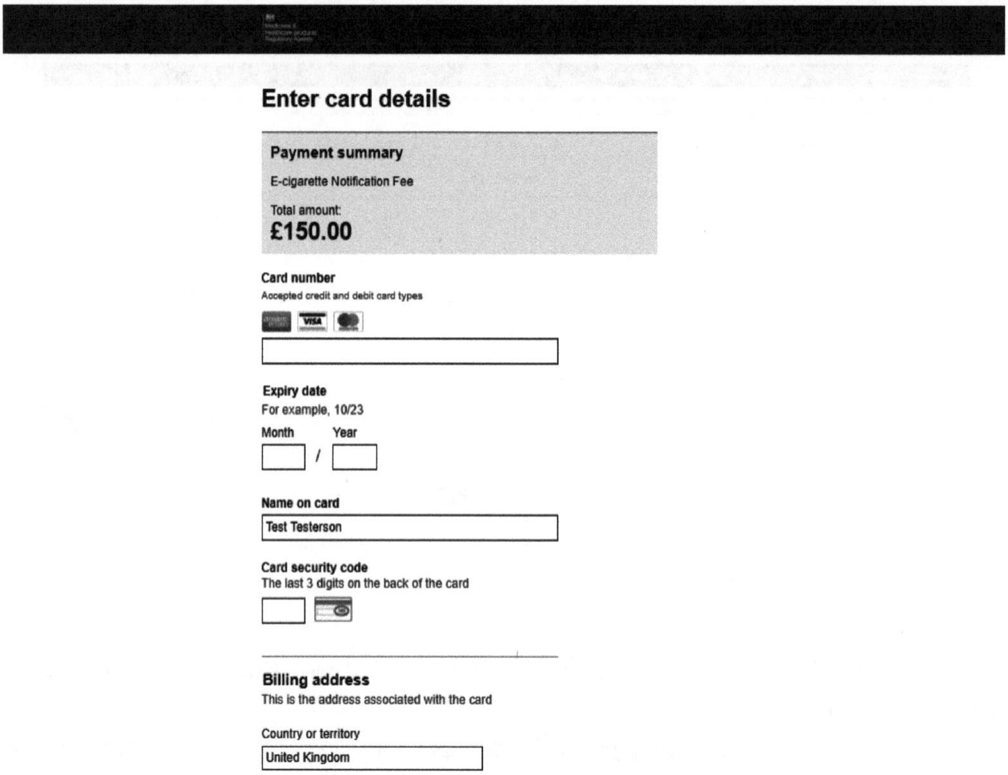

图3-50　填写支付方式和信息

图3-51　确认支付详情并付款

成功完成付款后,评估团队将收到提交的备案材料,并进行审查。

如果希望稍后付款,在"查看"或"编辑提交"板块中提交的备案材料将显示"等待付款"状态。

要为多个备案产品进行一次性支付,请返回主页并选择"编辑提交"板块。然后勾选"支付待处理通知"(图3-52),并在左栏中选择所需的备案产品,然后点击页面底部的"继续支付"按钮(图3-53)。

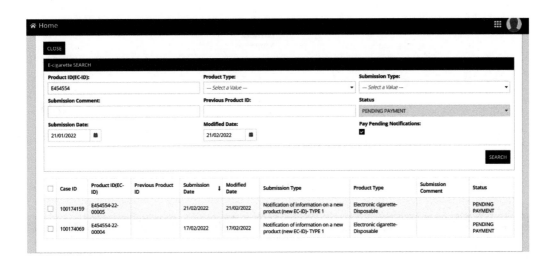

图3-52 勾选"支付待处理通知"

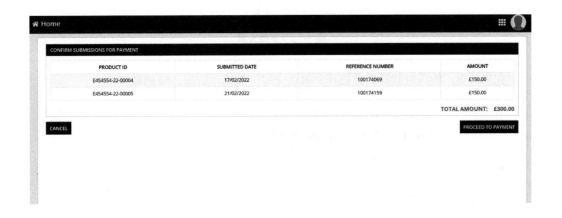

图3-53 选择通知后继续支付

在下一页,检查所有细节是否正确(图3-54),然后点击"提交"按钮。

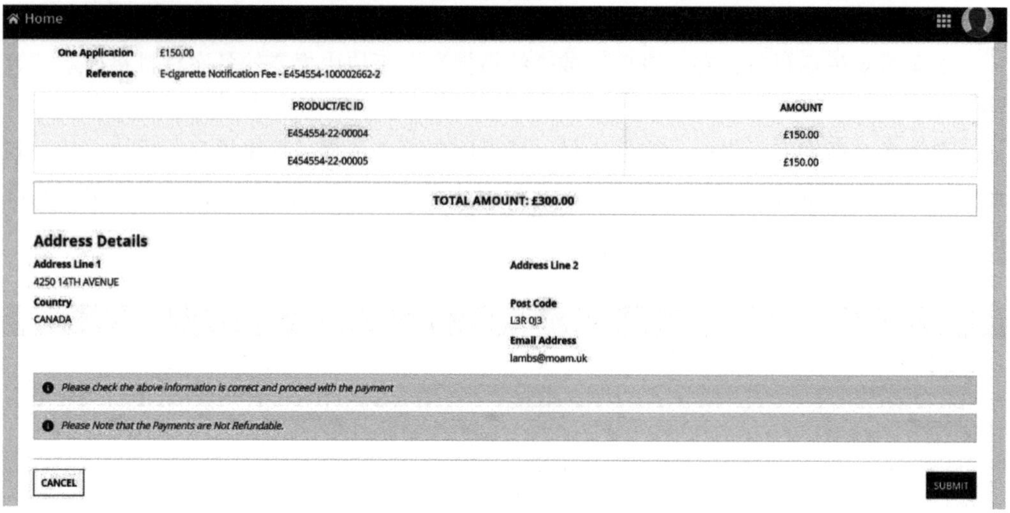

图 3-54　在点击"提交"前验证详情

在接下来的页面中将出现下载发票（PDF）的选项（图 3-55），然后再进行付款。

图 3-55　下载发票

在下一页，输入付款详情并选择"确认支付"按钮，如图 3-56 的截屏所示。

图 3-56　确认支付详情并付款

在下一页，将收到付款成功完成的确认。请点击"提交申请"按钮以提交备案材料进行评估（图3-57）。

图3-57　提交申请

一旦备案材料成功提交并付款，它们将与其他备案产品一起列出，状态为"激活"（图3-58）。同时将收到确认电子邮件和发票。

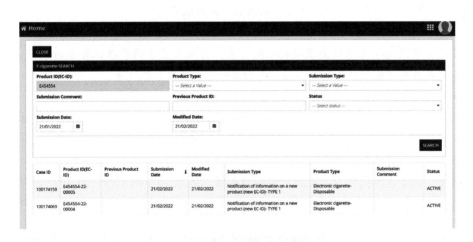

图3-58　通知激活状态

"支付/发布数据"标签将总结支付的当前状态，同时发布当前状态（图3-59）。

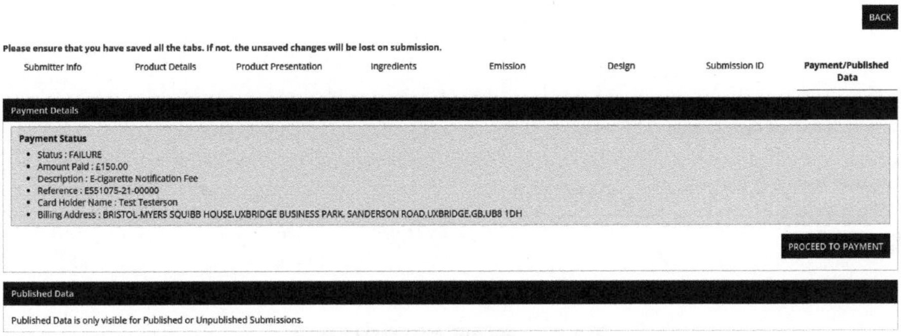

图3-59　支付状态

在"提交编号"标签中选择"提交"后,将能够随时查看MHRA提交编号(详见图3-60)。

图3-60　提交编号

点击关闭以返回电子烟主页。

(9) 备案更多产品

系统已开发允许使用已提交的备案材料作为未来备案产品基础模板的功能,使提交者能够迅速高效地提交一系列产品。

在主页选择编辑提交,找到刚刚提交或想要复制的备案材料,通过点击产品ID打开。

选择"提交类型1"并通过编辑预填充的内容输入新产品的EC-ID。点击保存提交者详情,这将返回到主页(请等待5分钟以便后台数据刷新)。

返回"编辑提交"并找到刚刚创建的新的产品EC-ID。

注意:将预先填充原始备案材料中的信息,因此需要手动修改此备案材料中的相关内容,使其与原始备案材料有所不同,例如烟碱浓度强度、容量等。

(10) 参考文件指南

当上传附件时,系统会询问是否已经上传了预期的文件。

如果是第一次上传此文件——选择"否",将被引导到下面的页面,可以使用"上传"按钮,从计算机中上传文件。

然而,如果之前已经上传过此文件,请选择"是"。从之前上传过的文件列表中选择文件,详见图3-61和图3-62。

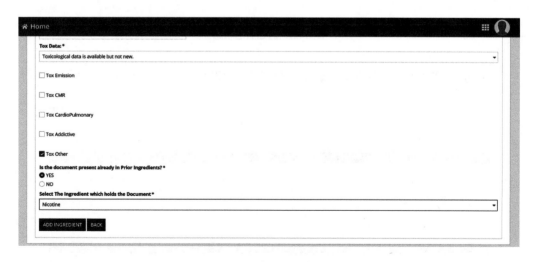

图3-61　选择已上传的文件选项

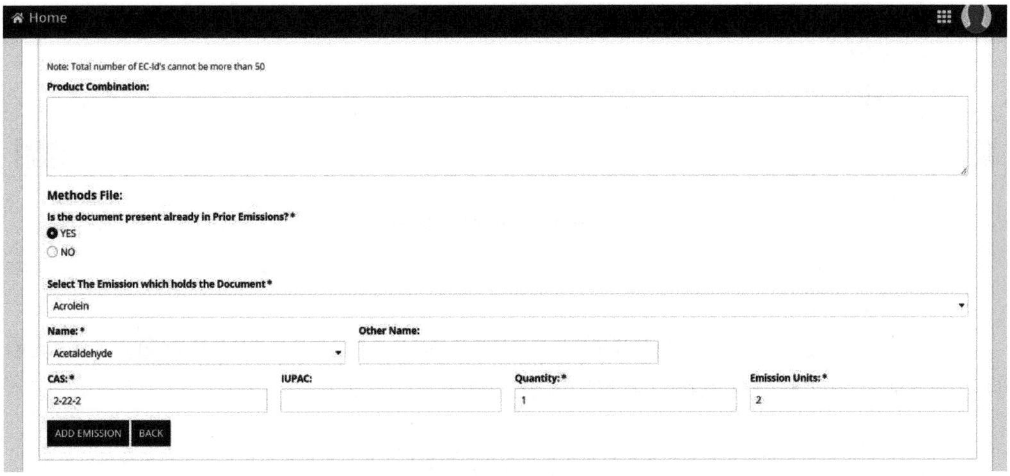

图3-62　文档是否已经存在于先前的释放物

一旦选择了所需的文件，点击"添加释放物"并像之前一样继续提交。

2. 如何进行电子烟批量XML提交

MHRA门户只会识别XML的"导出"文件，这是一种压缩的文件类型。这与用于在EU-CEG XML创建器中对产品备案进行更改的"数据"文件不兼容。

进行提交电子烟备案材料，应从图3-63所示电子烟主页板块选择"批量提交"（Bulk Submission）。

图3-63　电子烟主页板块

（1）提交者详情

从下拉菜单中选择公司和国家，输入电话号码和电子邮件地址。

（2）提交者信息

如果"提交者是中小企业"或"提交者有增值税号"，勾选相关复选框（并输入提交者的增值税号）。

（3）上传XML文件

点击上传标签，从文件中选择XML文档（图3-64）。

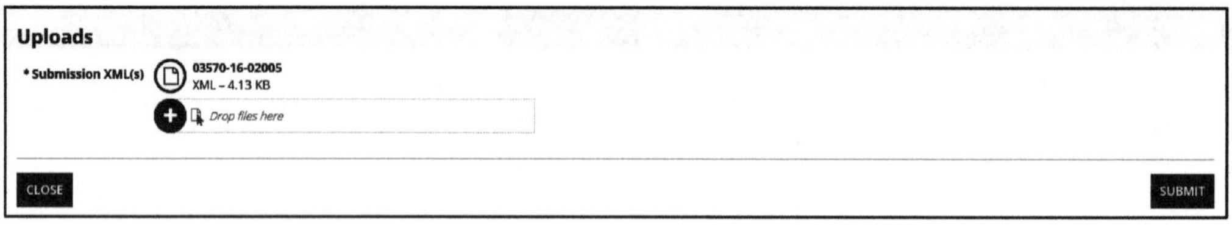

图3-64 上传XML文件

(4) 提交XML

一旦在"上传"下出现XML文件，可以选择提交。提交后，将看到批量提交确认消息和电子邮件确认提交。选择"关闭"以返回菜单。

(5) 审查草稿提交

选择"编辑提交"以查看最近提交文件形成的草稿。

注意：编辑只显示最近的提交。"查看"显示所有历史提交。

选择案件ID（Case ID）以查看草稿。选择"验证"以检查上传是否成功。在"验证"标签下，完成的部分将显示绿色勾（√）、未完成的部分将显示红色叉（×）（图3-65）。直到所有部分都完成后，"提交"按钮才可用。将被要求手动添加文件和CLP状态描述到所需字段。

注意：如果没有保存标签，它将显示为未完成。

选择"提交"以确认提交。

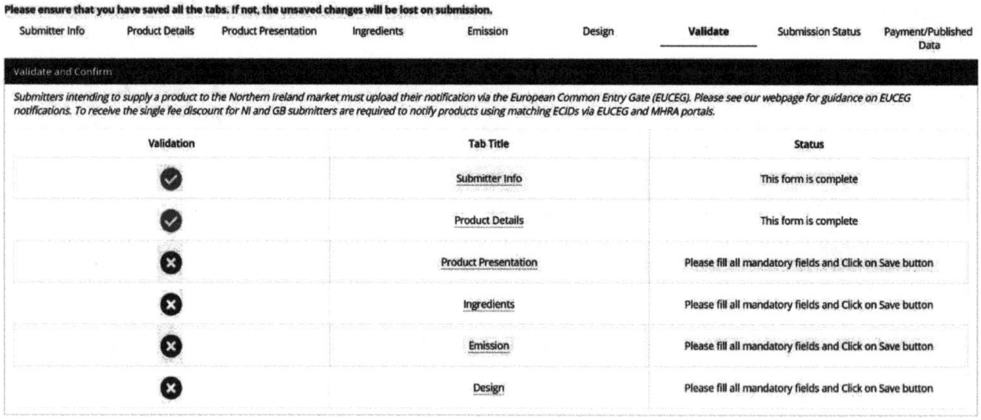

图3-65 验证

(6) 激活草稿进行提交

提交草稿后，记下提交编号（Submission Number），然后点击关闭以返回用户菜单（图3-66）。

点击"查看提交"，将能够看到备案材料的"激活"状态。

(7) 草稿提交的支付

要为提交的备案产品支付费用，请参阅本章1（8）。

图3-66 提交状态

（8）备案更多产品

系统已经开发使用已提交的备案材料作为未来备案的基础模板的功能，使提交者能够迅速高效地提交一系列产品。

从主页，选择"编辑提交"（Edit Submissions），将找到刚刚提交或想要复制的备案材料信息，通过点击"产品ID"打开。

选择"提交类型1"并通过编辑预填写内容，输入新的产品EC-ID。

点击保存提交者详情，这将返回到主页（请等待5分钟以便数据刷新）。返回到编辑提交并找到刚刚创建的新产品EC-ID。

3. 如何查看之前提交的备案材料

此部分用于查看以前提交的备案材料，任何更改都不会被保存。提交者可以查看从EU-CEG迁移的EC-IDs，但是在提供下一个产品更新之前，完整的提交将不可查看。要修改提交，请参阅"4. 如何提交更新"。

查看以前提交备案的电子烟产品，请从电子烟板块主页选择"查看提交"（View Submissions）。

要查看提交电子烟的产品，请从搜索字段下方的列表中选择产品ID（EC-ID）（图3-67）。

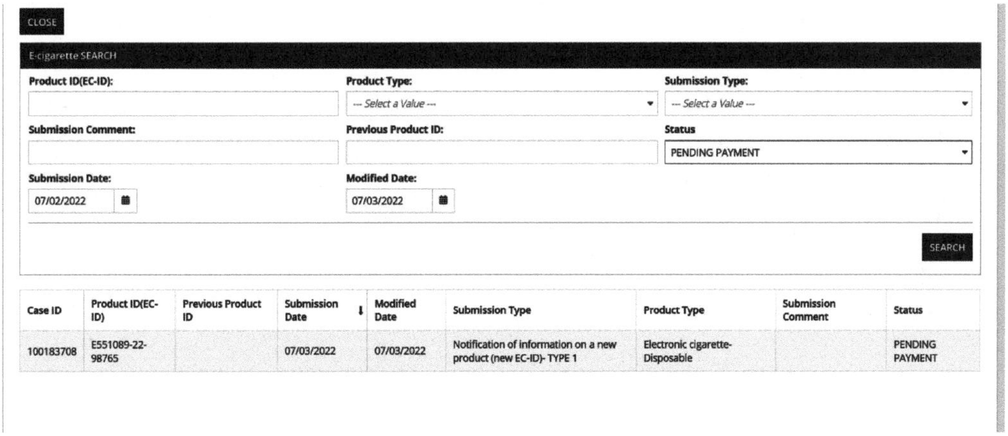

图3-67 提交列表

4. 如何更新提交材料

首先，从电子烟板块主页选择"编辑提交"（Edit Submissions）。

其次，从下拉菜单中选择相关的"提交类型"。

注意：1. 由于此产品已作为"提交类型1"进行提交，因此不能从下拉菜单中选择。

2. 一旦保存了提交者详情，系统将返回到主页（请等待5分钟以便数据刷新）。返回到编辑提交并找到正在编辑的提交。

可以按照"1. 如何提交电子烟"中的步骤继续进行申请，并在需要时根据更新提交进行适当的修改。

完成所有更新后，进入"验证"环节，并确保所有区域都带有绿色勾选。然后选择"提交"。

附录1 美国各州关于电子烟产品监管友好程度打分统计表

美国各州名称	Additional Flavor Restrictions (Beyond federal law)	Flavor Score (0-5-10)	Additional Tax on Vaping (Yes/No)	Tax Score (0/10)	Online Sales (Yes/No)	Total Score	Score Range	Total Score
Alabama	No	10	No	10	10	30	A 21-30	A
Alaska	No	10	No	10	10	30	A 21-30	A
Arizona	No	10	No	10	10	30	A 21-30	A
Arkansas	No	10	No	10	10	30	A 21-30	A
California	Yes-but mostly at local level	0	Yes-56.93% of wholesale cost	0	5	5	F 0-10	F
Colorado	No	10	No	10	10	30	A 21-30	A
Connecticut	Yes* But blocked and now stayed	5	Yes-$0.40/ml or 10% of wholesale price	0	10	15	C 11-20	C
Delaware	No	10	Yes-$.05 per mL	0	10	20	C 11-20	C
DC	No	10	Yes-equal to tax on cigarettes	0	10	20	C 11-20	C
Florida	Yes* But can be blocked by the GOV	5	No	10	10	25	A 21-30	A
Georgia	No	10	No	10	10	30	A 21-30	A
Hawaii	No	10	No	10	10	30	A 21-30	A
Idaho	No	10	No	10	10	30	A 21-30	A
Illinois	No	5	Yes-15% wholesale price	0	5	10	F 0-10	F

续表

美国各州名称	Additional Flavor Restrictions (Beyond federal law)	Flavor Score (0-5-10)	Additional Tax on Vaping (Yes/No)	Tax Score (0/10)	Online Sales (Yes/No)	Total Score	Score Range	Total Score
Indiana	No	10	No	10	10	30	A 21-30	A
Iowa	No	10	No	10	10	30	A 21-30	A
Kansas	No	10	Yes-$0.05/mL	0	10	20	C 11-20	C
Kentucky	No	10	Yes -$1.50 per cartridge	0	10	20	C 11-20	C
Louisiana	No	10	Yes-$.05 per mL	0	10	20	C 11-20	C
Maine	No	10	Yes-43% of wholesale price	0	10	20	C 11-20	C
Maryland	No	10	No	10	10	30	A 21-30	A
Massachusetts	Yes	0	Yes-75% of wholesale price	0	10	10	F 0-10	F
Michigan	Yes* But blocked in court	5	No	10	10	25	A 21-30	A
Minnesota	No	10	Yes-95% wholesale (same as tobacco)	0	10	20	C 11-20	C
Mississippi	No	10	No	10	10	30	A 21-30	A
Missouri	No	10	No	10	10	30	A 21-30	A
Montana	Yes* But expired	5	No	10	10	25	A 21-30	A
Nebraska	No	10	No	10	10	30	A 21-30	A
Nevada	No	10	Yes-30% wholesale price	0	10	20	C 11-20	C

续表

美国各州名称	Additional Flavor Restrictions (Beyond federal law)	Flavor Score (0-5-10)	Additional Tax on Vaping (Yes/No)	Tax Score (0/10)	Online Sales (Yes/No)	Total Score	Score Range	Total Score
New Hampshire	No	10	Yes-$0.30/mL or 8% wholesale	0	10	20	C 11-20	C
New Jersey	Yes	0	Yes-$.10/mL or 10% of retail price	0	10	10	F 0-10	F
New Mexico	No	10	Yes-12.5% of product value, close systems at $.50/cartridge	0	10	20	C 11-20	C
New York	Yes	0	Yes-20% retail price	0	0	0	F 0-10	F
North Carolina	No	10	Yes-$0.05/mL	0	10	20	C 11-20	C
North Dakota	No	10	No	10	10	30	A 21-30	A
Ohio	No	10	Yes-$0.01 per vapor volume	0	10	20	C 11-20	C
Oklahoma	No	10	No	10	10	30	A 21-30	A
Oregon	Yes* But expired	5	No	10	10	25	A 21-30	A
Pennsylvania	No	10	Yes-40% of wholesale	0	10	20	C 11-20	C
Rhode Island	Yes	0	No	10	0	10	F 0-10	F
South Carolina	No	10	No	10	10	30	A 21-30	A
South Dakota	No	10	No	10	10	30	A 21-30	A
Tennessee	No	10	No	10	10	30	A 21-30	A

续表

美国各州名称	Additional Flavor Restrictions (Beyond federal law)	Flavor Score (0-5-10)	Additional Tax on Vaping (Yes/No)	Tax Score (0/10)	Online Sales (Yes/No)	Total Score	Score Range	Total Score
Texas	No	10	No	10	10	30	A 21-30	A
Utah	Yes* But overturned by judge	5	Yes-56% wholesale	0	10	15	C 11-20	C
Vermont	No	10	Yes-92% of wholesale	0	10	20	C 11-20	C
Virginia	No	10	No	10	10	30	A 21-30	A
Washington	Yes* But expired	5	Yes-$0.27/mL	0	10	15	C 11-20	C
West Virginia	No	10	Yes-$.075/mL	0	10	20	C 11-20	C
Wisconsin	No	10	Yes-$0.05/mL	0	10	20	C 11-20	C
Wyoming	No	10	Yes-15% wholesale OR 7.5% retail price	0	10	20	C 11-20	C

附录2 FDA 规定的 PMTA 申请表（4057）

卫生和人类服务部食品和药品管理局 上市前烟草产品申请（PMTA）提交	表格批准：OMB 控制 No.0910-0879 有效期：2025 年 12 月 31 日 请参见第 22 页上的 PRA 声明

第一节 申请人身份证明

申请人信息					
申请人姓名 （仅提供个人姓名或组织名称）		名字	中间名	姓氏	提交日期
前缀（如先生、女士、博士）	代际后缀（如1代、3代）		专业资格或学位（如医学博士、哲学博士）		职位名称
组织名称						
公司总部被美国食品药品监督管理局（FDA）分配的设施机构标识符（FEI）号码				公司总部的 DUNS® 号码	
申请人地址和联系方式		主要地址（街道地址，邮政信箱）			
	地址2（公寓号、套房号、大楼号等）		城市		
	州/省/地区		国家		邮政编码
联系人姓名 （可选，如果申请人为个人则使用）		名字	中间名		姓氏
前缀（如先生、女士、博士）	代际后缀（如1代、3代）		专业资格或学位（如医学博士、哲学博士）		职位名称
电话号码（如适用，请包含国家代码）		传真		电子邮件地址	
组织名称和地址信息 （可选，如果申请人为组织则使用）		组织名称			
主要地址（街道地址，邮政信箱)			☐ 选择与申请人相同的地址		
地址2（公寓号、套房号、大楼号等）			城市		
州/省/地区		国家			邮政编码

授权代表信息（被授权代表申请人的负责人）			
授权代表姓名 （仅提供个人姓名或组织名称）	名字	中间名	姓氏
前缀（如先生、女士、博士）	代际后缀（如1代、3代）	专业资格或学位（如医学博士、哲学博士）	职位名称
组织名称			
授权代表的地址及联系方式	主要地址（街道地址，邮政信箱）		
地址2（公寓号、套房号、大楼号等）	城市		
州/省/地区	国家		邮政编码
联系人姓名 （可选，如果授权代表为个人则使用）	名字	中间名	姓氏
前缀（如先生、女士、博士）	代际后缀（如1代、3代）	专业资格或学位（如医学博士、哲学博士）	职位名称
电话号码（如适用，请包含国家代码）	传真	电箱地址	
组织名称和地址信息 （可选，如果授权代表为组织则使用）	组织名称		
主要地址（街道地址，邮政信箱）	□ 选择与授权代表相同的地址		
地址2（公寓号、套房号、大楼号等）	城市		
州/省/地区	国家		邮政编码
制造商信息（如与申请人不同）			
组织名称			
公司总部被美国食品药品监督管理局（FDA）分配的设施机构标识符（FEI）号码	公司总部的DUNS® 号码		
组织地址和联系信息	街道地址（物理位置）		
地址2（公寓号、套房号、大楼号等）	城市		
州/省/地区	国家		邮政编码

美国代理人信息（适用于授权代表不住在美国的其他国家的公司）			
美国代理人姓名 （请仅提供个人姓名或组织名称，二者选其一）	名字	中间名	姓氏
前缀（如先生、女士、博士）	代际后缀（如1代、3代）	专业资格或学位（如医学博士、哲学博士）	职位名称
组织名称			
美国代理人地址和联系信息	主要地址（街道地址，邮政信箱）		
地址2（公寓号、套房号、大楼号等）	城市		
州/省/地区	国家 美国		邮政编码
联系人姓名 （可选，如果美国代理人是一个人，则填写）	名字	中间名	姓氏
前缀（如先生、女士、博士）	代际后缀（如1代、3代）	专业资格或学位（如医学博士、哲学博士）	职位名称
电话号码（如适用，请包含国家代码）	传真		电子邮箱地址
组织名称和地址信息 （可选，如果美国代理人是组织，则无需填写此项）	组织名称		
主要地址（街道地址，邮政信箱）	□ 选择与美国代理人相同地址		
地址2（公寓号、套房号、大楼号等）	城市		
州/省/地区	国家		邮政编码
备用联系方式（请附上单独的纸张列出所有备用联系方式）			
申请人 制造商（非申请人）	美国代理 授权代表		其他，法规相关 其他，技术
前缀（如先生、女士、博士）	名字	中间名	姓氏
专业资格或学位（如医学博士、哲学博士）	代际后缀（如1代、3代）		职位名称
备用联系方式地址和联系信息（如果提供了备用联系方式，请在此处填写其地址和联系信息）	主要地址（街道地址，邮政信箱）		
地址2（公寓号、套房号、大楼号等）	城市		
州/省/地区	国家		邮政编码
电话号码（如适用，请包含国家代码）	传真		电子邮箱地址

第二节　新烟草产品信息

请为每个新烟草产品填写此部分。

　　□ 如果您正在提交组合包装产品，请在此处打勾

对于组合包装的烟草产品，请为每个包含在组合包装中的新烟草产品填写第三部分。

新烟草产品名称（品牌/子品牌）

产品类别/子类别：

电子烟碱输送系统（电子烟）
　　□ 开放式电子烟烟液
　　□ 封闭式电子烟烟液
　　□ 封闭式电子烟
　　□ 开放式电子烟
　　□ 电子烟碱输送系统（ENDS）
　　□ 组件
　　□ 其他＿＿＿＿＿＿＿

烟斗烟草产品
　　□ 烟斗
　　□ 烟斗烟草填充物
　　□ 烟斗组件
　　□ 其他＿＿＿＿＿＿＿

无烟烟草产品
　　□ 湿鼻烟，散装
　　□ 湿鼻烟，分装
　　□ 湿鼻烟（Snus），散装
　　□ 湿鼻烟（Snus），分装
　　□ 干鼻烟，散装
　　□ 可溶解烟草
　　□ 口嚼烟草，散装
　　□ 口嚼烟草，分装
　　□ 其他＿＿＿＿＿＿＿

加热卷烟（HTP）
　　□ 封闭式HTP
　　□ 开放式HTP
　　□ HTP消耗品
　　□ HTP组件
　　□ 其他＿＿＿＿＿＿＿

制卷烟产品
　　□ 自制卷烟填充物
　　□ 卷烟纸
　　□ 过滤嘴卷烟管
　　□ 无过滤嘴卷烟管
　　□ 过滤嘴
　　□ 纸吸嘴
　　□ 其他＿＿＿＿＿＿＿

卷烟
　　□ 带过滤嘴
　　□ 不带过滤嘴
　　□ 其他＿＿＿＿＿＿＿

水烟产品
　　□ 水烟管
　　□ 水烟烟草填充物
　　□ 水烟热源　水烟组件
　　□ 其他＿＿＿＿＿＿＿

雪茄
　　□ 带过滤嘴，纸包
　　□ 无过滤嘴，纸包
　　□ 无过滤嘴，叶包
　　□ 雪茄组件
　　□ 雪茄烟草填充物
　　□ 其他＿＿＿＿＿＿＿

　　□ 其他＿＿＿＿＿＿＿
　　□ 其他＿＿＿＿＿＿＿

新烟草产品的唯一标识

请根据新烟草产品的类别和子类别确定需要报告的具体内容。通过在以下表格中填写每个所需属性的数据，并提供新烟草产品（们）的目标值。如有需要，可在此部分附加额外的表格。

请参考第八节附录A了解新烟草产品应如何进行唯一标识的示例。

在以下表格中，请在新烟草产品（们）的名称下方输入每个产品的名称及其属性

		新烟草产品
名称:		
属性	1	
	2	
	3	
	4	
	5	
	6	
	7	
	8	
	9	
	10	
	11	
	12	
	13	
	14	
	15	
	16	
	17	
	18	
	19	
	20	
	21	

第三节 提交信息

指定提交类型（每份表格选择一种提交类型）

(每份表格选择一种提交类型)	□ 标准PMTA	□ 重新提交	□ 补充PMTA

（仅勾选一项）□ 此PMTA是针对单个新烟草产品 □ 这是一组PMTA，涵盖多个新烟草产品

交叉引用内容，确定交叉引用提交类型为以下之一：标准PMTA、烟草产品主文件或风险改良烟草产品申请（MRTPA）

新烟草产品名称：（如果此交叉引用内容与捆绑提交中的特定产品相关，请提供产品名称）	
□ 选择此交叉引用内容是否与所有捆绑产品相关：	
交叉引用提交类型	交叉引用提交STN

相关提交：（如果相关）提供之前针对新烟草产品（如ITP、SE、MRTPA）的所有FDA提交跟踪号码（STN）

新烟草产品名称：（如果相关提交与特定产品相关，请提供产品名称）	
□ 选择此次相关提交是否与所有捆绑产品相关：	
相关提交类型	相关提交STN

与FDA就本烟草产品举行的正式会议：（根据需要，为每次会议输入STN号码和会议日期）

新烟草产品名称： （如果会议与特定产品相关，请提供产品名称）	选择此会议是否与所有捆绑产品相关：	提交STN	会议举行日期
	□		
	□		
	□		
	□		
	□		

对于之前已在美国商业销售的产品，请列出该产品上市销售的日期

第四节　申请内容

本申请包含以下项目（请选择所有适用的项目）：

行政性封面信

  ☐ 附函

  ☐ 综合索引**

  ☐ 目录*

  ☐ 非英语信息的英文翻译*

  ☐ 请求FDA将PMTA提交给烟草产品科学咨询委员会（TPSAC）

标签和营销计划

  ☐ 所有拟议标签的样本*

  ☐ 营销计划描述*

检查

  ☐ 每个可能接受检查的地点位置和联系方式

科学内容（示例和说明见附录C）

  ☐ 一般信息**

  ☐ 描述性信息*

  ☐ 产品样品**

  ☐ 符合21 CFR第25部分规定的声明

  ☐ 摘要**

  ☐ 产品配方*

  ☐ 制造*

  ☐ 文献检索*

  ☐ 有条理的参考文献

  ☐ 健康风险调查*

  ☐ 研究报告*

  ☐ 其他（请在下方具体说明）

  _____

  ***必需的内容和格式根据§1114.7（标准PMTA）、1114.15（补充PMTA）和1114.17（重新提交）的规定执行。

  **FDA通常期望产品样品是PMTA申请中的必要部分，并且申请人应准备在提交PMTA申请材料后的30天内，按照FDA的说明提交样品；然而，在某些情况下，可能不需要提交样品（请参阅附录C以获取更多信息）。

第五节　与提交内容相关的生产/包装/灭菌地点
（根据需要添加其他生产/包装/灭菌地点）

公司/机构名称

□ 制造商	□ 合同制造商	□ 再包装商/重新贴标商	
公司总部FDA分配的设备设施标识符（FEI）号码		公司总部的DUNS®号码	
部门名称（如适用）		主要地址（街道地址，邮政信箱）	
城市	州/省/地区	邮政编码	国家
电话号码（如适用，请包含国家代码）		传真	
联系人姓名		名字	中间名	姓氏
前缀（如先生、女士、博士）	代际后缀（如1代、3代）	专业资格或学位（如医学博士、哲学博士）	职位名称

生产/包装/灭菌地点已准备好接受检查　　□ 是　　□ 否

第六节　符合联邦食品、药品和化妆品（FD&C）法案的声明

　　□ 包括一份简要说明，说明PMTA申请材料（售前烟草产品申请）如何满足FD&C法案第910（b）（1）节的内容要求（在目录中指出简要说明的位置）

　　□ 包括一份简要说明，说明如何确保新烟草产品的市场推广适合保护公众健康，这一评估是基于整个人口群体（包括烟草产品的用户和非用户）进行的，并考虑了以下因素（在目录中指出简要说明的位置）：

　　a. 现有烟草产品用户停止使用这些产品的可能性是增加还是减少；

　　b. 那些不使用烟草产品的人开始使用这些产品的可能性是增加还是减少。

第七节 认证声明

申请必须包含以下认证,具体取决于PMTA(售前烟草产品申请)的类型,并按每个括号中的说明插入适当的信息,由申请人的授权代表签署。

1. 标准PMTA认证声明
2. 补充PMTA修改烟草产品认证
3. 重新提交相同产品认证
4. 重新提交不同产品认证
5. 临床研究者的经济利益和安排认证声明

1. 所有申请的一般申请认证声明: *

我,(负责人姓名)_____,代表申请人,(申请人名称)_____,特此证明,申请人将按照21 CFR 1114.45规定的时间段内,保留所有记录以证实本申请的准确性,并确保在FDA要求时能够迅速提供这些记录。我证明本信息及其随附的提交材料是真实无误的,未遗漏任何重要事实,并且我有权代表申请人提交此文件。我了解,"根据《美国法典》第18篇第1001节的规定,任何人在美国行政、立法或司法部门管辖的任何事项中,故意制作或提交虚假、虚构或欺诈性的陈述或报告,都将受到刑事处罚"。

签名	日期

2. 补充PMTA的修改烟草产品认证: *

"我(负责官员的姓名)_____,代表(申请人的姓名)_____,兹证明(新型烟草产品的名称)_____与(原产品的PMTA的STN)_____中描述的(原始烟草产品的名称)_____在(描述产品的每项修改)_____方面有所不同。但在其他方面与(原烟草产品的名称)_____相同。我证明(申请人的姓名)_____理解这意味着原烟草产品的材料、成分、设计、组成、加热源或任何其他特征均未被修改。我还证明(申请人的姓名)_____将保留所有证明本申请准确无误的记录,并确保在21 CFR 1114.45规定的时间段内,此类记录随时可供FDA查阅。我证明本信息和随附的提交材料真实无误,并且我获权代表申请人提交此材料。我了解根据《美国法典》第18篇第1001条,任何人在美国行政、立法或司法部门管辖的任何事项中故意或蓄意作出重大虚假、虚构或欺诈性陈述或表示,均将受到刑事处罚"。

签名	日期

3. 重新提交的相同烟草产品认证: *

"我(负责人姓名)_____,代表(申请人姓名)_____,特此证明本次提交的(新烟草产品名称)_____针对(之前提交的PMTA的STN)_____所发布的营销拒绝令中概述的所有缺陷作出回应且此处描述的新烟草产品与先前提交的PMTA

中描述的产品完全相同。我证明（申请人姓名）_____ 理解这意味着材料、成分、设计、成分、热源或任何其他特征均未修改。我还证明（申请人姓名）_____ 我将保留所有证明本声明准确性的记录，并确保这些记录在 21 CFR 1114.45 规定的时间段内，根据 FDA 的要求随时可供查阅。我证明本信息及随附的提交材料真实无误，且我有权代表公司提交。我了解，根据《美国法典》第 18 篇第 1001 条，任何人在美国行政、立法或司法部门管辖的任何事项中，故意或蓄意作出重大虚假、虚构或欺诈性陈述或表示，均将受到刑事处罚"。

签名	日期

4. 重新提交的不同烟草产品认证*

"我，（负责人姓名）_____，代表（申请人姓名）_____，特此证明本次提交的（新烟草产品名称）_____ 已针对因（之前提交的 PMTA 的 STN）_____ 而发布的营销拒绝令中概述的所有缺陷作出了回应，并且本文中描述的新型烟草产品与在（先前提交的 PMTA 的 STN 号）_____ 中描述的（原始烟草产品名称）_____ 相比有不同之处（请描述产品的每项修改）_____，但除此之外，与（之前提交的 PMTA 的 STN）_____ 中描述的（原始烟草产品名称）_____ 相同。我证明（申请人姓名）_____ 理解这意味着除了（描述烟草产品的每项修改）_____ 之外，原始烟草产品的材料、成分、设计、组成、热源或任何其他特征均未作修改。我还证明（申请人姓名）_____ 将保留所有证明本声明准确性的记录，并确保这些记录在 21 CFR 1114.45 规定的时间段内，根据 FDA 的要求随时可供查阅。我证明本信息及随附的提交材料真实无误，且我有权代表公司提交。我了解，根据《美国法典》第 18 篇第 1001 条，任何人在美国行政、立法或司法部门管辖的任何事项中，故意或蓄意作出重大虚假、虚构或欺诈性陈述或表示，均将受到刑事处罚"。

签名	日期

5. 临床研究人员财务利益及安排声明*：

"我"，（负责人的姓名）_____，代表（公司名称）_____，特此证明，不存在任何财务利益冲突，或已按照 21 CFR § (3)(ii) 的要求，全面披露了任何潜在的财务利益冲突相关文件。

☐ 否，不存在财务利益冲突。

☐ 是，存在财务利益冲突，并已提供相关文件（请在目录中指明文件所在位置）。

签名	日期

*根据拟议的 §1114.7（标准 PMTA）、1114.15（补充 PMTA）和 1114.17（重新提交）的要求，需提供此证明声明。

第八节 附录

附录A：新型烟草产品详情

以下表格可作为如何在第二部分中格式化和捕获数据以唯一标识产品的示例。

以下是单一新烟草产品的示例。请参考附录B，了解根据产品所属类别和子类别，需要哪些属性来唯一识别该产品。

唯一产品识别码	
产品属性 （填写在表格中）	新型烟草产品 名称：产品A
包装类型	盒装
产品数量	每盒20支香烟
直径	100 mm
长度	6 mm
通风	无
特征风味	无
附加属性	N/A

下面是多种新的烟草产品的一个示例。

唯一产品识别码			
产品属性 （填写在表格中）	新产品1 名字：产品A STN：N/A	新产品2 名字：产品A STN：N/A	新产品3 名字：产品A STN：N/A
包装类型	盒装	盒装	盒装
产品数量	每盒20支香烟	每盒20支香烟	每盒20支香烟
直径	100 mm	100 mm	100 mm
长度	6 mm	6 mm	6 mm
通风	无	无	无
特征风味	无	无	无
其他属性	N/A	N/A	N/A

以下是一个新烟草产品组合包装示例,这些产品被共同包装在一起一次性提交的。

组合包装名称:组合包装A/B	
唯一产品识别码	
组合包装类别及唯一识别属性	新烟草产品
类别:手卷烟 子类别:手卷烟填充物	名字:产品A
包装类型	袋装
产品数量	100 g
特征风味	无
其他属性	可重复密封袋
类别:手卷烟 子类别:手卷烟填充物	名字:产品B
包装类型	小册子式(通常指带有多个独立包装纸的集合包装)
产品数量	100张
长度	100 mm
宽度	56 mm
特征风味	无
其他属性	黑色盒子

附录B：按类别和子类别确定烟草产品唯一性所需的属性

以下表格概述了烟草产品每个类别和子类别所需的所有必要属性。其中，"X"表示该子类别所需的属性信息。

请参考以下图表完成第Ⅳ节所需的表格。

卷烟产品	
属性	子类别
	所有香烟
包装类型	X
产品数量	X
直径	X
长度	X
通风	X （非过滤型除外）
特征风味	X
附加属性（如适用）	X

属性	子类别						
	烟草填充物	卷烟纸	过滤型卷烟	非过滤型卷烟	滤嘴	接装纸	其他
包装类型	X	X	X	X	X	X	X
产品数量	X	X	X	X	X	X	X
直径			X	X	X		
长度		X	X	X	X		
通风			X				
宽度		X				X	
特征风味	X	X	X	X	X	X	X
附加属性（如适用）	X	X	X	X	X	X	X

雪茄						
属性	子类别					
	组件	过滤式薄片包装	非过滤式薄片包装	裹叶型（使用烟叶包裹）	烟草填充物	其他
包装类型	X	X	X	X	X	X
产品数量	X	X	X	X	X	X
长度		X	X	X		
直径		X	X	X		
通风		X				
包装材料				X		
滤嘴			X			
特征风味	X	X	X	X	X	X
附加属性（如适用）	X	X	X	X	X	X

无烟烟草产品									
属性	子类别								
	散装湿鼻烟	包装湿鼻烟	散装鼻烟	包装鼻烟	散装干鼻烟	可溶解烟草	散装咀嚼烟草	包装咀嚼烟草	其他
包装类型	X	X	X	X	X	X	X	X	X
产品数量	X	X	X	X	X	X	X	X	X
部分数量		X		X		X		X	
部分长度		X		X		X		X	
部分宽度		X		X		X		X	
部分重量		X		X		X		X	
部分厚度		X		X		X		X	
特征风味	X	X	X	X	X	X	X	X	X
附加属性（如适用）	X	X	X	X	X	X	X	X	X

属性	电子烟碱传送系统（电子烟）					
	子类别					
	组件	开放式电子烟烟液	封闭式电子烟烟液	开放式电子烟	封闭式电子烟	其他
包装类型	X	X	X	X	X	X
产品数量	X	X	X	X	X	X
长度				X	X	
直径				X	X	
电子烟烟液体积		X	X	X	X	
烟碱浓度		X	X		X	
PG/VG 比例		X	X		X	
电池容量				X	X	
功率				X	X	
特征风味	X	X	X	X	X	X
附加属性（如适用）	X	X	X	X	X	X

属性	加热卷烟（HTP）				
	子类别				
	组件	封闭式HTP	开放式HTP	消耗件	其他
包装类型	X	X	X	X	X
产品数量	X	X	X	X	X
长度		X	X	X	
直径		X	X	X	
通风				X	
功率		X	X		
电池容量		X	X	X	
特征风味	X	X	X	X	X
附加属性（如适用）	X	X	X	X	X

烟斗烟草制品				
属性	子类别			
	组件	烟斗	烟草填充物	其他
包装类型	X	X	X	X
产品数量	X	X	X	X
长度		X		
直径		X		
特征风味	X	X	X	X
烟草切割尺寸			X	
附加属性（如适用）	X	X	X	X

水烟烟草制品					
属性	子类别				
	组件	水烟筒	热源	烟草填充物	其他
包装类型	X	X	X	X	X
产品数量	X	X	X	X	X
宽度		X			
部分数量			X		
部分长度			X		
部分宽度			X		
部分重量			X		
部分厚度			X		
软管的数量		X			
能量来源			X		
特征风味	X	X	X	X	X
高度		X			
直径		X			
附加属性（如适用）	X	X	X	X	X

其他烟草制品	
属性	其他子类别
包装类型	X
产品数量	X
特征风味	X
附加属性（如适用）	X

附录C：PMTA表格填写指南

本表格及使用说明，旨在为申请人提供一个有条理的格式，以便提交上市前烟草产品申请（PMTA）所需的信息。

第一部分　申请人识别信息

1. 提供申请人名称（指任何提交上市前烟草产品申请以获取新烟草产品市场准入许可的个人或实体）。
2. 提供申请提交日期。
3. 提供制造商的名称和地址信息（如与申请人不同）。
4. 提供FDA机构标识符（如适用）。
5. 提供总部的DUNS号码（如适用）。
6. 提供申请人的地址和联系方式。
7. 提供授权代表的名称（负责代表申请人并授权其执行相关事务的官员）。
8. 提供授权代表的联系方式。
9. 提供美国代理人的名称。
10. 提供美国代理人的地址和联系方式。
11. 提供备用联系人的名称。
12. 提供备用联系人的地址和联系方式。

第二部分　新烟草产品信息（提供唯一识别烟草产品的信息）

13. 提供烟草产品的名称（包括在商业分销中使用的完整烟草产品名称、品牌名/子品牌名或其他商业名称）。
14. 提供烟草产品的类别和子类别。
15. 提供烟草产品的包装类型（例如，罐装/盒装/袋装）。
16. 提供烟草产品的数量（此处可能需要具体说明是每单位包装的数量、整批数量或其他相关数量信息）。
17. 提供组合包装信息。如果申请人提交的是组合包装烟草产品的PMTA，则该组合包装产品的唯一识别将包括识别组合包装内每种产品所需的特定项目。例如，如果组合包装是一个装有卷烟纸的手卷烟烟草填充物的袋子，则申请人应将该烟草产品识别为组合包装产品，并提供手卷烟烟草填充物和卷烟纸的唯一识别信息。
18. 提供适用于新烟草产品的特征风味的信息。如果烟草产品无特征性风味，请注明"无"，例如：特征性风味包括橙味、薄荷味等。
19. 根据21 CFR § 1114.7（c）（3）（iii）的要求，提供烟草产品的描述性属性。例如：该产品是使用白肋烟和烤烟混合制作的分装无烟烟草制品。
20. 根据21 CFR § 1114.7（c）（3）（iii）的规定，提供能够唯一识别烟草产品的产品属性。

第三部分 提交信息（选择适用于提交申请的提交类型）

21. 标准 PMTA（21 CFR § 1114.7）。

标准 PMTA 是申请人提交的申请，旨在获得市场准入许可，以便将新烟草产品引入州际商业流通。标准 PMTA 包含 § 1114.7 要求的信息全文，除非通过引用烟草产品主文件或针对同一产品的尚未作出审查结论的风险改良烟草制品申请文件中包含的信息。

22. 重新提交（21 CFR § 1114.17）。

重新提交是满足 §1114.7 或 §1114.15 要求的一种替代申请方式，旨在通过提供新信息来解决市场拒绝令中概述的缺陷，并引用被拒绝 PMTA 中的适用内容，从而为新烟草产品寻求市场准入许可。申请人可以针对收到市场拒绝令的同一烟草产品，或针对因解决市场拒绝令中概述的缺陷而需要进行更改的不同新的其他烟草产品（需提交重新申请）。

23. 补充 PMTA（21 CFR § 1114.15）。

已获得市场准入许可的新烟草产品的制造商，如欲对其产品进行修改并寻求授权，可提交补充 PMTA。以下是一些可能适合通过补充 PMTA 进行修改的烟草产品示例：

- 连接类型/螺纹尺寸的更改（例如，510型）；
- 不影响设备功能的软件小幅更改，如：用户界面的更改、记录/数据采集属性的更改；
- 为适应电子技术改进或提高使用便捷性而进行的某些更改（例如，使用触觉反馈或简化设备功能，如清洁周期）；
- 电子烟液体积、黏度或沸点的小幅更改；
- 抽吸阻力的小幅更改；
- 气流速率的小幅更改；
- 如果加热丝的数量、规格、材料和整体电阻保持不变，仅对线圈配置进行更改；
- 吸液材料质量的更改。

24. 如果通过引用其他提交文件或主文件中的内容，请提供引用信息。请参阅适用的 21 CFR §1114.7（b）、§ 1114.15（b）或 §1114.17（b），了解可引用的限制。

25. 提供所有之前与新烟草产品相关的 FDA 提交跟踪号码（STN）。

26. 提供之前的会议日期。

27. 如果该产品之前已在美国上市销售，请提供该烟草产品的上市销售日期。

第四部分 申请内容（申请包含以下项目）

行政文件

    a) 附信
    b) 根据 21 CFR § 1114.7（b）（1）要求：综合索引
    c) 根据 21 CFR § 1114.7（b）（1）要求：目录

d）根据21 CFR § 114.7（b）（1）要求：非英文信息需以英文书写或附有英文翻译

　　e）根据21 CFR § 1114.7（c）（5）要求：可选请求FDA将PMTA提交给烟草产品科学咨询委员会

标签和营销计划

　　a）根据21 CFR § 1114.7（f）（1）要求：所有拟议标签的样本

　　b）根据21 CFR § 1114.7（f）（2）要求：营销计划

检查

　　根据21 CFR § 1114.7（k）（3）（vii）要求：每个可能接受检查地点的位置和联系方式

科学内容

　　a）根据21 CFR § 1114.7（c）要求：一般信息（例如，产品名称、产品类别、子类别和产品特性）

　　b）根据21 CFR § 1114.7（d）要求：描述性信息

　　c）根据FDA的要求：按照21 CFR § 1114.7（e）提供产品样本

　　FDA通常期望产品样本是PMTA的必要部分，并且申请人应准备在提交PMTA后的30天内，按照FDA的要求提交产品样本。但也可能存在不需要提交样本的情况，包括在某些情况下，针对同一产品在收到市场拒绝令后重新提交的PMTA（如§1114.17中所述的重新提交），或针对已授权产品进行的修改而提交的PMTA，且这些修改在PMTA评估过程中不需要审查新产品样本。与FDA的预提交会议可以提供有关是否需要在PMTA中包含产品样本的额外信息；然而，在大多数情况下，FDA只能在开展申请产品的PMTA审查后才能确定是否需要产品样本。

　　d）根据21 CFR § 1114.7（g）要求：符合21 CFR第25部分（例如环境评估）的声明

　　e）根据21 CFR §1114.7（h）要求：摘要

　　f）根据21 CFR §1114.7（i）要求：产品配方（例如，成分、原料、添加剂、特性和使用原则）

　　g）根据21 CFR § 1114.7（j）要求：生产工艺（例如，方法、设施、控制措施）

　　h）根据21 CFR § 1114.7（k）（2）要求：文献检索

　　文献检索是对现有可用文献的搜索，包括：（1）明确的搜索目标；（2）详细描述的搜索方法；（3）相关文献的识别；（4）对研究质量的正式或非正式评估；（5）参考文献目录。

　　i）用于整理申请材料，所用的有序排列的参考文献。

　　j）21 CFR 1114.7（k）：健康风险评估调查

　　健康风险评估调查包括但不限于以下示例：毒理学风险评估、健康影响（例如，使用行为、健康风险）、烟草产品感知和意向研究。

　　k）研究报告（示例文件包括）：

- 研究方案
- 统计分析计划
    - √ 研究报告
    - √ 统计软件编程代码

- √ 研究工具（如调查/问卷）
- √ 知情同意书
- 病历报告表（如适用）

一般来说，提交PMTA申请材料时不需要包括临床研究中的病例报告表（Case Report Forms，CRF）。但是，如果临床研究旨在说明PMTA产品的健康风险以及该产品是否比其他烟草产品风险更低，且CRF满足以下条件时，FDA将要求提交CRF：①涉及受试者死亡、其他严重和意外的不良事件，或受试者退出（包括撤回）；②研究受试者接触的是PMTA主题中的烟草产品，或申请人用于证明PMTA产品符合第910节下市场授权标准的类似/相关产品。FDA在审查过程中可能会根据具体情况要求提供额外信息。FDA期望在机构对临床和/或非临床研究场所的检查过程中，所有CRF均可供审查。

- 可分析数据集

一般来说，提交PMTA时不需要分析化学测试收集的原始色谱图/光谱/质谱等原始数据以及高通量（如基因组）研究的原始（即未整合数据）输出。应包含具有代表性的色谱图/光谱/质谱等线性数据/可分析数据集，以证明分离/特异性的充分性、标准溶液和样品溶液。线性数据/可分析数据集可用于复制结果或对基础数据进行替代分析。FDA在审查过程中可能会根据具体情况要求提供额外信息。FDA期望在机构对临床和/或非临床研究场所的检查过程中，所有原始数据均可供审查。

- 其他

第五部分 – 与提交相关的生产/包装地点

a) 根据21 CFR § 1114.7（j）的要求：提供生产/包装地点的名称；
b) 选择与公司/机构生产/包装地点相关的地址；
c) 根据21 CFR § 1114.7（j）的要求：提供设施建立标识符（FEI）编号（如适用）；
d) 提供总部的D&B DUNS编号（如适用）；
e) 根据21 CFR § 1114.7（j）的要求：提供部门名称；
f) 根据21 CFR § 1114.7（j）的要求：提供联系方式；
g) 提供生产/包装设施的准备、检查情况信息；
h) 根据提交表格中的描述，提供有关其他地点的信息（如适用）。

第六部分 – 符合联邦食品、药品和化妆品（FD&C）法案的声明

根据21 CFR § 1114.7（c）（10）和（11）的要求，提供信息说明申请产品如何满足要求，并针对联邦食品、药品和化妆品（FD&C）法案中每条声明的问题进行解答。

其他信息

我们提醒您，所有监管信函均可通过FDA电子提交门户（http://www.fda.gov/esg）使用eSubmitter提交。

FDA无法收到通过电子邮件提交的申请材料。

本节仅适用于1995年《减少文书工作法》(Paperwork Reduction Act, PRA) 的要求。请不要将您填写完毕的表格发送至以下 (PRA) 工作人员的地址。

据估算,每份回复信息收集的平均时间为45分钟,包括审阅说明、搜索现有数据源、收集和维护所需数据以及完成和审阅信息收集的时间。

如有关于本次估算或本次信息收集任何其他方面的意见(包括减轻负担的建议),请发送至:

美国卫生与公共服务部　食品药品监督管理局　运营办公室　减少文书工作法(PRA)工作人员

有关PRA的问题,请联系:mail to: PRAStaff@fda.hhs.gov

OMB声明:"除非显示当前有效的OMB编号,否则任何机构不得开展或赞助信息收集活动,任何人也没有义务作出回应。"

附录 3　部分相关标准名称中英文对照表

序号	标准号	标准英文名称	标准中文名称
1	ISO 20768: 2018	Vapour products — Routine analytical vaping machine — Definitions and standard conditions	雾化产品　常规分析用吸烟机　定义和标准条件
2	ISO 20714: 2019	E-liquid — Determination of nicotine, propylene glycol and glycerol in liquids used in electronic nicotine delivery devices — Gas chromatographic method	电子烟烟液　烟碱、丙二醇和丙三醇的测定　气相色谱法
3	ISO 24197: 2022	Vapour products — Determination of e-liquid vaporised mass and aerosol collected mass	雾化产品　电子烟烟液雾化质量和释放物质量的测定
4	ISO 24199: 2022	Vapour products — Determination of nicotine in vapour product emissions — Gas chromatographic method	雾化产品　雾化产品释放物中烟碱的测定　气相色谱法
5	ISO 24211: 2022	Vapour products — Determination of selected carbonyls in vapour product emissions	雾化产品　雾化产品释放物中特定羰基化合物的测定
6	CEN/TR 17989: 2023	Electronic cigarettes and e-liquids — Terms and definitions	电子烟和电子烟烟液　术语和定义
7	CEN/TS 17287: 2019	Requirements and test methods for electronic cigarette devices	电子烟烟具要求与测试方法
8	CEN/TR 17236: 2018	Electronic cigarettes and e-liquids — Constituents to be measured in the aerosol of vaping products	电子烟和电子烟烟液　雾化产品释放物中有害成分的测定
9	EN 17375: 2020	Electronic cigarettes and e-liquids — Reference e-liquids	电子烟和电子烟烟液　参比电子烟烟液
10	BS EN 17648: 2022	E-liquid ingredients	电子烟烟液用物质
11	XP D 90-300-1: 2015	Electronic cigarettes and e-liquids— Part 1: Requirements and test methods for electronic cigarettes	电子烟和电子烟烟液　第1部分：电子烟相关要求和实验方法

续表

序号	标准号	标准英文名称	标准中文名称
12	XP D 90-300-2: 2015	Electronic cigarettes and e-liquids—Part 2: Requirements and test methods for e-liquids	电子烟和电子烟液 第2部分：电子烟烟液相关要求和实验方法
13	XP D 90-300-3: 2015	Electronic cigarettes and e-liquids—Part 3: Requirements and test methods for emissions	电子烟和电子烟液 第3部分：释放物相关要求和实验方法
14	UL 8139: 2017	Electrical Systems of Electronic Cigarettes	电子烟产品的电气系统
15	PAS 54115: 2015	Vaping products, including electronic cigarettes, e-liquids, e-shisha and directly-related products. Manufacture, importation, testing and labelling—Guide	电子烟、电子烟烟液、电子水烟及直接相关产品等雾化产品的生产、进口、测试和标识指南
16	PAS 8850: 2020	Non-combusted tobacco products – Heated tobacco products and electrical tobacco heating devices – Specification	不燃烧烟草制品 加热卷烟和电加热烟草器具 规范